21世纪高等学校计算机
专业实用规划教材

XML技术应用

（第二版）

◎ 贾素玲 王虹森 王　强　主编

王航飞 于　浩　编著

清华大学出版社

北京

内 容 简 介

本书从 XML 的基本概念开始,结合具体代码示例,由浅入深地介绍了 XML 基础应用,以及结合 XML 的相关技术的应用。

本书共分为 9 章。首先介绍了 XML 的基本概念和语法,接着介绍了用来约束 XML 文档的两种规范: 文档类型定义和 XML SChema,然后介绍了如何利用文档对象模型来访问 XML 文档以及如何利用可扩展 样式语言来转化 XML 文档,最后介绍了其他一些基于 XML 的应用技术,包括 XQuery、XLink、XPointer、 XML Web Services。

本书可作为高等院校计算机相关专业的参考书,也可供相关专业技术人员和教育工作者查阅使用。

图书在版编目(CIP)数据

XML 技术应用/贾素玲,王虹森,王强主编. —2 版. —北京:清华大学出版社,2017 (2021.1重印) (21 世纪高等学校计算机专业实用规划教材) ISBN 978-7-302-45617-9

Ⅰ. ①X… Ⅱ. ①贾… ②王… ③王… Ⅲ. ①可扩充语言—程序设计 Ⅳ. ①TP312

中国版本图书馆 CIP 数据核字(2016)第 283925 号

责任编辑:黄 芝 王冰飞
封面设计:刘 键
责任校对:焦丽丽
责任印制:杨 艳

出版发行:清华大学出版社
      网   址:http://www.tup.com.cn, http://www.wqbook.com
      地   址:北京清华大学学研大厦 A 座   邮   编:100084
      社 总 机:010-62770175   邮   购:010-83470235
      投稿与读者服务:010-62776969, c-service@tup.tsinghua.edu.cn
      质量反馈:010-62772015, zhiliang@tup.tsinghua.edu.cn
      课件下载:http://www.tup.com.cn,010-83470236

印 装 者:三河市龙大印装有限公司
经   销:全国新华书店
开   本:185mm×260mm   印   张:16.75   字   数:402 千字
版   次:2007 年 7 月第 1 版 2017 年 2 月第 2 版   印   次:2021 年 1 月第 5 次印刷
印   数:2901~3200
定   价:35.00 元

产品编号:069914-01

前　言

　　毫无疑问,21 世纪是 Web 的时代。随着 Internet 的飞速发展,各种新技术应运而生。标记语言特别是 HTML 的出现改变了计算机的发展方向,以文档对象为基础、以浏览器为载体、内容更丰富更具实时性的图形界面取代了单调的命令行界面,没有任何网络基础的普通用户也可以通过鼠标点击而轻松地阅读新闻和收发邮件。然而,HTML 本身却存在着很多缺陷。首先,HTML 是一种样式语言,目前在 Internet 中扮演的只是数据表示的角色,随着信息量的增多,HTML 变得越来越难以胜任。其次,HTML 对浏览器的过度依赖也形成了 HTML 标准的严重不统一,从而导致许多信息表示只能由某种特定的浏览器来解释,HTML 的这些不足使得人们重新思考 HTML 在 Internet 上的角色,并开始研究一门新的语言来弥补 HTML 的缺陷,XML 的产生正是这种思考的最终结果。

　　XML 是一种专门为 Internet 所设计的标记语言,它的重点是管理数据本身,数据的表示形式交给其他的技术来解决。这种明确的分工带来了更高效的程序设计、更快速的搜索引擎、更统一的数据表示方式及更方便的数据交流。

　　XML 是一种定义语言的语言,它克服了 HTML 的缺点,给了程序员更自由的空间。近几年,XML 在除数据表示以外的其他方面也得到越来越广泛的应用。从数据存储到数据交换再到系统整合,XML 都发挥着强大的作用。基于 XML 的新技术也如雨后春笋般层出不穷,Web Services、AJAX 等技术相继形成,并逐渐发展成熟。W3C(万维网联盟)也不断为 XML 制定新的标准,并对其进行完善。

　　因此,作为计算机相关专业的学生,了解并掌握 XML 是十分必要的。本书面向 XML 的初学者,避开 XML 的高级应用,从最简单、最基础的内容入手,使读者对基础知识牢牢掌握,这样再学习和研究高级应用就会容易得多。

　　全书共分为 9 章。第 1 章从标记语言入手,引出 XML 的概念和相关技术,并介绍如何创建一个最简单的 XML 文档。第 2 章重点介绍 XML 语法,并学习如何创建格式良好的 XML 文档。第 3 章介绍文档类型定义(DTD),DTD 可以详细说明允许或者不允许哪些元素出现在文档中,以及这些元素的确切内容和结构。在第 3 章中,读者将学习如何定义元素、实体和属性,如何将 DTD 附加到文档上,如何使用 DTD 验证文档的正确性以及如何编写自己的 DTD 来解决遇到的问题。第 4 章介绍命名空间和 XML Schema,命名空间可以解决名称冲突的问题,而 Schema 则弥补了 DTD 的一些不足。第 5 章介绍文档对象模型(DOM),DOM 提供了一系列接口,使应用程序可以方便地访问 XML 文档。第 6 章为可扩展的样式语言(XSL),XSL 是比 CSS 更复杂、更强大的样式语言,XSL 转换是 XSL 的一种,它可以将 XML 树状结构转化为其他形式的树状结构。第 7 章介绍 XQuery 查询语言,能够方便地从 XML 文档中提取需要的信息。第 8 章介绍 XLink 和 XPointer,XLink 提供多方向的超文本链接,XPointer 不仅可以链接到特定文档,还可以链接到特定文档的特定部分。

第 9 章介绍 XML Web Services 的思想和框架,并引出 WSDL 与 SOAP。

第 2~7 章为本书的重点,应该着重掌握。

由于时间仓促,本书不足之处恳请读者批评指正。

编　者

2017 年 1 月

目　　录

第 1 章　XML 概述

本章将介绍 XML 的概念、XML 的特性及 XML 的相关技术等内容,同时帮助读者理解与 XML 相关技术的关键部分是如何协同工作的。希望通过本章的学习,能够使读者对 XML 有一个大概的了解。

1.1　XML 的概念

在描述什么是可扩展标记语言(eXtensible Markup Language,XML)以及 XML 的起源之前,首先介绍什么是标记语言(Markup Language)。

1.1.1　标记语言

标记语言就是使用某种"记号"来表示某种特殊信息的语言,它是一套标记符号和相关语法的集合。它通过其特定的标记符号和语法传达某种标记信息。标记语言由一些格式标记(code)或者控制标记(tag)组成,这些标记决定了信息显示的格式或数据的意义。但是,标记语言本身不能单独存在,它只能用于装饰它所包括的文本内容。如以下这一段代码:

```
<bold>FootballTeams</bold>
```

就是所使用的标记,FootballTeams 就是标记所修饰的文本内容。标记与文本内容相结合,对文本内容的显示格式进行了控制。在这里就是使得文本 FootballTeams 以加粗的形式显示。同样,再看下一段代码:

```
<Country>Germany</Country>
```

<Country></Country>也是一种标记,它用来说明它所包括的文本信息的意义。

目前大多使用两种标记语言:专用的标记语言与通用的标记语言。专用的标记语言针对特定应用程序与设备,产生专用的编码,这些标记语言是为了满足特定的需求而建立的。通用标记语言则描述文件中文字的意义与结构,但并不定义如何使用文字,这类标记语言并不是为了满足任何特定应用程序而设计,而是为了让许多不同的、一般性的程序使用。通用标记语言所描述的文件比专用标记语言所描述的文件拥有更好的移植性。

1. 专用标记语言

专用标记语言(Specific Markup Language)用来表示某种特殊的信息,通常被某一种或者几种应用软件所支持,这是基于特殊用途的需要而发展起来的。超文本标记语言(HTML)就是一种专用标记语言,它是为了应用在 WWW 上面的网页而专门设计的,其重点在于信息的显示。

其他的应用软件包括 Word、写字板等也是通过专用标记语言中的标记信息来处理文本中所有特殊格式的,如文字的大小、字体、样式和颜色等。

2. 通用标记语言

通用标记语言(Generalized Markup Languages)的设计并不针对某一特殊的应用软件,或者是某一特殊的用途。通常而言,它只用于描述数据的内容和结构,是一般化的语言。通俗地讲,这种语言就是一种元标记语言,是用于定义语言的语言。这种语言使得许多应用软件都能够识别它,从而提供了一种在不同的应用软件之间相互交流数据的平台。这种语言的特点是,它具有经国际标准化组织通过并被全世界普遍接受的标准。标准通用标记语言(Standard Generalized Markup Language,SGML)就是一种通用标记语言,使用该标记语言,不仅便于计算机处理,而且也便于不同的应用软件之间进行数据共享。XML 正式 SGML 的一个子集,它是从 SGML 发展而来,也是通用标记语言的一种。

1.1.2 XML 的起源

1996 年,万维网联盟(W3C)开始设计一种可扩展的标记语言,使其能够将 SGML 的灵活性和强大功能与已经被广泛采用的 HTML 结合起来。这种语言就是 XML,它继承了 SGML 的规范,而且实际上就是后者的一个子集。

SGML 已经提供了一种可以无限扩展的语言,它允许任何人能够根据自己的需要加以扩充。XML 之所以要较 SGML 更为简化,很大程度上是出于易用性的考虑。人们对标记的读写过程应该使用现有的、简便的、通用的工具,同时,也应当简化计算机对文档和数据交换的处理。由于有太多的可选功能,SGML 变得过于复杂,以至于很难编写出针对这种语言的普通解释器,而 XML 的解释器则简单得多。此外,XML 使得现有的 Internet 协议与应用软件之间沟通更加方便,从而简化了数据处理和传输。作为 SGML 的子集,XML 还保持了对现有面向 SGML 的系统的向下兼容性。这样,用 XML 标记过的数据仍然可以在这些系统中使用,为基于 SGML 的行业节省了大笔改造费用,同时与 Web 的结合也使得它们更易于访问。

XML 是一种界定文本数据的简便而标准的方法,它曾经被称为"Web 上的 ASCII 码"。就好像可以使用自己喜爱的编程语言来创建任何一种数据结构,然后同其他人在其他计算平台上使用的其他语言来共享一样。XML 的标记用来说明用户所描述的概念,而属性则用来控制它们的结构。所以,用户可以定义自己所设计出的语法并同其他人共享。

为了使用 XML 文档,W3C 为 XML 标准化了一套应用程序编程接口(Application Programming Interface,API),这样就可以轻松地编制读写 XML 的程序;同时,开发者团体还设计了一套特殊的,免费赠送的,基于事件的替代 API。此外,XML 在设计时就准备支持非欧洲语言和进行国际化。同 HTML 4.01 一样,XML 基于在 ISO/IEC 10646 字符集标准(等同于现在著名的 Unicode 标准)中定义的通用字符集(Universal Character Set,UCS)。可以说,所有促使 HTML 得以流行的特性都出现在了 XML 中。

但是,XML 并不单单是 HTML 的替代品,它与 HTML 有着本质的不同。接下来介绍

XML 的优点,从中可以了解到 XML 的特性以及它与 HTML 相比较有什么优势。

1.2 XML 的特性和优点

XML 之所以能够在世界上这么流行,自然有它自己的优越性,尤其是与 HTML 相比较,它所特有的性质克服了 HTML 的一些固有缺陷。首先,HTML 是一种样式语言,它目前在 Internet 中扮演的只是数据表示的角色,随着信息量的增多,HTML 变得越来越难以胜任。其次,HTML 对浏览器的过渡依赖性也形成了 HTML 标准的严重不统一,从而导致许多信息表示只能由某种特定的浏览器来解释。下面首先介绍 XML 的特性。

1.2.1 XML 的特性

与 HTML 等其他专用标记语言相比较,XML 作为元标记语言主要包含以下特性。

1. XML 的核心是数据

与 HTML 重视文档的格式不同,在 XML 中数据与样式分离,这种分离使得文档的数据从样式中彻底独立出来。XML 的用户可以随心所欲地设计自己的数据内容,而无须考虑这些内容如何显示。同时样式同数据分离后,开发者就可以根据不同的应用设计不同的样式。例如,要在浏览器上显示 XML 文档,就可以为文档套用专门的 CSS 样式表,使得文档输出有类似于 HTML 的效果;如果文档要输出到文本编辑软件 Word 中进行打印,就可以套用 Word 的样式表,使得输出具有 Word 的效果。这种数据和样式分离的设计,不仅提高了 XML 文档的利用率,而且提高了 XML 的数据容量和质量,还大大方便了对于数据的查询和提取。

众所周知,在 HTML 中,大部分的标记是用来控制文档的布局和外观的,如下面这一段 HTML 代码。

```
< h1 > FootballTeams </h1 >
< table border = "1" cellpadding = "1">
    < tr >
        < td > Name </td>
        < td > Country </td>
    </tr>
    < tr >
        < td > FC Bayern Munchen </td>
        < td > Country </td>
    </tr>
    < tr >
        < td > FC Barcelona </td>
        < td > Spain </td>
    </tr>
</table>
```

这段代码在 Web 浏览器 Firefox 中显示的效果如图 1-1 所示。

可以看到,上面这么长的一段代码,实际展现在用户面前的有用数据相当少。因此,作

图 1-1　以 HTML 格式呈现的足球队资料

为存储数据的媒介，HTML 并不是一个好的选择，同样的数据使用 XML 来描述和存储会简练方便很多，如下所示。

```
<?xml version = "1.0" encoding = "UTF - 8"?>
< FootballTeams >
    < Team >
        < Name > FC Bayern Munchen </Name >
        < Country > Germany </Country >
    </Team >
    < Team >
        < Name > FC Barcelona </Name >
        < Country > Spain </Country >
    </Team >
</FootballTeams >
```

2. XML 数据的自我描述性

由于 XML 是一种元标记语言，因此它与 HTML 不同，不需要使用专门的标记符号进行元素和数据的描述，用户可以自定义标记的名称，从而使得 XML 的数据具有了自我描述性，如上例中的"< Name > FC Bayern Munchen </Name >"。

用户可以很清楚地明白这个元素的用处就是用来描述球队的名称，而元素标记中的内容就是具体的球队名称。由于 HTML 必须使用专门的标记，特别是大量的用于控制显示格式的标记来进行文档设计，因此无法直接理解每一个标记中所包含内容的含义，这给网上自动化数据处理等造成了很大的麻烦。

XML 这种数据的自我描述性使得 XML 可以在任意平台下使用，也可以在任意时刻使用，它为网上数据的自动化处理提供了解决途径。

3. XML 支持 Unicode 字符集

在以往的 Web 程序中，从程序的设计到元素的命名，基本上所有的标记和语言都是英文。XML 支持 Unicode 所有的字符集，它允许使用双字节的字符来定义标记和编写程序，因此对于中国的程序员而言，可以很方便地使用汉字来命名 XML 文档中的元素和属性，从而使文档更具可读性。

1.2.2 XML 的优点

基于上述特性，概括出 XML 的三大优点。

(1) XML 可以实现异构数据之间的数据转换。由于 XML 是一种元标记语言，它可以应用于任意平台之上。因此它具有了同编程语言 Java 等一样的跨平台特性，这种特性为异构数据的交互提供了一种数据交换的标准。它是一种公共的交互平台，一种数据源只要能够将它的数据转换成 XML 格式就能够被另外一种数据源有效地识别，这为数据的迁移以及整合提供了很好的工具。

(2) XML 具有较好的保值性。XML 的保值性来自它的先驱之一，即 SGML 语言。SGML 是一套有着十几年历史的国际标准，它最初设计的一大目标就是要为文件提供 50年以上的寿命。文件的寿命是一个非常重要的问题，现在人们可以通过流传至今的大量历史文献来了解我国悠久而辉煌的历史，如果没有这些文字资料，读者恐怕对"唐宋元明清"没有一点概念，同样下一代也要通过这样的文字资料来了解历史。现在大部分资料都已经电子化了，如果若干年以后，后人面对一大堆用 Word 写的文档，而没有专用的软件工具打开这些文档，那么这些文档包含的信息就有可能丢失。这就是 SGML 和 XML 的设计初衷。它们不但能够长期作为一个通用的标准，而且很容易向其他格式的文件转化。

(3) XML 遵循严格的语法要求。虽然 XML 中可以自由定义标记，但是与 HTML 相比，XML 的书写格式更加严格。HTML 的语法要求并不严格，浏览器可以显示有文法错误的 HTML 文件。但 XML 不同，它不但要求标记配对、嵌套，而且还要求严格遵守 DTD(文档类型定义)的规定。

读者可能会认为编写 XML 文件时要严格遵循语法要求是一件非常麻烦的事情。实际上一个具有良好语法结构的网页文件可以提供较好的可读性和可维护性，从长远来看是大有益处的。这还大大减轻了浏览器开发人员的负担，提高了浏览器的效率。

1.3 XML 的处理过程

基本上可以说 XML 是一种文档格式，它是一系列关于 XML 文档看起来是什么样的规则集合。与 XML 标准的符合程度有两个级别：一个是文档的结构完整性；另一个是文档的正确性。在本书中将介绍如何编写结构完整以及格式良好的文档。

XML 除了像 HTML 一样可以用于 Internet 以及 Web 上页面文件格式外，还可以用于不同程序之间的数据交换。同其他所有的数据格式一样，XML 文档需要具有一定的内容之后才能被正式应用，因此对于数据看起来应该是什么样子的，仅仅一个 XML 文档的规范是不够的，用户需要了解如何编辑 XML 文档，处理程序是如何读取 XML 文档的数据，并将这些数据传输给应用程序，以及应用程序是如何处理这些数据的。

要了解 XML 的处理过程，首先必须了解编辑器、语法分析和处理程序、用户端应用程序。

1. 编辑器

XML 文档在大部分情况下是通过编辑器创建的。编辑器可以是基本的文本编辑器，如 Notepad(记事本)，也可以是一些所见即所得的编辑器，如 XMLSpy、Adobe FrameMaker

等。当然，XML 文档也可以通过其他多种程序进行创建。

不管如何，读者从中可以了解到，对 XML 进行处理的第一步就是通过编辑器或者其他程序创建 XML 文档。

2. 语法分析和处理程序

XML 的语法分析和处理程序读取 XML 文档，并且检查文档的结构完整性，同时它还要检测文档是否正确。一旦文档通过了程序的语法分析，就由处理程序转化为元素的树状结构，并传送给用户端的应用程序。

3. 用户端应用程序

用户端应用程序接收到语法分析和处理程序传送过来的元素树状结构后，对其进行相应处理，如果应用程序是浏览器（如 IE、Edge、Chrome、Firefox、Safari 等），那么就将数据显示给用户；如果是其他程序（如将文本数据转换成数据库数据的一段 Java 程序），则根据应用程序的要求进行相应处理。

4. XML 处理过程的总结

通过以上 3 个部分的描述，可以得知一个 XML 文档的处理过程包括 3 个部分：首先，通过编辑器或应用程序创建一个 XML 文档；然后，通过语法分析和处理程序对文档进行检测并且转化为元素的树状结构；最后，传送给用户端应用程序进行处理。

需要注意的是，在这个过程中，所有部分都是独立的，将这些部分联系在一起的是 XML 文档。与编辑程序和用户端应用程序没有关系。事实上，在编写 XML 文档时，可能根本不知道最终的用户端应用程序是什么，最终可能是由用户来阅读文档中的数据，也可能是将数据读取并且导入到其他的数据库中，总之，XML 文档的各个处理过程都是相互独立，互相分离的。

1.4　XML 的设计目标

定义 XML 的设计目标是为了确保在设计 XML 过程中实现 XML 的优点。可以从 W3C 站点（http：//www. w3. org/TR/REC-xml）上面的 XML 正式规范中得知 W3C 所阐述的 10 个 XML 设计目标。

（1）直接应用于 Internet。正如本章描述 XML 优点时提到，XML 的主要设计目标是在 Web 中保存并传递信息。

（2）支持各种应用程序。尽管 XML 的主要目的是通过服务器和浏览器程序在 Web 上传递信息，但是它还可以被其他类型的程序使用。例如，XML 可以用于办公软件、金融软件等其他应用程序之间交换信息，用来发布和更新软件，或者用于数据库信息交互的载体。

（3）与 SGML 兼容。这一点是毫无疑问的，因为 XML 和 HTML 一样都是 SGML 的简化子集，这种特性可以确保基于 SGML 开发的软件工具可以很容易地用于 XML 中。

（4）轻松编写处理 XML 文档的应用程序。如果希望 XML 具有实用性，那么必须确保程序员能够很容易地编写出处理 XML 文档的应用程序。当初 W3C 从 SGML 中派生出 XML 子集的主要原因就是因为编写处理 SGML 文档的程序很笨拙，而 XML 的一大特点就是简单易懂。

接下来的 6 个设计目标主要是为了支持这个基本目标（目标 4）而服务的。

（5）可选特性的数目应该尽可能少，最理想的情况是零个。XML 中可选特性的数目最少使得编写处理 XML 文档的程序更容易。正是因为 SGML 中有大量冗余的可选特性，因此对于定义 Web 文档来说不太实用。可选的 SGML 特性包括：重定义标签中的定界字符（通常为<和>）；当处理程序知道元素结束的位置时会忽略结束标签。一个处理 SGML 文档的程序应该考虑所有的可选特性，即使这些特性很少使用。这样加大了处理文档程序的编写难度，所以在 XML 中可选特性的数目应该尽可能少，最理想的情况是零个。

（6）便于人阅读而且相当清晰。XML 被设计为混合语（Lingua Franca），以便在用户和程序之间交换信息。XML 的可读性目标可通过允许人们（以及特殊的软件程序）编写和阅读 XML 文档来实现。这种便于人阅读的特性使 XML 区别于大部分被数据库和文字处理程序所使用的专用格式。

人们可以很容易地阅读 XML 文档，因为它是用纯文本编写的，而且具有类似树形的逻辑结构。用户可以通过为元素、属性和实体选择有意义的名称，并且增加有用的注释来增强 XML 的可读性。

（7）XML 设计标准应当能够很快形成。当然，只有当程序员和用户团体都采纳 XML 时，XML 才是一种可行的标准。因此，在这个团体开始采纳另一个标准之前，如果这个标准还需要完善，软件公司应该以最快的速度生成该标准。

（8）XML 的设计应该正式而且简洁。XML 规范是用扩展巴科斯范式记法（Extended Backus-Naur Form，EBNF）编写的，这种正式语言尽管看起来很难理解，但是由于解决了二义性问题，使得它更容易编写 XML 文档。

（9）文档应该易于创建。要让 XML 成为一种适用于 Web 文档的实用标记语言，不仅要求 XML 处理程序必须易于编写，而且要求 XML 文档本身必须易于创建。

（10）标记的简洁性是最不重要的。为了满足前面目标 6 的要求（便于人阅读而且相当清晰），XML 标记不应过于简洁，以至于含义模糊。

1.5 XML 的相关技术

在前面 XML 的处理过程中已经了解 XML 并不是可以脱离其他环境独立操作的，用户如果不想将 XML 仅当作一个记录数据的数据格式使用，就必须与其他技术相结合。这些技术包括了文档类型定义（Document Type Definition，DTD）、统一资源定位器（Uniform Resoure Locator，URL）和统一资源标识符（Uniform Resource Identifier，URI）、XML Schema、文档对象模型（Document Object Model，DOM）、级联样式表（Cascading Style Sheet，CSS）、可扩展的样式语言（eXtensible Style Language，XSL）、XQuery 查询语言、可扩展的链接语言（eXtensible Linked Language，XLL）以及 XML Web Services 等。下面简要介绍这些相关的技术，详细内容会在后续章节中介绍。

1. 文档类型定义

在关系数据库中，可以对表格字段进行规则定义，用于控制数据的更新。那么如何在 XML 中书写 XML 的规则呢？如果任何人都随意创建自己的标记词汇表，就无法保证 XML 文档在应用程序中的可用性以及通信的一致性。因此，W3C 引入了 DTD，DTD 是一套文档类型定义的信息集合。这些定义保存了由设计者添加的、用于扩展 XML 核心规则的部分，并创建用来描述某些问题或状态的词汇表，这是有关 XML 词汇表结构的一个机制，Web 应用程序体系结构的诸多好处都有赖于此机制。通过学习 DTD，可以了解和掌握如何验证应用程序之间交换的 XML 文档，并且能够掌握新的词汇表。

DTD 有自己的语法规则，它们使用户能够非常清楚地指出对于特定类别的 XML 文档，哪些是允许的，哪些是不允许的。这直接导致了验证和非验证解析器的区别。非验证解析器仅仅根据 XML 语法的核心规则判断文档格式是否正确。验证解析器则还要根据 DTD 进行检验，以根据 DTD 规则决定文档是否合法。

DTD 的内容将在第 3 章中详细介绍。

2. 统一资源定位器和统一资源标识符

同 HTML 文档一样，XML 文档也可以应用于 Web 上。在使用 HTML 时，HTML 文档被 URL 所引用。同样，XML 也可以通过 URL 进行引用。虽然 URL 已经被广泛理解和支持，但是在这里要说明的是，XML 规范使用的是更为通用的 URI。URI 对于定位 Internet 上的资源是更为通用的架构，更为注重资源而不太注重资源的位置。理论上，URI 可以找出镜像文档最为近似的副本，或者是找出已经从一个站点转移到另一个站点的文档。但是实际上，URI 仍然处于持续的研究和改进之中。

有关 URL 与 URI 本书不做详细介绍，这里只是说明 XML 规范中使用的是 URI，感兴趣的读者可以查阅相关资料。

3. XML Schema

XML Schema 也是用来描述 XML 文档的结构，可以翻译为可扩展标记语言架构。相比 DTD，XML Schema 拥有更多的优势，它通过定义一种新的基于 XML 的语法来描述 XML 文档允许的内容。XML Schema 的格式与 DTD 的格式有着非常明显的区别：XML Schema 事实上也是 XML 的一种应用，也就是说 XML Schema 的格式与 XML 的格式是完全相同的；而 XML DTD 的格式与 XML 格式完全不同。目前，作为一种强有力的标准，XML Schema 作为 XML 模式语言的主流已经成为一种趋势。

XML Schema 的相关内容将在第 4 章中详细介绍。

4. 文档对象模型

XML 并不是仅仅用于记录数据的数据格式，XML 文档与其他应用程序之间存在着通信和交互，在一些 Web 应用程序的结构中，应用程序必须处理 XML 文档以及文档的各个部分。因此 XML 不仅需要 DTD，还应当考虑与应用程序之间交互的接口。在 XML 中用于完成这个任务的有两个 API，一个是 SAX（Simple API for XML，XML 简单 API）；另一个就是 DOM。与 SAX 只针对 XML 进行处理不同，DOM 是用于处理 HTML 和 XML 文档的一系列的对象和接口。

严格而言，DOM 并不是一个 API，因为 DOM 只提供了接口的定义，并没有接口的实现，有关 DOM 的结构、API 等内容将在第 5 章中详细介绍。

5. 级联样式表

对于 XML 而言，由于允许在文档中使用任意的标记，所以对于浏览器来说，无法事先识别如何显示各个元素。因此当 XML 文档送给用户的时候，必须给用户发送样式单，通过样式单来告诉浏览器如何按照指定的格式显示文档的每个元素，这样的一种样式单就是 CSS。

CSS 最初是为 HTML 设计的,它用于定义字号、字体、段落缩进和段落对齐等相关样式的格式化属性,这些属性通过 CSS 定义后可以施加到引用该 CSS 文件的单个元素上。例如,CSS 允许 HTML 文档来指定所有 H1 元素被格式化为 30 磅、居中并且是宋体斜体。单独的样式可以施加到大多数的 HTML 标记上,它能够覆盖浏览器的默认设置。多个样式可以施加到一个文档上,同时多个样式也可以用于单个元素上。样式根据特定的一套规则级联起来。同 HTML 一样,在 CSS 中可以具体地定义 XML 文档每个元素的格式化属性,并显示在浏览器中。

有关 CSS 的详细内容请参考本套丛书中的《HTML 网页设计》一书。

6. 可扩展的样式语言

从某种意义上说,XSL 同 CSS 类似,都是用于定义 XML 元素样式的规则。但是 XSL 是更加先进的专门用于 XML 文档的样式表语言,并且 XSL 文档本身就是结构完整的 XML 文档。

XSL 文档包括一系列的适用于特定 XML 元素样式的规则。XSL 处理程序读取 XML 文档,并将其读入的内容与样式表中的模式相比较,当在 XML 文档中识别出 XSL 样式表中的模式时,对应的规则输出相应文本的组合。与 CSS 不同,输出的文本比较任意,也不局限于输出文本上加上格式化信息。

CSS 只能改变特定元素的格式,也只能以元素为基础,但是 XSL 样式表可以重新排列元素并对元素进行排序。这样的样式表可以隐藏一些元素而显示另外一些元素。进一步说,还可以选择应用样式的标记,而不是仅仅基于标记。可以基于标记的内容和特性,基于标记在文档中相对于其他元素的位置,以及基于其他的准则。

CSS 的优越性在于具有广泛的浏览器支持,但是 XSL 的功能更加灵活和强大,可以很好地用于 XML 文档,而且带 XSL 样式表的 XML 文档可以轻松地转换为带 CSS 的 HTML 文档。

XSL 将在第 6 章中详细介绍。

7. XQuery 查询语言

XQuery 查询语言是 W3C 所制定的一套标准,它定义了一套语法用来从类 XML 文档中提取所需要的信息。这里类 XML 文档可以理解成一切符合 XML 数据模型和接口的实体,既可以是文件也可以是数据库的数据。针对 XML 的 XQuery 非常类似针对关系数据库的结构化查询语言(SQL)。XQuery 已经成为一种用于描述对 XML 数据源的查询的语言,具有精确、强大和易用的特点,应用十分广泛。

XQuery 查询语言将在第 7 章中详细介绍。

8. 可扩展的链接语言

将 XML 文档发布到 Internet 上后,用户当然希望能够找到这些文档,并且将这些文档链接起来。在 HTML 中可以通过标准的链接标记< a >(anchor)同其他文档相链接,在 XML 中也可以使用这种标记对文档加以链接。但是,直接使用< a >具有一定的局限性:首先,只能使用锚站标记(< a >),不能使用其他元素标记;其次,< a >的链接是单向的,用户可以从链接文档上面找到被链接文档的位置,从被链接文档上无法直接找到链接过来文档的问题,只能通过 CGI 编程等方式从服务器端获知,增加了编程的复杂性;另外,对于< a >,它的链接只能指向特定位置处的特定文档的某一点,而无法指定一个范围或者一个区域。因此在 XML 引入了专门的 XLL 来进行文档的链接和定位,分为 XLink、XPointer。

XLink 使得 XML 文档中的任意元素成为链接,而不仅仅是< a >元素。XLink 的链接可以是双向的、多向的,还可以选择指向的多个镜像站点中的最近一个。

XPointer 能使链接不仅指向特定位置处的特定文档,而且还可以指向特定文档的特定部分,如某个元素。XPointer 提供了文档之间连接非常强大的功能,XPointer 不仅可以引用文档中的一点,而且可以指向一个范围或者一个区域,XPointer 可以通过 XPath(XML 路径语言)来查询定位 XML 文档、操作字符串、数字、布尔类型数据和匹配一系列结点,从而达到定位文档特定部位的目的。

有关 XLink、XPointer 的内容将在第 8 章中详细介绍。

9. XML Web Services

XML Web Services 是一种向其他应用程序提供数据和服务的应用程序逻辑单元。应用程序使用标准的 Web 协议和数据格式访问 XML Web Services,与每个 XML Web Services 的具体实现方式无关。XML Web Services 实现也主要依赖广泛接受的 XML 以及其他 Internet 标准。

由于 XML Web Services 可通过标准接口进行访问,因此 XML Web Services 允许多个异构系统作为单个计算网络协同工作。XML Web Services 并不追求代码可移植性的一般功能,而是提供了一种实现数据和系统互操作性的可行解决方案。XML Web Services 使用基于 XML 的消息作为数据通信的基本方式,以帮助减少组件模型、操作系统和编程语言不一致的系统之间的差别。开发人员可以在创建应用程序时糅合各种来源的 XML Web Services,其方式与以前在创建分布式应用程序时使用组件的方式大同小异。可以说,XML Web Services 为分布式应用程序开创了一个新时代。

有关 XML Web Services 的内容将在第 9 章中详细介绍。

1.6　创建并显示简单的 XML 文档

本节将指导读者使用自定义的、对文档有意义的标记来创建简单的 XML 文档。读者将学会如何用最简单的工具创建最简单的 XML 文档,也将了解如何为 XML 文档编写简单的样式表。

1.6.1　Hello XML World

在介绍一门新的编程语言时,用户习惯从最简单的程序入手。从完整的、可以工作的例子开始,要比从抽象的、不实现任何功能的代码片断开始更容易学习。

在本小节用户将创建一个最简单的 XML 文档,并保存到文件中。打开记事本(Notepad),在其中输入如例 1.1 所示的代码。

【例 1.1】 简单 XML 文档

```
<?xml version = "1.0"?>
< ABC >
    Hello XML World!
</ABC >
```

例 1.1 的代码非常简单,但却是一个格式良好的 XML 文档(有关格式良好的概念将在以后的章节介绍)。在记事本程序中选择"文件"→"保存"选项,选择某个路径,将文件命名为"HelloXMLWorld. xml",单击"保存"按钮,即可将该 XML 文档保存在相应位置。

为了使 XML 文档成为格式良好的文档,用户必须遵循一些规范。一个 XML 文档大体可以分为 3 个区域:序言区(Prolog)、主体区(Body)和尾声区(Epilog)。

每个 XML 文档都必须从一个描述所用 XML 版本号的版本声明开始,该声明属于序言区。序言区除了放置版本声明外,还可以包含文档类型定义(DTD)等。例 1.1 中的 XML 文档的第一行即为 XML 版本声明。

```
<?xml version = "1.0"?>
```

XML 声明有一个 version 属性,属性是一个通过等号分隔的名称和值的配对。名称在等号左边,值在等号右边,用双引号括起来。在例 1.1 中,version 属性的值为 1.0,说明该文档符合 XML 1.0 规范。到现在为止,XML 的最新版本仍然是 1.0。

例 1.1 的其余三行构成了一个 ABC 元素(Element),元素属于 XML 文档的主体区。该例中的元素由开始标记(< ABC >)、结束标记(</ABC >)和元素内容(Hello XML World!)组成。有关元素更详细的内容将在后面的章节进行介绍。

XML 允许设计者自定义标记,来为标记赋予更丰富的含义。而本例中的 ABC 并没有什么特殊的意义,因此为了提高代码的可读性,也为了开发的方便,用户完全可以甚至是必须用更有意义的名词为标记命名。

【例 1.2】 自定义标记

```
<?xml version = "1.0"?>
<Salutation>
        Hello XML World!
</Salutation>
```

例 1.1 和例 1.2 虽然使用不同的名称标记,但由于它们具有相同的结构和内容,因此是等价的。

1.6.2 显示 XML 文档

将例 1.2 在保存为 sample. xml,并用软件 XMLSpy(见附录 A)中的浏览器直接打开,显示结果如图 1-2 所示。

```
<?xml version="1.0"?>
<Salutation> Hello XML World! </Salutation>
```

图 1-2 简单的 XML 文档

在图 1-2 中用户看到的是在记事本中输入的所有内容,在其他浏览器中,可能会按照默认字体显示字符串"Hello XML World!"。无论浏览器怎样显示,这个页面都不是很吸引人,这是由于没有告诉浏览器应该如何处理 Salutation 元素。为了让 XML 文档的显示更加多样化,需要在文档中使用样式表。

HTML 规定了浏览器如何解析每个 HTML 标记。例如,table 标记将被显示为表格,H1 标记将被显示为标题。而在 XML 中,由于标记的名称是任意指定的,浏览器并不能理解这些标记的含义,当然也不知道应该如何显示这些标记,所以不能像解析 HTML 标记那样解析 XML 标记。为了让浏览器能够识别自定义的 XML 标记,需要为 XML 文档编写一个样式表。

有多种样式表可供选择,本章使用 CSS。CSS 可以将 XML 文档的结构和显示完全分开,有关 CSS 的更多内容可参考本套丛书的其他书籍,这里不再赘述。

为例 1.2 中的 Salutation 元素定义样式如下。

【例 1.3】 定义元素样式

```
Salutation
{
    font - size : 18pt;
    font - family : Courier;
    font - weight : bold;
    margin - left: 20px;
}
```

例 1.3 为 Salutation 元素定义了样式,该元素的内容将显示为 18pt 大小、Courier 字体并且加粗。将上例的代码输入到记事本中,以 salutation. css 为名将该文档保存在和 sample. xml 相同的的路径下。为了使 XML 文档能够调用样式表,将例 1.2 修改如下。

【例 1.4】 关联元素样式

```
<?xml version = "1.0"?>
<?xml - stylesheet type = "text/css" href = "salutation.css"?>
<Salutation>
      Hello XML World!
</Salutation>
```

例 1.4 的代码在版本声明之后加入<? xml-stylesheet?>处理指令。该指令有 type 和 href 两个属性。type 属性描述所使用的样式表语言,href 属性描述样式表文件所存储的路径。

在浏览器中打开 sample. xml,如图 1-3 所示。

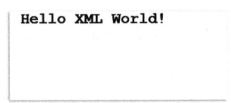

图 1-3　加入了 CSS 的 XML 文档

本 章 小 结

➢ XML 由 SGML 发展而来，是 SGML 的子集。

➢ XML 的核心是数据，这些数据有自我描述性。XML 支持 Unicode 字符集。

➢ XML 可以实现异构数据之间的数据交换。XML 有较好的保值性，并且有严格的语法要求。

➢ 通过编辑器或应用程序创建一个 XML 文档，然后通过语法分析和处理程序对文档进行检测并且转化为元素的树状结构，最后传送给用户端应用程序进行处理。

➢ W3C 为 XML 制定了十大设计目标。

➢ 学习 XML 还要掌握 DTD、DOM、CSS、XSL、XLL 等相关技术。

➢ 可以使用最简单的文本编辑工具——记事本(Notepad)来编写 XML 文档。

➢ 一个 XML 文档可以分为序言区(Prolog)、主体区(Body)和尾声区(Epilog)。

➢ 元素由开始标记、结束标记与元素内容组成。

➢ 在设计时，要为元素取更具意义的名称。

➢ 一个 XML 文档可以直接显示在支持 XML 的浏览器中。

➢ 可以为 XML 文档添加样式表。

思 考 题

1. 什么是 SGML？什么是 XML？

2. XML 有哪些特性和优点？

3. 简述 XML 的处理过程。

4. XML 有哪些设计目标？

5. 创建一个简单的 XML 文档，并为该文档添加一个简单的样式表。

第2章 | XML 语法

与任何编程语言类似,XML 也包含自己的语法结构。相比其他标记语言,XML 的语法更严格。如果不清楚 HTML 的语法,一样可以编辑出能够在浏览器中显示的文档。但如果不了解 XML 的语法,则很难通过解析器的检验。本章将介绍 XML 的语法结构,通过本章的学习,读者可以具备编写基本 XML 文档的能力。

2.1 XML 文档结构

在第 1 章中曾经介绍过,一个 XML 文档大体可以分为序言区、主体区和尾声区 3 个区域,下面详细介绍这 3 个区域。

2.1.1 序言区

序言是 XML 文档的起始部分,它包含了文档的相关信息,如 XML 的版本号、文档的特征信息和文档所遵循的文档类型等。这点与 HTML 非常类似,HTML 文档 head 元素内部的内容都属于序言。

XML 的声明属于序言区,是可选的。XML 声明包含 3 个方面的信息:版本信息、编码信息及文档独立性信息。它们都以属性的形式表示在声明中,但由于 XML 声明并不是一个元素,因此把这种属性称为伪属性。完整的 XML 声明可以用如下方法来表示。

```
<?xml 版本信息 (编码信息)(文档独立性信息)?>
```

其中版本信息是必不可少的,编码信息和文档独立性信息都是可选的。

XML 目前只存在一个版本,即 1.0。因此,所有版本信息只有 version="1.0"这一种写法。在不久的将来也许会出现更高版本的 XML,到那时则必须按照所遵循的版本进行版本声明。

在默认情况下,XML 采用的是 ASCII 编码,它只支持英文。要使 XML 文档支持其他的语言和符号,必须声明编码信息。编码信息是一个名为 encoding 的伪属性,其值为编码名称。例如,如果想让 XML 文档支持中文,可以将编码信息设置为 encoding="GB2312"或者 encoding="UTF-8"。

文档独立性信息是一个名为 standalone 的伪属性。它用来指明该文档的完整结构是否需要外部文档的支持。如果当前文档本身即可进行正确解释,不需要参考其他文件,说明文档是独立的,standalone 的值为 yes。

外部实体和实体引用可以将多个文件和其他数据源结合起来创建 XML 文档,这些文档在不引用其他文件时不能解析,因此它们的 standalone 的值为 no。

一个支持 Unicode 字符集并且需要外部文档支持的 XML 声明如下。

```
<?xml version = "1.0" encoding = "UTF - 8" standalone = "no"?>
```

在 XML 声明之前不允许有任何内容,包括空格。

XML 文档的序言中还可以包括相关的文档类型声明。文档类型声明一般存在于 XML 声明之后和第一个元素之前。有关文档类型的详细内容,请参考第 3 章。

2.1.2　主体区

文档的主体由一个或多个元素组成,其形式为一个包含字符数据(Character Data)的层次树。XML 文档主体包含唯一的根元素(Root Element),其余所有元素都是根元素的子元素。这与 HTML 很类似,所有 HTML 的标记都可以包含在< html ></html >标记之内。然而 HTML 的要求很宽松,即使没有 html 根元素也可以正常显示其内容。而 XML 则相对严格得多,如果主体中并列关系的元素没有父元素,解析器将会报错。例如:

```
<?xml version = "1.0"?>
< RootElement1 ></RootElement1 >
< RootElement2 ></RootElement2 >
```

在 XMLSpy 中的检验结果如图 2-1 所示。

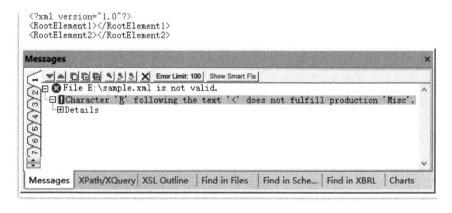

图 2-1　XML 文档只能有一个根元素

如果没有根元素,解析器也会显示错误。由于声明不是必需的,完全可以把一个空白 XML 文档用 XMLSpy 打开,如图 2-2 所示,显示的错误是解析错误。

从数据结构的角度来讲,XML 文档的层次相当于树状结构。根元素相当于树的根结点,所有根元素的子元素都相当于树结构中根结点的子树。这是一种很清晰的层次关系,利用这种关系可以轻松地遍历 XML 文档的每个元素,并实现相应的操作。

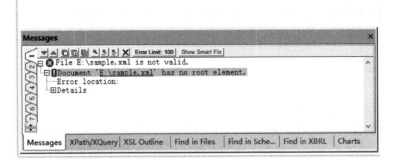

图 2-2　XML 文档有且仅有一个根元素

2.1.3　尾声区

XML 文档还可以包含尾声区，其内容包括注释、处理指令以及元素树后面的空白，尾声区并不是 XML 文档所必需的。

2.2　元素和标记

XML 文档是由元素构成的，每个元素又是由开始标记和结束标记组成，或者表示为空元素标记。XML 标记的基本格式与 HTML 标记的格式相同，即由<和>来表示开始标记的开始和结束，由</和>表示结束标记的开始和结束，如例 1.2 中的< Salutation >…</Salutation >，由< >和</>来表示标记的开始和结束。

2.2.1　元素的命名

元素的名称包含在开始和结束标记中，由一个或多个字符组成。元素的名称可以使用中文，对于常用的英文元素名称，其命名原则如下。

（1）元素名称的第一个字符必须是字母或下画线。

（2）除第一个字符以外，其他的字符可以是字母、数字、下画线、连字符(-)和点(.)。但是不能包含其他的符号，如%、& 或^等。

（3）元素名称对于英文大小写字母是敏感的，字母相同而大小写不同的名称被视为不同的元素，如< Salutation ></Salutation >和< salutation ></salutation >是两个不同的元素。

（4）元素名称中不能含有空格，这对于中文名称同样适用。浏览器将把空格后面的字符识别为属性名称。

以下元素的开始标记是合法的。

```
< Book >
< _AuthoR >
< factory - 123 >
< Product_Detail >
< User.Name >
<姓名>
```

以下元素的开始标记是不合法的。

```
<Bo ok>              名称中间包含空格
<-AuthoR>            第一个字符为-
<factory&123>        使用了不合法字符&
<123Product>         第一个字符为数字
<.User.Name>         第一个字符"."
<姓 名>              名称中间包含空格
```

有关元素命名的这些规则也同样适用于属性、实体等的命名。

2.2.2　标记

对非空元素而言,标记分为起始标记和结束标记。起始标记可以用公式表示为<标记名称(属性名值对)>,结束标记可以用公式表示为</标记名称>。

与 HTML 类似,XML 的标记也以左右尖括号表示开始和结束。然而不同的是,HTML 允许没有闭合的标记,如
在 HTML 中代表换行,它只是一个开始标记,但足以实现换行功能。这在 XML 中是非法的,如例 2.1 所示。

【例 2.1】　简单 HTML 文档

```
<?xml version="1.0"?>
<Sample>
    <html>
        <body>
            A sample of XML.
            <BR>
            A start tag must have an end tag!
        </body>
    </html>
</Sample>
```

这段代码在 HTML 中是合法的,但却无法通过 XML 解析器,则检验结果如图 2-3 所示。

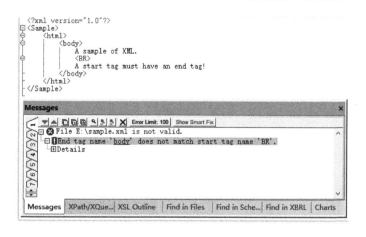

图 2-3　每个开始标记都必须有一个对应的结束标记

可见解析器把 body 元素的结束标记默认为 BR 元素的结束标记,由于名称不一致导致错误。在 XML 中,对于非空元素,每一个开始标记都必须有一个与之对应的结束标记。为例 2.1 的 BR 元素添加一个结束标记</BR>,在浏览器中的显示结果如图 2-4 所示。

```
<?xml version="1.0"?>
- <Sample>
    - <html>
        - <body>
              A sample of XML.
              <BR/>
              A start tag must have an end tag!
          </body>
      </html>
  </Sample>
```

图 2-4　没有任何内容的元素可用空元素标记来表示

读者会发现文档中输入的< BR ></BR >标记在浏览器中却显示为< BR/>,这就是空元素标记。

2.2.3　空元素

在开始标记和结束标记之间的文本称为元素内容。那么,如果元素不包含任何内容或者有其约定的描述内容的方式,是否还有必要使用结束标记呢？答案是否定的。在 HTML 中,很多标记是没有结束标记的,如< BR >、< IMG >等。在 XML 中,由没有结束标记的标记表示的元素称为空元素,表示空元素的标记称为空元素标记。空元素标记的开始和结束分别由<和/>来表示。例如:

```
< EmptyElement ></EmptyElement >
< EmptyElement/>
```

以上两种表示方式在 XML 里被认为是等价的。

在空元素标记中也可以使用属性,其使用方法和非空标记一样。有关属性的概念和用法将在 2.3 节介绍。

2.2.4　元素的嵌套

前面介绍过,XML 文档是一个树状结构,这就意味着一些元素之间必定存在父子关系。根元素就是所有其他元素的父级元素。一个元素之中包含有另一个元素称为元素的嵌套。包含有元素的元素称为父元素,被包含的元素称为子元素。例如:

```
< China >
    < Beijing >
            Haidian
    </Beijing >
</China >
```

元素的起始标记和结束标记不能交错出现,必须按顺序嵌套排列。例如,下面的代码是不符合规范的。

```
<China><Beijing>Haidian</China></Beijing>
```

空元素可以成为其他元素的子元素,但因为没有元素内容,空元素不能包含子元素。例如:

```
<China><Beijing/></China>
```

XML 文档中的所有非空元素都有且仅有一个父元素,它们可以有任意多个子元素或者没有子元素。

2.3 属　　性

元素可以具有属性,属性是由等号分隔的一对名称和值。属性必须放置在元素的开始标记中,属性的值须用双引号或单引号括起来。属性设置的格式如下。

```
<元素名称 属性名称 1 = "属性值 1" 属性名称 2 = "属性值 2" …>
```

例如:

```
<Match Date = "2014 - 7 - 14" City = "Rio de Janeiro"></Match>
```

其中,Date 和 City 为 Match 元素的属性,2014-7-14 和 Rio de Janeiro 分别为 Date 属性和 City 属性的值。

2.3.1 属性的命名

属性的名称应该是满足元素命名规则的字符串,即首字符必须是字母或下画线,其他字符可以是字母、数字、下画线、连字符(-)或点(.),但是不能包含其他符号,名称中间也不能包含空格。此外,同一个元素不可以拥有两个相同的属性名称,但是不同的元素可以拥有相同的属性名称。例如,下面的属性设置是不合法的。

```
<Match Team = "Germany" Team = "Argentina"></Match>
```

而下面的属性设置是合法的。

```
<Match Team = "Germany" team = "Argentina"></Match>
```

但是这样的设置容易引起混淆。在实际编程时,建议使用不同的名称来区分不同的属性,而不是靠区分大小写(这对于元素的命名同样适用)。

```
<Match HostTeam = "Germany" GuestTeam = "Argentina"></Match>
```

在上面的代码中，HostTeam 和 GuestTeam 均为 Match 的属性，然而另一个程序员可能会把 HostTeam 和 GuestTeam 作为 Match 的子元素。例如：

```
<Match>
    <HostTeam>Germany</HostTeam>
    <GuestTeam>Argentina</GuestTeam>
</Match>
```

这两种描述方式都是格式良好的。究竟哪种方法更好并没有定论。一般来说，使用子元素的方法会在表面上使得树状结构更显清晰。而在有些已经使用了子元素的情形，使用属性表达某些信息会显得更加明了。例如：

```
<Matchs Sum = "2">
    <Match>
        <HostTeam>Germany</HostTeam>
        <GuestTeam>Argentina</GuestTeam>
    </Match>
    <Match>
        <HostTeam>Brazil</HostTeam>
        <GuestTeam>Holland</GuestTeam>
    </Match>
</Matchs>
```

对于 HostTeam 和 GuestTeam 元素来说，作为 Match 元素的子元素或属性出现没有太大区别。但两个 Match 元素则最好作为 Matchs 元素的子元素出现，因为 Match 有自己的内容（HostTeam 和 GuestTeam，甚至更多的子元素），而属性是无法描述这些内容的。而且在逻辑上，Matchs 和 Match 本身就是一种包含关系，所以这样设计既有利于程序的扩展，也便于理解。对于 Matchs 元素的 Sum 属性来说，它的含义是表示 Matchs 所包含的 Match 子元素的数量，显然如果它作为子元素出现会破坏 Matchs 与 Match 之间已经建立好的清晰的树状关系。

需要注意的是，实际上 XML 解析器把元素和属性都看作是树状结构的结点类型，然而在这里讨论的只是从表面上看到的父元素与子元素之间的树状结构。

简而言之，使用元素扩展性更好，而属性则更适合简单的、没有子结构的数据。

此外，由于 CSS 只能指定元素的样式，而无法指定属性，因此如果在 XML 文档中加入 CSS 样式的话，就必须使用元素的嵌套。想要指定属性的样式，就必须使用 XSL，这将在后面的章节进行介绍。

2.3.2　属性的值

在 HTML 中，属性值不需要用引号括起来，然而在 XML 中，属性值则必须用双引号或单引号括起来。如<table width=100>这样的标记在 HTML 中是合法的，但是在 XML 中会被解析器拒绝。

对于属性值的内容没有很严格的限制，唯一不能包含的字符是<和>，因为它们代表标记的开始和结束，可以使用实体引用代替这两个符号。如果属性的内容包含双引号或单引号其中的一个，那么属性值就要用另外一种引号括起来。如果两种引号都包含，那么应该使用实体引用来代替这些符号。有关实体引用的概念将在2.4节介绍。

```
<Sentence Content = "Mother said: &quot;Life likes a box of chocolate.&quot;"/>
```

这等同于

```
<Sentence Content = 'Mother said: "Life likes a box of chocolate."'/>
```

从数据类型上来说，在没有任何特殊约定的情况下，属性的值都是字符串。例如：

```
<Person Age = "26"></Person>
```

这里的 26 虽然代表的是一个数字，但实际上它是一个包含两个字符的字符串。

2.4 引　用

与之前的 SGML 和 HTML 一样，XML 为显示非 ASCII 码字符集中的字符提供了两种方法：实体引用和字符引用。

2.4.1 实体引用

元素的内容和属性的值都属于文本，一般情况下，如果在文本中出现<、>、""、''这样的符号是不允许的。<将被浏览器解析为标记的开始，>将被解析为标记的结束，而""和''如果出现在属性值中，将被解析为属性值的结束标志。这时，如果必须在文本中出现这些符号，可以使用实体引用（Entity Reference），即用一组特定的字符组合来代替这些符号。

在 XML 中，所有的实体引用都是以"&"开头，以";"结尾。所以如果在文本中出现 & 符号也是不允许的，它将被解析为一个实体引用的开始标志。XML 并没有针对";"的实体引用，因为在前面没有出现 & 的时候，它是不会被解析成实体引用的结束标志的。

XML 共有 5 个预定义的实体引用，分别用来代替文本中出现的 &、<、>、""和''，如表 2-1 所示。

表 2-1　XML 预定义的实体引用

实体引用	对应字符
&amp;	&
&lt;	<
&gt;	>
&quot;	"
&apos;	'

对于下面的代码：

```
<Text>Java & Xml are very easy to learn.</Text>
```

XML 解析器会拒绝包含这段代码的文档，应该用"&"代替"&"符号。

```
<Text>Java &amp; Xml are very easy to learn.</Text>
```

在某些情况下，并不是必须将文本中出现的上述 5 个字符完全用实体引用代替。例如，在元素内容中出现""、"'"和>，在属性值中出现>都是可以被 XML 解析器成功解析的。如果属性值是用""括起来的，那么其内容可以包含"'"，如果属性值是用"'"括起来的，那么其内容可以包含""。但是，需要强调的是，读者应该尽量养成将所有文本中出现的这些字符都用实体引用代替的习惯。

除了 XML 预定义的 5 个实体引用外，还可以通过在 DTD 中自定义实体引用来取代一长串的文本。有关 DTD 的内容将在后面的章节进行介绍。

2.4.2 字符引用

字符集从 ASCII 和 ASNI 一步步演变到 Unicode，几乎已经包含了世界上所有的文字和符号。与很多编程语言不支持中文不同，XML 是国际化的，它支持双字节编码的 Unicode 字符集，这意味着读者可以使用中文或其他符合命名规范的文字命名元素和属性。

每个 Unicode 字符是一个 0～1 114 111 之间的数字，读者可以使用字符引用在 XML 文件中插入一个字符。Unicode 字符引用由两个字符"&#"、字符代码和一个分号组成。例如，@符号的十六进制 Unicode 代码为 0040，可以在 XML 文档中插入"@"来代替@符号。在用十六进制描述 Unicode 字符时，要在字符引用的 &# 后面添加一个 x。又如，η 符号的十六进制 Unicode 代码为 03B7，那么该符号的字符引用为"η"。

2.5 处 理 指 令

处理指令（Processing Instruction，PI）允许文件中包含由应用来处理的指令，它是供计算机程序阅读的文档内容。应用程序根据 XML 文档中的处理指令来进行相关的操作，并将自动忽略它们不能识别的处理指令。

处理指令的开始和结束分别由"<?"和"?>"表示，其语法结构如下。

```
<?目标 … 指令 … ?>
```

其中，目标（target）必须是一个合法的 XML 名称（即符合元素的命名规范），用来指示传递给哪一个应用程序；而指令为一个字符串。在例 1.4 中，读者已经看到了如下的处理指令。

```
<?xml-stylesheet type="text/css" href="salutation.css"?>
```

其中 xml-stylesheet 为该处理指令的目标。xml-stylesheet 是应用程序都可以识别的通用标识符,它告诉浏览器在显示这个 XML 文档时,应当把相应路径下的样式表文件应用于该文档。type="text/css"和 href="salutation.css"为指令,它告诉应用程序所应用的样式表类型为 CSS,样式表文件所在的路径为 salutation.css。xml-stylesheet 处理指令通常位于 XML 声明和根元素的开始标记之间,属于文档的序言区。

虽然这里指令的描述类似于元素的属性,但这些属性与元素的属性不同,它们与声明中的版本信息类似,都属于伪属性。处理指令的格式要求相对宽松,任何合法的字符都可以出现在指令中,"? >"除外,因为它代表处理指令的结束。

2.6 注　　释

尽管自定义的元素名称可以让阅读者更容易理解设计者的意图,然而在某些地方设计者还是需要用一些额外的文本来阐述他们的代码。在调试时,设计者也可能需要让某一段代码暂时不起作用。在这些时候,就需要使用注释。

XML 的注释以"<! ——"开始,以——>结束。当 XML 解析器阅读到注释文本的时候,将会跳过其中的内容。下例中的注释均为合法的。

【例 2.2】　合法注释

```
<?xml version = "1.0" encoding = "UTF - 8"?>
<! -- personal file -->
<Player>
    <! -- the name of the player -->
    <Name> Neymar </Name>
    <! -- <Sex> Male </Sex> -->
    <Birthdate><! -- 1992 - 02 - 05 --></Birthdate>
</Player>
```

注释可以放置在根元素的前后、元素之间、元素内容之中,也可以包含整个元素。对于注释,有一些必须遵守的约定如下。

(1) 注释不能位于 XML 声明之前。

(2) 注释不能放置在一个标记之中。

(3) 不能用注释隐藏基本的标记。

(4) 注释不能嵌套使用。

以下的注释都是不合法的:

```
<Student <! -- ID = "0001" -->>
<Phone> 010 - 12345678 <! -- </Phone> -->
<! -- This is a book about <! -- XML --> -->
```

2.7　CDATA 节

有时所要描述的内容可能很长并且包含很多特殊符号,如在 XML 中存储一段 HTML 代码,其中必定包含很多<、>、""、'和 & 等。如果把这些字符逐一替换成实体引用,工作量是相当大的。这时可以使用 CDATA 节。在 CDATA 节中,所有的文本都是纯字符数据,解析器不会解析 CDATA 节中的任何符号和标记。CDATA 节以"<![CDATA["开始,以]]>结束。

【例 2.3】　CDATA 节

```
<?xml version = "1.0"?>
<XmlExpressions>
    <![CDATA[
        <ElementExpression>You can't use <, >, or & as an element name<ElementExpression>
    ]]>
</XmlExpressions>
```

上例在浏览器中显示如图 2-5 所示,CDATA 节中出现的所有数据都按照原样输出。

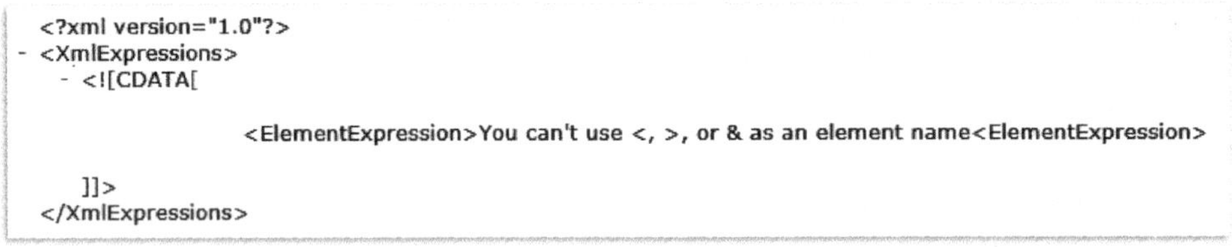

```
<?xml version="1.0"?>
- <XmlExpressions>
    - <![CDATA[
            <ElementExpression>You can't use <, >, or & as an element name<ElementExpression>
    ]]>
</XmlExpressions>
```

图 2-5　CDATA 节

在 CDATA 节中不能出现"]]>",因为它代表 CDATA 节的结束。正因为如此,CDATA 节也不能嵌套使用。

2.8　创建格式良好的 XML 文档

学习了 XML 的基本语法后,本节的重点是根据本章前面所学习的语法规则构建一个格式良好的 XML 文档。本节将把 2014 年世界杯全部 64 场比赛的时间、地点、参赛队以及比分保存在一个格式良好的 XML 文档中,并对数据的结构和层次关系进行良好的组织。

首先需要新建一个 XML 文档,把它命名为 Matches.xml,然后用记事本打开。

2.8.1　XML 文档的声明

XML 文档声明包括版本信息、编码信息以及文档独立性信息。尽管文档声明不是 XML 所必需的,但是大多数情况下是包含的。

如果一个文档包含 XML 声明,则要求这个声明是文档的第一部分。XML 处理器通过读取文件的头几个字节,并且与字符串<?xml 的各种编码相比较,从而确定该文档使用什

么字符集。所以如果声明前出现任何字符包括空格，解析器都会报错。

本章将要描述的是一个简单的文档，它只包含英文字符，并且不需要外部文档的支持，encoding 和 standalone 属性都可以使用默认值，因此只需要最简单的 XML 文档声明。

```
<?xml version = "1.0">
```

2.8.2　元素

元素是 XML 文档中最重要的部分。一个 XML 文档所能提供的大部分信息都储存在元素里。此外，它们还组成了文档的树状结构，从而可以方便地对文档进行相关操作。

1. 唯一的根元素

格式良好的 XML 文档的主体有且仅有一个根元素，其他所有元素都包含在该根元素之中。

符合元素命名规则的任何字符都可以作为根元素的名称，但建议使用更具语义性的名称。可以用 matches 来命名根元素，从字面上理解，它代表所有比赛的集合。把根元素添加进来，文档成为如下形式。

```
<?xml version = "1.0"?>
<matches>
</matches>
```

<matches>应该在所有元素的开始标记之前，</matches>应该在所有元素的结束标记之后。

2. 所有的非空元素都必须闭合

包含根元素在内的所有元素都必须闭合，即必须都包含一个开始标记和一个结束标记或者表示为空元素标记。

可以用 match 来命名根元素的子元素，它代表一场比赛。一场足球比赛包含时间、地点、比赛类型（小组赛或淘汰赛等）、参赛队、比分、进球队员以及时间、最佳球员等多种数据。为了方便，这里只摘录时间、地点、类型、参赛队和比分。参赛队采用主客队的方式分别记录，对于比分则分别记录主客队各自的进球数。

用相应的英文名称来命名这些元素。尽管 XML 支持中文，但为了更具通用性和扩展性，建议使用英文。对于无法用一个单词表达的含义，可以用多个单词相连的方式来处理，如主队用 hostteam 命名。注意不能用"host team"，因为元素的名称中不能包含空格。一个非闭合的示例如下。

```
<?xml version = "1.0"?>
<matches>
    <match>opening match
    <date>2014 - 6 - 13
    <city>Sao Paulo
```

```
        < type > group
        < hostteam > Brazil
        < guestteam > Croatia
        < hostteamscore > 3
        < guestteamscore > 1
    </matches >
```

在浏览器中打开这个文件，显然解析器不会允许显示这个文档，因为所有 matches 的子元素都没有结束标记。正确的格式良好的文档应该如下所示。

【例 2.4】 闭合非空元素

```
    <?xml version = "1.0"?>
    < matches >
        < match > opening match </match >
        < date > 2014 - 6 - 13 </date >
        < city > Sao Paulo </city >
        < type > group </type >
        < hostteam > Brazil </hostteam >
        < guestteam > Croatia </guestteam >
        < hostteamscore > 3 </hostteamscore >
        < guestteamscore > 1 </guestteamscore >
    </matches >
```

当然不同的程序员可以设计出完全不同的 XML 文档，可以使用单一的元素来表示参赛队和比分，如：

```
    < teams > Brazil vs Croatia </teams >
    < scores > 3:1 </scores >
```

也可以在 match 和 hostteam、guestteam 之间添加一个 teams 元素来进行分隔，如：

```
    < match >
        < teams >
            < hostteam ></hostteam >
            < guestteam ></guestteam >
        </teams >
    </match >
```

只要程序员能够把自己对于层次结构的理解通过代码方便地传递给阅读者，那么这种设计就是合理的。

3. 空元素的约定

没有任何内容的元素为空元素，可以用空元素标记来表示。以 match 元素为例，表示为< match ></match >和表示为< match/>没有任何区别。XML 解析器将空元素标记解析为开始标记和结束标记。在大多数情况下，没有任何内容和属性的空元素是没有意义的，空元素往往伴随属性一起使用。

4. 元素的嵌套

XML 文档是一个以根元素为根结点的树形结构。每一个子元素,又可以看成是一棵以该元素为根结点的树,父元素与子元素之间是包含关系。

matches 元素表示所有比赛的集合,match 元素表示具体某一场比赛,比赛集合包含具体的比赛,因此 match 是 matches 的子元素。一场具体的比赛又包含时间、地点、比赛类型、参赛队和比分等各种元素,因此从逻辑上划分,date、city、type、hostteam、guestteam 应该为 match 的子元素。按照上述所设计的结构,hostteamscore 和 guestteamscore 分别为主客队进球数,它们应该分别隶属于 hostteam 和 guestteam 元素。

按照这种层次结构对上面的代码进行修改,变为例 2.5 所示的形式。

【例 2.5】 嵌套元素

```
<?xml version = "1.0"?>
< matches >
    < match >
        < date > 2014 - 6 - 13 </date >
        < city > Sao Paulo </city >
        < type > group </type >
        < hostteam >
            < name > Brazil </name >
            < score > 3 </score >
        </hostteam >
        < guestteam >
            < name > Croatia </name >
            < score > 1 </score >
        </guestteam >
    </match >
</matches >
```

2.8.3 属性

在构建格式良好的 XML 文档的过程中,属性不仅要严格符合语法规范的要求,还要尽量使属性的设置体现树状结构的特点,有时需要把子元素和属性进行互换。

1. 把子元素转换为属性

元素的属性表示该元素所具有的某种特性,它与元素的关系比子元素与元素的关系更加密切。在设计 XML 文档时,会发现有些简单的数据作为子元素出现不太合适。如年龄、大小这样的数据作为子元素出现会略显烦琐;而像子元素数目、流水号这样的数据作为子元素出现则会破坏树状结构。

在例 2.5 中,可以把某些子元素转换成属性,这会使结构更加简洁。例如,hostteam 没有必要包含 name 和 score 子元素,而只需要同名的属性即可。

```
< hostteam name = "Brazil" score = "3"></hostteam >
```

当元素不包含任何内容时,可以用空元素标记来表示这个元素如下。

```
< hostteam name = "Brazil" score = "3"/>
```

也可以把 name 属性去掉,把其值作为 hostteam 的内容出现在开始标记和结束标记之间。以上处理也同样适用于 guestteam 属性。

对于一场比赛来说,时间、地点、类型等数据没有子结构,同样可以转换为属性如下。

```
< match date = "2014 - 6 - 13" city = "Sao Paulo" type = "group">
```

这样例 2.5 就成为例 2.6 所述的形式。

【例 2.6】 元素属性

```
<?xml version = "1.0"?>
< matches >
    < match date = "2014 - 6 - 13" city = "Sao Paulo" type = "group">
        < hostteam name = "Brazil" score = "3"/>
        < guestteam name = "Croatia" score = "1"/>
    </match >
</matches >
```

2. 把相似元素的公有特性提取为属性

有些元素虽然名称不同,但可能实际上表示的是类似的实体。例如,man 和 woman 其实都代表 person,它们是相似的元素,它们包含公有特性 sex。可以把 man 和 woman 合并为 person,把 sex 作为 person 的属性,通过不同的属性值来区分是 man 还是 woman。

在本场比赛中 Brazil 是 hostteam,但是在其他比赛中可能作为 guestteam 出现。无论 hostteam 还是 guesteam,它们都是 team。而作为 host 或 guest 只是 team 针对某一场比赛的一个特性。可以把 hostteam 和 guestteam 合并为 team,把 type(参赛球队类型)作为 team 的属性,其属性值为 host 或 guest,用来区分主队或客队。

```
< team name = "Brazil" type = "host" score = "3"/>
< team name = "Croatia" type = "guest" score = "1"/>
```

虽然 match 和 team 元素都包含 type 属性,但是它们的作用是不一样的。match 的 type 属性用来表示小组赛(group)、八分之一决赛(eightfinal)、四分之一决赛(quarterfinal)、半决赛(semifinal)、三四名决赛(thirdfinal)和决赛(final),team 的 type 属性用来表示主队(host)和客队(guest)。这些数据可以分别存在不同的 XML 文档中,以便在编程时进行读取。

2.8.4 其他

除了元素与属性外,其他方面还应该注意下述问题。

1. 区分大小写

XML 是大小写敏感的语言,< Matches >和< matches >代表不同的标记。在编写文档时,最好根据某些规范(或约定)来命名元素和属性。例如,需要用几个单词来描述元素时,单词之间采用下画线连接还是其他合法的符号,或者大写单词的首字母等,这些都需要统一。统一了命名规范的文档可读性强、整体性好。

近年来,使用下画线来衔接单词的情形开始减少,更多的情形倾向于不在多个单词之间加入任何额外的连接符,而是将每个单词的首字母大写来表示分隔。基于这种约定的命名规范包括 CamelCase 和 PascalCase 两种。CamelCase 是指标识符的第一个单词的首字母小写,而其后的每一个单词的首字母都大写。PascalCase 是指所有单词的首字母都大写。

读者可以根据自己的习惯来制定命名规范。本书中元素和属性的命名都采用 PascalCase 规范。

【例 2.7】 PascalCase 命名规范

```
<?xml version = "1.0"?>
< Matches >
    < Match Date = "2014 - 6 - 13" City = "Sao Paulo" Type = "Group">
        < Team Name = "Brazil" Type = "Host" Score = "3"/>
        < Team Name = "Croatia" Type = "Guest" Score = "1"/>
    </Match>
</Matches>
```

2. 特殊字符

这里所说的特殊字符是指那些会被解释成具有特殊意义的字符,在 XML 中它们用预定义实体引用来表示。

尽管本例中并没有任何特殊字符,但为了强调在必要的时候对特殊字符如何处理,本章还是利用单独的一个小节来阐述。如果不使用实体引用代替特殊字符,浏览器将无法正确解析 XML 文档。

2.8.5 文档全文

根据以上内容,读者可以创建出一个完整地描述全部 64 场比赛数据的 XML 文档,该文档是格式良好、层次清晰的,如例 2.8 所示。

【例 2.8】 完整比赛数据

```
<?xml version = "1.0" encoding = "UTF - 8"?>
< Matches >
    < Match Date = "2014 - 6 - 13" City = "Sao Paulo" Type = "Group">
        < Team Name = "Brazil" Type = "Host" Score = "3" />
        < Team Name = "Croatia" Type = "Guest" Score = "1" />
    </Match>
    < Match Date = "2014 - 6 - 14" City = "Natal" Type = "Group">
        < Team Name = "Mexico" Type = "Host" Score = "1" />
        < Team Name = "Cameroon" Type = "Guest" Score = "0" />
```

```
        </Match>
        < Match Date = "2014 - 6 - 14" City = "Salvatore" Type = "Group">
            < Team Name = "Spain" Type = "Host" Score = "1" />
            < Team Name = "Netherlands" Type = "Guest" Score = "5" />
        </Match>
        < Match Date = "2014 - 6 - 14" City = "Cuiaba" Type = "Group">
            < Team Name = "Chile" Type = "Host" Score = "3" />
            < Team Name = "Australia" Type = "Guest" Score = "1" />
        </Match>
        < Match Date = "2014 - 6 - 15" City = "Belo Horizonte" Type = "Group">
            < Team Name = "Columbia" Type = "Host" Score = "3" />
            < Team Name = "Greece" Type = "Guest" Score = "0" />
        </Match>
        < Match Date = "2014 - 6 - 15" City = "Fortaleza" Type = "Group">
            < Team Name = "Uruguay" Type = "Host" Score = "1" />
            < Team Name = "Costa Rica" Type = "Guest" Score = "3" />
        </Match>
        < Match Date = "2014 - 6 - 15" City = "Manaus" Type = "Group">
            < Team Name = "England" Type = "Host" Score = "1" />
            < Team Name = "Italy" Type = "Guest" Score = "2" />
        </Match>
        < Match Date = "2014 - 6 - 15" City = "Recife" Type = "Group">
            < Team Name = "Ivory Coast" Type = "Host" Score = "2" />
            < Team Name = "Japan" Type = "Guest" Score = "1" />
        </Match>
        < Match Date = "2014 - 6 - 16" City = "Brasilia" Type = "Group">
            < Team Name = "Switzerland" Type = "Host" Score = "2" />
            < Team Name = "Ecuador" Type = "Guest" Score = "1" />
        </Match>
        < Match Date = "2014 - 6 - 16" City = "Porto Alegre" Type = "Group">
            < Team Name = "France" Type = "Host" Score = "3" />
            < Team Name = "Honduras" Type = "Guest" Score = "0" />
        </Match>
        < Match Date = "2014 - 6 - 16" City = "Rio de Janeiro" Type = "Group">
            < Team Name = "Argentina" Type = "Host" Score = "2" />
            < Team Name = "Herzegovina" Type = "Guest" Score = "1" />
        </Match>
        < Match Date = "2014 - 6 - 17" City = "Salvatore" Type = "Group">
            < Team Name = "Germany" Type = "Host" Score = "4" />
            < Team Name = "Portugal" Type = "Guest" Score = "0" />
        </Match>
        < Match Date = "2014 - 6 - 17" City = "Curitiba" Type = "Group">
            < Team Name = "Iran" Type = "Host" Score = "0" />
            < Team Name = "Nigeria" Type = "Guest" Score = "0" />
        </Match>
        < Match Date = "2014 - 6 - 17" City = "Natal" Type = "Group">
            < Team Name = "Ghana" Type = "Host" Score = "1" />
            < Team Name = "America" Type = "Guest" Score = "2" />
        </Match>
```

```xml
< Match Date = "2014 - 6 - 18" City = "Belo Horizonte" Type = "Group">
    < Team Name = "Belgium" Type = "Host" Score = "2" />
    < Team Name = "Algeria" Type = "Guest" Score = "1" />
</Match>
< Match Date = "2014 - 6 - 18" City = "Fortaleza" Type = "Group">
    < Team Name = "Brazil" Type = "Host" Score = "0" />
    < Team Name = "Mexico" Type = "Guest" Score = "0" />
</Match>
< Match Date = "2014 - 6 - 18" City = "Cuiaba" Type = "Group">
    < Team Name = "Russia" Type = "Host" Score = "1" />
    < Team Name = "Korea" Type = "Guest" Score = "1" />
</Match>
< Match Date = "2014 - 6 - 19" City = "Porto Alegre" Type = "Group">
    < Team Name = "Australia" Type = "Host" Score = "2" />
    < Team Name = "Netherlands" Type = "Guest" Score = "3" />
</Match>
< Match Date = "2014 - 6 - 19" City = "Rio de Janeiro" Type = "Group">
    < Team Name = "Spain" Type = "Host" Score = "0" />
    < Team Name = "Chile" Type = "Guest" Score = "2" />
</Match>
< Match Date = "2014 - 6 - 19" City = "Manaus" Type = "Group">
    < Team Name = "Cameroon" Type = "Host" Score = "0" />
    < Team Name = "Croatia" Type = "Guest" Score = "4" />
</Match>
< Match Date = "2014 - 6 - 20" City = "Brasilia" Type = "Group">
    < Team Name = "Columbia" Type = "Host" Score = "2" />
    < Team Name = "Ivory Coast" Type = "Guest" Score = "1" />
</Match>
< Match Date = "2014 - 6 - 20" City = "Sao Paulo" Type = "Group">
    < Team Name = "Uruguay" Type = "Host" Score = "2" />
    < Team Name = "England" Type = "Guest" Score = "1" />
</Match>
< Match Date = "2014 - 6 - 20" City = "Natal" Type = "Group">
    < Team Name = "Japan" Type = "Host" Score = "0" />
    < Team Name = "Greece" Type = "Guest" Score = "0" />
</Match>
< Match Date = "2014 - 6 - 21" City = "Recife" Type = "Group">
    < Team Name = "Italy" Type = "Host" Score = "0" />
    < Team Name = "Costa Rica" Type = "Guest" Score = "1" />
</Match>
< Match Date = "2014 - 6 - 21" City = "Salvatore" Type = "Group">
    < Team Name = "Switzerland" Type = "Host" Score = "2" />
    < Team Name = "France" Type = "Guest" Score = "5" />
</Match>
< Match Date = "2014 - 6 - 21" City = "Curitiba" Type = "Group">
    < Team Name = "Honduras" Type = "Host" Score = "1" />
    < Team Name = "Ecuador" Type = "Guest" Score = "2" />
</Match>
< Match Date = "2014 - 6 - 22" City = "Belo Horizonte" Type = "Group">
```

```
        < Team Name = "Argentina" Type = "Host" Score = "1" />
        < Team Name = "Iran" Type = "Guest" Score = "0" />
    </Match>
    < Match Date = "2014 - 6 - 22" City = "Fortaleza" Type = "Group">
        < Team Name = "Germany" Type = "Host" Score = "2" />
        < Team Name = "Ghana" Type = "Guest" Score = "2" />
    </Match>
    < Match Date = "2014 - 6 - 22" City = "Cuiaba" Type = "Group">
        < Team Name = "Nigeria" Type = "Host" Score = "1" />
        < Team Name = "Bosnia and Herzegovina" Type = "Guest" Score = "0" />
    </Match>
    < Match Date = "2014 - 6 - 23" City = "Rio de Janeiro" Type = "Group">
        < Team Name = "Belgium" Type = "Host" Score = "1" />
        < Team Name = "Russia" Type = "Guest" Score = "0" />
    </Match>
    < Match Date = "2014 - 6 - 23" City = "Porto Alegre" Type = "Group">
        < Team Name = "Korea" Type = "Host" Score = "2" />
        < Team Name = "Algeria" Type = "Guest" Score = "4" />
    </Match>
    < Match Date = "2014 - 6 - 23" City = "Manaus" Type = "Group">
        < Team Name = "America" Type = "Host" Score = "2" />
        < Team Name = "Algeria Portugal" Type = "Guest" Score = "2" />
    </Match>
    < Match Date = "2014 - 6 - 24" City = "Curitiba" Type = "Group">
        < Team Name = "Australia" Type = "Host" Score = "0" />
        < Team Name = "Spain" Type = "Guest" Score = "3" />
    </Match>
    < Match Date = "2014 - 6 - 24" City = "Sao Paulo" Type = "Group">
        < Team Name = "Netherlands" Type = "Host" Score = "2" />
        < Team Name = "Chile" Type = "Guest" Score = "0" />
    </Match>
    < Match Date = "2014 - 6 - 24" City = "Brasilia" Type = "Group">
        < Team Name = "Cameroon" Type = "Host" Score = "1" />
        < Team Name = "Brazil" Type = "Guest" Score = "4" />
    </Match>
    < Match Date = "2014 - 6 - 24" City = "Recife" Type = "Group">
        < Team Name = "Croatia" Type = "Host" Score = "1" />
        < Team Name = "Mexico" Type = "Guest" Score = "3" />
    </Match>
    < Match Date = "2014 - 6 - 25" City = "Natal" Type = "Group">
        < Team Name = "Italy" Type = "Host" Score = "0" />
        < Team Name = "Uruguay" Type = "Guest" Score = "1" />
    </Match>
    < Match Date = "2014 - 6 - 25" City = "Belo Horizonte" Type = "Group">
        < Team Name = "Costa Rica" Type = "Host" Score = "0" />
        < Team Name = "England" Type = "Guest" Score = "0" />
    </Match>
    < Match Date = "2014 - 6 - 25" City = "Cuiaba" Type = "Group">
        < Team Name = "Japan" Type = "Host" Score = "1" />
```

```xml
        < Team Name = "Columbia" Type = "Guest" Score = "4" />
    </Match>
    < Match Date = "2014 − 6 − 25" City = "Fortaleza" Type = "Group">
        < Team Name = "Greece" Type = "Host" Score = "2" />
        < Team Name = "Ivory Coast" Type = "Guest" Score = "1" />
    </Match>
    < Match Date = "2014 − 6 − 26" City = "Porto Alegre" Type = "Group">
        < Team Name = "Nigeria" Type = "Host" Score = "2" />
        < Team Name = "Argentina" Type = "Guest" Score = "3" />
    </Match>
    < Match Date = "2014 − 6 − 26" City = "Salvatore" Type = "Group">
        < Team Name = "Bosnia and Herzegovina" Type = "Host" Score = "3" />
        < Team Name = "Iran" Type = "Guest" Score = "1" />
    </Match>
    < Match Date = "2014 − 6 − 26" City = "Manaus" Type = "Group">
        < Team Name = "Honduras" Type = "Host" Score = "0" />
        < Team Name = "Switzerland" Type = "Guest" Score = "3" />
    </Match>
    < Match Date = "2014 − 6 − 26" City = "Rio de Janeiro" Type = "Group">
        < Team Name = "Ecuador" Type = "Host" Score = "0" />
        < Team Name = "France" Type = "Guest" Score = "0" />
    </Match>
    < Match Date = "2014 − 6 − 27" City = "Recife" Type = "Group">
        < Team Name = "America" Type = "Host" Score = "0" />
        < Team Name = "Germany" Type = "Guest" Score = "1" />
    </Match>
    < Match Date = "2014 − 6 − 27" City = "Brasilia" Type = "Group">
        < Team Name = "Portugal" Type = "Host" Score = "2" />
        < Team Name = "Ghana" Type = "Guest" Score = "1" />
    </Match>
    < Match Date = "2014 − 6 − 27" City = "Sao Paulo" Type = "Group">
        < Team Name = "Korea" Type = "Host" Score = "0" />
        < Team Name = "Belgium" Type = "Guest" Score = "1" />
    </Match>
    < Match Date = "2014 − 6 − 27" City = "Curitiba" Type = "Group">
        < Team Name = "Algeria" Type = "Host" Score = "1" />
        < Team Name = "Russia" Type = "Guest" Score = "1" />
    </Match>
    < Match Date = "2014 − 6 − 29" City = "Belo Horizonte" Type = "EighthFinal">
        < Team Name = "Brazil" Type = "Host" Score = "1" PlayoffScore = "0" PenaltyScore = "3"/>
        < Team Name = "Chile" Type = "Guest" Score = "1" PlayoffScore = "0" PenaltyScore = "2"/>
    </Match>
    < Match Date = "2014 − 6 − 29" City = "Rio de Janeiro" Type = "EighthFinal">
        < Team Name = "Columbia" Type = "Host" Score = "2" PlayoffScore = "0" PenaltyScore = "0"/>
        < Team Name = "Uruguay" Type = "Guest" Score = "0" PlayoffScore = "0" PenaltyScore = "0"/>
    </Match>
    < Match Date = "2014 − 6 − 30" City = "Fortaleza" Type = "EighthFinal">
        < Team Name = "Netherlands" Type = "Host" Score = "2" PlayoffScore = "0" PenaltyScore
= "0"/>
```

```xml
            < Team Name = "Mexico" Type = "Guest" Score = "1" PlayoffScore = "0" PenaltyScore =
"0"/>
      </Match>
      < Match Date = "2014 - 6 - 30" City = "Recife" Type = "EighthFinal">
            < Team Name = "Coast Rica" Type = "Host" Score = "1" PlayoffScore = "0" PenaltyScore =
"5"/>
            < Team Name = "Greece" Type = "Guest" Score = "1" PlayoffScore = "0" PenaltyScore =
"3"/>
      </Match>
      < Match Date = "2014 - 7 - 1" City = "Brasilia" Type = "EighthFinal">
            < Team Name = "France" Type = "Host" Score = "2" PlayoffScore = "0" PenaltyScore = "0"/>
            < Team Name = "Nigeria" Type = "Guest" Score = "0" PlayoffScore = "0" PenaltyScore =
"0"/>
      </Match>
      < Match Date = "2014 - 7 - 1" City = "Porto Alegre" Type = "EighthFinal">
            < Team Name = "Germany" Type = "Host" Score = "0" PlayoffScore = "2" PenaltyScore =
"0"/>
            < Team Name = "Algeria" Type = "Guest" Score = "0" PlayoffScore = "1" PenaltyScore =
"0"/>
      </Match>
      < Match Date = "2014 - 7 - 2" City = "Sao Paulo" Type = "EighthFinal">
            < Team Name = "Argentina" Type = "Host" Score = "0" PlayoffScore = "1" PenaltyScore =
"0"/>
            < Team Name = "Switzerland" Type = "Guest" Score = "0" PlayoffScore = "0" PenaltyScore
= "0"/>
      </Match>
      < Match Date = "2014 - 7 - 2" City = "Salvatore" Type = "EighthFinal">
            < Team Name = "Belgium" Type = "Host" Score = "0" PlayoffScore = "2" PenaltyScore =
"0"/>
            < Team Name = "America" Type = "Guest" Score = "0" PlayoffScore = "1" PenaltyScore =
"0"/>
      </Match>
      < Match Date = "2014 - 7 - 5" City = "Rio de Janeiro" Type = "QuarterFinal">
            < Team Name = "France" Type = "Host" Score = "0" PlayoffScore = "0" PenaltyScore = "0"/>
            < Team Name = "Germany" Type = "Guest" Score = "1" PlayoffScore = "0" PenaltyScore =
"0"/>
      </Match>
      < Match Date = "2014 - 7 - 5" City = "Fortaleza" Type = "QuarterFinal">
            < Team Name = "Brazil" Type = "Host" Score = "2" PlayoffScore = "0" PenaltyScore = "0"/>
            < Team Name = "Columbia" Type = "Guest" Score = "1" PlayoffScore = "0" PenaltyScore =
"0"/>
      </Match>
      < Match Date = "2014 - 7 - 6" City = "Brasilia" Type = "QuarterFinal">
            < Team Name = "Argentina" Type = "Host" Score = "1" PlayoffScore = "0" PenaltyScore =
"0"/>
            < Team Name = "Belgium" Type = "Guest" Score = "0" PlayoffScore = "0" PenaltyScore =
"0"/>
      </Match>
      < Match Date = "2014 - 7 - 6" City = "Salvatore" Type = "QuarterFinal">
```

```
        < Team Name = "Netherlands" Type = "Host" Score = "0" PlayoffScore = "0" PenaltyScore
= "4"/>
        < Team Name = "Costa Rica" Type = "Guest" Score = "0" PlayoffScore = "0" PenaltyScore
= "3"/>
    </Match>
    < Match Date = "2014 - 7 - 9" City = "Belo Horizonte" Type = "SemiFinal">
        < Team Name = "Brazil" Type = "Host" Score = "1" PlayoffScore = "0" PenaltyScore = "0"/>
        < Team Name = "Germany" Type = "Guest" Score = "7" PlayoffScore = "0" PenaltyScore =
"0"/>
    </Match>
    < Match Date = "2014 - 7 - 10" City = "Sao Paulo" Type = "SemiFinal">
        < Team Name = "Netherlands" Type = "Host" Score = "0" PlayoffScore = "0" PenaltyScore
= "2"/>
        < Team Name = "Argentina" Type = "Guest" Score = "0" PlayoffScore = "0" PenaltyScore
= "4"/>
    </Match>
    < Match Date = "2014 - 7 - 13" City = "Brasilia" Type = "ThirdFinal">
        < Team Name = "Brazil" Type = "Host" Score = "0" PlayoffScore = "0" PenaltyScore = "0"/>
        < Team Name = "Netherlands" Type = "Guest" Score = "3" PlayoffScore = "0" PenaltyScore
= "0"/>
    </Match>
    < Match Date = "2014 - 7 - 14" City = "Rio de Janeiro" Type = "Final">
        < Team Name = "Germany" Type = "Host" Score = "0" PlayoffScore = "1" PenaltyScore =
"0"/>
        < Team Name = "Argentina" Type = "Guest" Score = "0" PlayoffScore = "0" PenaltyScore
= "0"/>
    </Match>
</Matches>
```

本 章 小 结

> XML 有严格的语法结构,不符合 XML 语法的文档不能被解析器正确解析。
> 一个 XML 文档可以分为序言区、主体区和尾声区 3 个部分。
> 序言区包括 XML 文档声明和文档类型声明。
> XML 文档声明包括版本信息、编码信息及文档独立性信息。
> XML 文档的主体包含唯一的根元素。
> XML 文档从数据结构的角度来看是一个由元素组成的树状结构。
> XML 对于元素和属性的命名有严格的规定。
> 没有任何内容的元素为空元素,可以用空元素标记来表示。
> 元素可以嵌套,但是不能交叉重叠。
> 开始标记和空元素标记中可以包含描述元素的属性。
> 属性的值必须用双引号或单引号括起来。
> XML 预定义了 5 种实体引用,用来代替可能在文档中出现的在 XML 语法中有特殊
  含义的字符。

➤ 处理指令允许为特定的应用程序传递应用程序所需的信息。

➤ 注释可以为其他阅读文档的人说明代码,但是将被解析器忽略。注释也可以隐藏没有处理好的文档。

➤ CDATA 节中的数据都将按照原样显示,它在处理包含很多<、>和 & 字符的文本时十分有用。

➤ 编写 XML 文档时要从其声明开始。

➤ 所有的非空元素都必须有闭合标记。

➤ 空元素标记要用/>来闭合。

➤ XML 是对字母大小写敏感的语言,在编辑时要注意区分字母的大小写。

思 考 题

1. XML 声明都包含哪些内容? 哪些是必需的? 哪些是可选的?

2. XML 的属性与 HTML 的属性在语法上有什么区别?

3. XML 预定义了哪些实体引用?

4. 找出下面代码中的错误:

```
<?XML version = "1.0"?>
< Teams >
    < Team >
        < Name > Germany </Name >
        < Coach > Joachim Loew </Coach >
        < Assistant ><! -- Not sure about <-- assistant -->--></Assistant >
        < Player Height = "193">Manuel Neuer < Player >
        < Player Height = "170">Philipp Lahm </Player >
        < Player Height = "186">Thomas Muller </Player >
        < Player Height = "184">Miroslav Klose </Player >
    </ team >
</Teams >
```

第3章 文档类型定义

第 1 章已对文档类型定义(DTD)进行了简单的介绍,本章将详细介绍 DTD。

XML 是一种元标记语言,人们可以使用这种语言自由地创建属于自己的标记集。但是在实际的应用中,如果所有的人都试图用自己定义的那一套标记来发布 XML 文档,那样最终导致的结果是谁也无法有效地获得信息,这就好比不同国家的人用自己的语言进行交流一样,结果必然是彼此都无法理解,这样违背了 XML 的设计初衷。因此在实际的应用中,除了要设计格式良好(well-formed)的 XML 文档以外,还需要定义文档的格式规则来明确文档的格式。

DTD 正是用来实现这一功能的。在资料自动化传输的过程中,其中一方的 XML 解析器可以根据 DTD 来确认所收到的资料格式是否准确无误,如果格式不对可以返回,让另一方重新传输文件,这一过程被称为合法性检验。经过合法性检验的文档不仅是一个格式正确的文档,而且是一个合法有效的文档。

本章主要内容包括 DTD 的概念、DTD 的调用、DTD 的元素声明、属性声明及实体声明等。

3.1 DTD 的概念

DTD 是文档类型定义的英文缩写,包含在文档类型声明中,它定义了某种文档类型的所有规则。简单来说,DTD 的作用就是定义允许哪些或者不允许哪些内容在文档中出现。在 DTD 中,用户可以控制文档类型的所有元素、属性及实体等格式。如果一个 XML 文档的语法符合 DTD 的规定,那么它就是一个合法有效的 XML 文档。

一个 DTD 可以在 XML 文档中直接定义,也可以独立定义在一个 DTD 文档中,用于被其他的 XML 文档调用。前者称为内部 DTD,后者称为外部 DTD。下面举一个简单的 DTD 实例。

首先来看一个 XML 文档。

```
<?xml version = "1.0" encoding = "UTF - 8"?>
< Teams >
    < Team >
        < TeamName > FC Barcelona </TeamName >
        < Country > Spain </Country >
        < Member Age = "24" Sex = "Male"> Neymar </Member >
```

```
        </Team>
    </Teams>
```

这样的一个 XML 文档只能称为格式良好的文档,下面为这个文档编写一个 DTD。打开记事本,在其中输入如下代码。

```
<?xml version = "1.0" encoding = "UTF - 8"?>
<!ELEMENT Teams (Team * )>
<!ELEMENT Team (TeamName, Country, Member + )>
<!ELEMENT TeamName ( #PCDATA)>
<!ELEMENT Country ( #PCDATA)>
<!ELEMENT Member ( #PCDATA)>
<!ATTLIST Member
    Age CDATA #REQUIRED
    Sex (Male | Female) "Male">
```

将文件保存为以 dtd 为扩展名的文档,如 Teams. dtd。

这里简单解释一下该 DTD 文档的含义。在这个 DTD 文档中<!ELEMENT …>用于定义元素内容模式。例如"<!ELEMENT Teams (Team *)>"表示了根元素 Teams 有且只有一个子元素 Team,而且这个子元素在其父元素 Teams 中可以出现 0 到多次。

"<!ELEMENT Team (TeamName,Country,Member+)>"表示元素 Team 有且只有 3 个子元素 TeamName、Country、Member,而且这 3 个子元素在 Team 中出现的顺序不可颠倒,其中 TeamName 和 Country 子元素只能出现一次,Member 子元素至少要出现一次。

<!ELEMENT TeamName (#PCDATA)>表示元素 TeamName 的内容只能是可解析的文本。

"<!ATTLIST …>"用于定义元素的属性内容模式。在本例中的这一行代码就定义了元素 Member 有两个属性。Age 属性的内容为非标记文本(CDATA),而且 Age 属性必须包含在元素中(#REQUIRED);Sex 属性的内容从"Male"和"Female"中选择,并且规定了其默认值为"Male"。

现在读者应该已经对 DTD 已经有了一个初步印象,下面介绍如何使用和设计 DTD。

3.2   DTD 的调用

要利用 DTD 来校验 XML 文档的合格性,就必须把 XML 文档同 DTD 文件关联起来,这种关联就是 DTD 的调用。DTD 的调用也称为文档类型声明,文档类型声明用于指定文档使用什么样的 DTD。它出现在文档的序言区,在 XML 的声明之后,在其他所有的基本元素之前。文档类型声明的书写格式如下:

```
<!DOCTYPE 文档类型名 …>
```

中间省略号部分就是对 DTD 的调用。

文档类型声明有两种方式：内部 DTD 的声明及外部 DTD 的声明。

3.2.1 内部 DTD 的声明

所谓内部 DTD 的声明，就是指 DTD 定义语言包含在 XML 文档中的声明方式。实际上就是将 DTD 定义语言的详细内容书写在 XML 的文档类型声明中。内部 DTD 声明的格式如下：

```
<!DOCTYPE 文档类型名 [
    ⋮
]>
```

其中包含在[、]中间的省略号就是 DTD 定义语句。

下面来看一个内部 DTD 声明的示例，该文档的名称为 InTeam.xml。

```
<?xml version = "1.0" encoding = "UTF-8"?>
<!DOCTYPE Team [
    <!ELEMENT Team (♯PCDATA)>
]>
<Team>FC Barcelona</Team>
```

上面的 XML 文档就是一个内部 DTD 声明的示例，在这里利用 XMLSpy 来检验这个文档是否合法，检查的结果如图 3-1 所示。

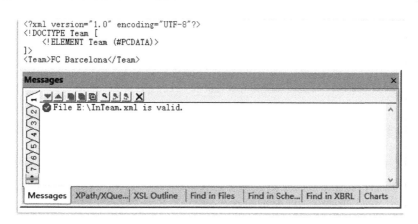

图 3-1　InTeam.xml 文档的合法性检验结果

图 3-1 表示这个 XML 文档是一个合法的文档。该文档在浏览器中的显示结果如图 3-2 所示。

值得注意的是，正规的 DTD 声明中要求文档类型名必须与根元素名一致，否则合法性检验过程中会出现语法错误的提示，这一点在外部 DTD 的声明中也一样。

如果将上述的 XML 文档稍作修改，写成如下的形式：

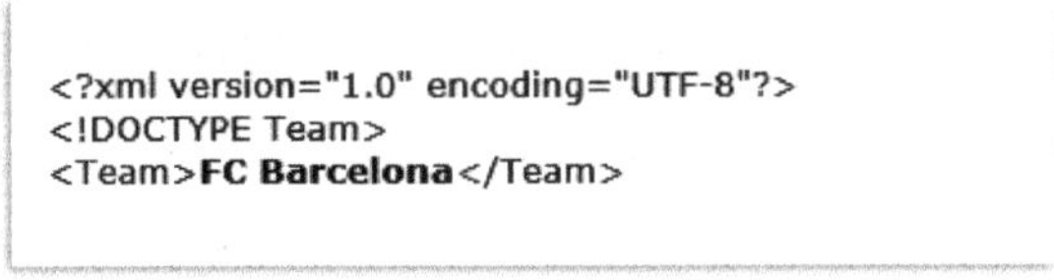

```
<?xml version="1.0" encoding="UTF-8"?>
<!DOCTYPE Team>
<Team>FC Barcelona</Team>
```

图 3-2   InTeam. xml 文档在浏览器中的显示结果

```
<?xml version = "1.0" encoding = "UTF - 8"?>
<!DOCTYPE Teams [
    <!ELEMENT Team (#PCDATA)>
]>
<Team>FC Barcelona</Team>
```

现在这个文档的文档类型名为 Teams，而根元素名为 Team，这时再对这个文档进行合法性检验，结果如图 3-3 所示。

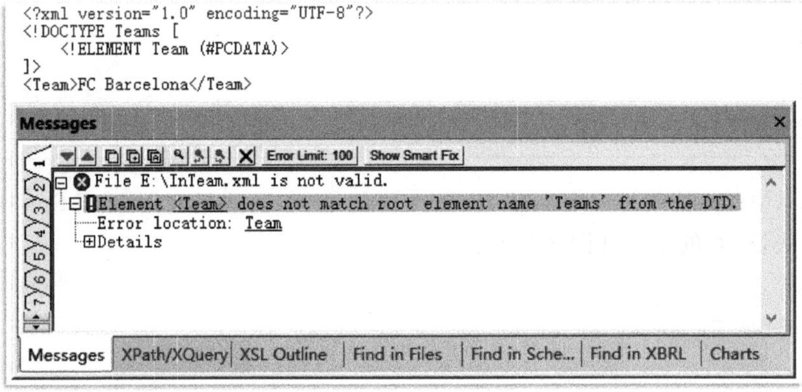

图 3-3   文档类型名与根元素不一致的合法性检验结果

3.2.2   外部 DTD 的声明

外部 DTD 的声明就是在 XML 文档中引用已经编写好的独立的 DTD 文件。在已经存在标准的 DTD 文件的情况下比较适合使用这种声明方式，此时用户不需要为 XML 文档编写专门的 DTD 文件。外部 DTD 的声明格式如下。

```
<!DOCTYPE 文档类型名 (SYSTEM|PUBLIC) DTD 位置>
```

其中“SYSTEM|PUBLIC”为可选的参数，是用于指定 DTD 文件源的关键字；DTD 位置是 DTD 的 URI，当 DTD 文件通过 URI 直接定位时，可以是文件的绝对地址，也可以是文件的相对地址，在后面将会进行详细的解释。

接下来看一个外部 DTD 声明的示例，该文档的名称为 OutTeam. xml。

```
<?xml version = "1.0" encoding = "UTF - 8"?>
<!DOCTYPE Team SYSTEM "Team.dtd">
< Team > FC Barcelona </Team >
```

在这个文档的 DTD 声明中引用了 Team.dtd 这个外部文档,下面就是这个文档的具体内容。

```
<?xml version = "1.0" encoding = "UTF - 8"?>
<!ELEMENT Team ( ♯ PCDATA)>
```

该文档在浏览器中的显示结果与内部 DTD 声明的文档显示结果相同,如图 3-4 所示。

```
<?xml version="1.0" encoding="UTF-8"?>
<!DOCTYPE Team SYSTEM "Team.dtd">
<Team>FC Barcelona</Team>
```

图 3-4　OutTeam.xml 文档在浏览器中的显示结果

　　一般情况下,外部 DTD 更加灵活。在外部 DTD 声明中不仅包含常规的关键字和根元素名称,而且包含指示外部 DTD 源的关键字和 DTD 的位置。

　　用于指示外部 DTD 源的关键字有两个: SYSTEM 和 PUBLIC。如果使用 SYSTEM 关键字,解析器仅根据给出的 DTD 位置寻找 DTD 文件,这时 DTD 文件通过 URI 直接进行定位。在本例中,位于 SYSTEM 关键字之后的内容就是用于指定 DTD 文件相对位置的 URI。

　　此外需要注意的是,用于定位 DTD 的 URI 不应该包含段标识符(字符 ♯ 加名称)。如果 URI 中包含该标识符,解析器将产生错误提示。

　　如果 DTD 源关键字为 PUBLIC,那么使用的情况就会稍显复杂。与 SYSTEM 关键字不同,PUBLIC 用于声明众所周知的 DTD 词汇表。它可以是国际上的一些标准 DTD,也可以是用户自己定义的 DTD。不管怎样,有一点是相同的,就是这些 DTD 在使用的时候是作为公共的 DTD 来使用。因为这种 DTD 文件的"众所周知"(PUBLIC)性,用户在设计 XML 文档的时候,可以设想需要这些 DTD 对 XML 文档进行解析的应用程序客户端本地存在这样的 DTD,那么在调用这些 DTD 时就不需要从 Web 服务器上远程下载。这时,用户就可以用 PUBLIC 关键字和 URI 帮助应用程序使用自己的算法定位需要的 DTD 文件。URI 可以是 URL,也可以是单独的名称。对上面的 OutTeam.xml 文件稍作修改如下。

```
<?xml version = "1.0" encoding = "UTF - 8"?>
<!DOCTYPE Team PUBLIC "Team" "Team.dtd">
< Team > FC Barcelona </Team >
```

　　可以发现,与 SYSTEM 关键字相比,PUBLIC 关键字后面多了一个 Team,这个参数为 DTD 的名称,其作用就是用于标志一个公共 DTD,这样应用程序在处理这个 XML 文档时,先根据 DTD 的名称在本地的 DTD 文件库中查找该 DTD,看是否存在该 DTD 文件,如果没有,再根据后面一个参数指定的路径查找 DTD 文件。实际上,如果该 DTD 文件存在于应用程序本地,可以不用编写后面的一个参数。但是公共 DTD 文件的"众所周知"性是相对的,因此建议在使用 PUBLIC 关键字时,一并在后面加上路径参数。

3.2.3   内部 DTD 和外部 DTD 的联合使用

实际上在 DTD 使用的过程中,一般很少出现独立使用内部 DTD 和外部 DTD 的情况。对于独立使用内部 DTD 声明这种方式,如果 XML 文档的内容非常庞大,那么在内部进行 DTD 的声明将使得 XML 文档的内容变得臃肿,文档结构变得不太合理;对于独立使用外部 DTD 声明这种方式,因为很少使用完全标准的 DTD,当 XML 文档的结果发生细微变化时,则需要重新书写新的 DTD 文件。因此,在实际的应用过程中,通常是由 XML 文档的设计团队提供一份公共的 DTD 文件作为外部 DTD,然后每个成员根据实际需要,通过内部 DTD 的声明扩展 DTD 的定义。如果内部 DTD 和外部 DTD 在标记定义或文档结构定义等方面发生冲突,以内部 DTD 的定义为准。

下面举一个内部 DTD 和外部 DTD 联合使用的例子,即在外部 DTD 的声明之后,直接用中括号括起内部 DTD 的声明。

```
<?xml version = "1.0" encoding = "UTF - 8"?>
<!DOCTYPE Teams SYSTEM "Team.dtd" [
<!ELEMENT Teams (Team * )>
    <!ELEMENT Team (TeamName, Country, Member + )>
    <!ELEMENT TeamName ( # PCDATA)>
    <!ELEMENT Country ( # PCDATA)>
    <!ELEMENT Member ( # PCDATA)>
    <!ATTLIST Member
    Age CDATA # REQUIRED
        Sex (Male | Female) "Male">
]>
< Teams >
    < Team >
        < TeamName > FC Barcelona </TeamName >
        < Country > Spain </Country >
        < Member Age = "24" Sex = "Male"> Neymar </Member >
    </Team >
</Teams >
```

3.3   DTD 的结构

前面已经讲述了什么是 DTD 以及如何调用 DTD,本节阐述本章的核心内容——DTD 的结构。

DTD 一般由元素声明、属性声明、实体声明等构成,但一个 DTD 文件并非都要用到这些内容,以前面的 Teams.dtd 为例。

```
<?xml version = "1.0" encoding = "UTF - 8"?>
<! ELEMENT Teams (Team * )>
<! ELEMENT Team (TeamName, Country, Member + )>
<! ELEMENT TeamName ( #PCDATA)>
<! ELEMENT Country ( #PCDATA)>
<! ELEMENT Member ( #PCDATA)>
<! ATTLIST Member
     Age CDATA #REQUIRED
     Sex (Male | Female) "Male">
```

在这个 DTD 文件中,只包含了元素声明和属性声明,没有包含实体声明,这对 Teams. xml 文件已经足够。下面对这几类声明进行详细的介绍。

3.4　元素的声明

元素是 XML 的核心与灵魂。在 DTD 中,元素类型是通过 ELEMENT 标记声明的。除了关键字,标记还提供所声明类型的名称和内容规范。在合法的 XML 文档中出现的每一项标记,都必须是已经在 DTD 的元素声明中定义的。

元素的内容可以分为可解析的文本(#PCDATA)、空元素、子元素、任意内容及混合型内容等几大类,元素声明的一般语法如下。

```
<! ELEMENT 元素名 ( #PCDATA|EMPTY|ANY|子元素|混合型内容)>
```

其中#PCDATA 表示元素的内容只能是可解析的文本数据;EMPTY 和 ANY 是 XML 的保留字,分别表示空元素和任意元素内容;子元素表示元素的内部只能是子元素;混合型内容表示元素的内部可以是可解析的文本数据,也可以是子元素,甚至是两者的结合。详细内容如表 3-1 所示。

表 3-1　元素内容说明及其含义

元素内容说明	含　　义
#PCDATA	表示元素的内容只能是可解析的文本数据
EMPTY	表示元素为空元素,但是元素中可以包含属性
ANY	表示元素的内容为任意的内容,可以是空元素、可解析文本数据、子元素、混合型元素中的任意一种
子元素	表示元素的内容只能是指定顺序和出现次数的子元素
混合型内容	表示元素的内部可以是可解析的文本数据,也可以是子元素,甚至是两者的结合

3.4.1　#PCDATA

#PCDATA 表示元素的内容只能是可解析的文本数据,其使用的语法如下。

```
<! ELEMENT 元素名 ( #PCDATA)>
```

下面通过示例来说明这种标记的使用方法(为了方便说明问题,在后面的示例中对 DTD 的声明都采用了内部声明的方式)。

【例 3. 1】 ♯PCDATA 内容

```
<?xml version = "1.0" encoding = "UTF - 8"?>
<! DOCTYPE Team [
    <! ELEMENT Team (TeamName, Country, Member + )>
    <! ELEMENT TeamName ( ♯ PCDATA)>
    <! ELEMENT Country ( ♯ PCDATA)>
    <! ELEMENT Member ( ♯ PCDATA)>
 ]>
< Team >
    < TeamName > FC Barcelona </TeamName >
    < Country > Spain </Country >
    < Member > Neymar </Member >
</Team >
```

在 XMLSpy 中对这个 XML 进行合法性检验,如图 3-5 所示。

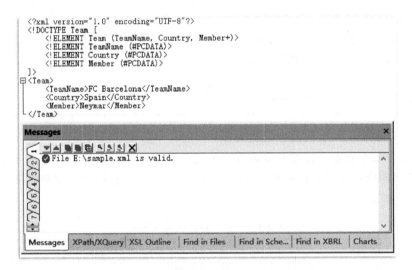

图 3-5　例 3.1 的合法性检验结果

可以知道,这样的 XML 文档是合法的,对上述示例进行细微修改,得出新文档如下。

【例 3. 2】 包含标记的 ♯PCDATA

```
<?xml version = "1. 0" encoding = "UTF - 8"?>
<! DOCTYPE Team [
    <! ELEMENT Team (TeamName, Country, Member + )>
    <! ELEMENT TeamName ( ♯ PCDATA)>
    <! ELEMENT Country ( ♯ PCDATA)>
    <! ELEMENT Member ( ♯ PCDATA)>
 ]>
```

```
< Team >
    < TeamName > FC Barcelona </TeamName >
    < Country > Spain < City > Barcelona </City ></Country >
    < Member > Neymar </Member >
</Team >
```

比较例 3.1 和例 3.2 可以发现,元素 Country 的内容由原先的 Spain 变成了 Spain < City >Barcelona </City >,元素的内容中出现了标记,再对这个文件进行合法性检验,结果如图 3-6 所示。

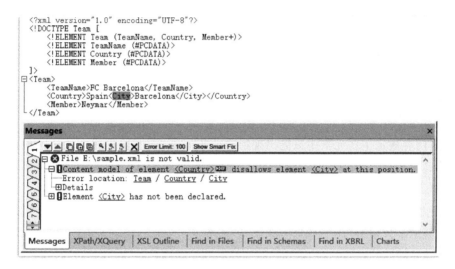

图 3-6　例 3.2 的合法性检验结果

可以看到,XMLSpy 提示元素 Country 的内容中不允许出现元素 City。说明经过修改的 XML 文档不是一个合法的文档,因为在♯PCDATA 型元素的内容中出现了标记。

3.4.2　空元素

所谓空元素,就是元素的内容为空的元素。一般来说,空元素只有起始标记,没有结束标记,在结束部分有一个/。很多情况下定义一个空元素是非常有用的,在 HTML 中也经常使用空元素,如< IMG >元素就是一个空元素。与 HTML 不同的是,在 XML 中必须要用/>将元素标记写成闭合的形式。

在 DTD 中,空元素的声明格式如下。

```
<! ELEMENT 元素名 EMPTY >
```

下面来看一个空元素的示例。

```
<?xml version = "1.0" encoding = "UTF - 8"?>
<! DOCTYPE Team [
    <! ELEMENT Team (TeamName, Country, Member + )>
```

```
    <!ELEMENT TeamName (#PCDATA)>
    <!ELEMENT Country (#PCDATA)>
    <!ELEMENT Member EMPTY>
    <!ATTLIST Member
    Age CDATA #REQUIRED
    Sex (Male | Female) "Male">
]>
<Team>
    <TeamName>FC Barcelona</TeamName>
    <Country>Spain</Country>
    <Member Age="24" Sex="Male"/>
</Team>
```

Member 元素就是一个空元素。在实际应用中，空元素往往是附加属性的，有关属性的声明将在下面的章节中介绍。

3.4.3　子元素

子元素内容规定了在元素中只能出现指定的子元素，而不能出现字符等其他内容。需要注意的是，这里进行子元素内容的声明只是针对该父元素，对该父元素的子元素的内容并不具有约束力。因此，其子元素中出现的内容需要根据子元素的元素声明而定。

定义元素的子元素内容就是规定该元素中可以出现什么子元素，子元素出现的顺序，子元素出现的次数以及选择出现何种子元素，语法如下。

```
<!ELEMENT 元素名　(子元素 A,子元素 B, …)>
```

如果需要对子元素出现的次数进行限定，就可以在子元素名的后面加上一个通配符来规定元素出现的次数。在 DTD 中用于限定元素出现次数的通配符有 3 个，分别是"?"、* 及 +。如果把不加通配符也看作一种修饰方式，那么规定元素出现次数的修饰方式可以分为 4 种，具体修饰方式和含义如表 3-2 所示。

表 3-2　元素出现次数修饰方式及说明

后缀通配符	含　　义
（无）	表示元素出现且仅出现 1 次（1）
?	表示元素可以出现 0 或 1 次（0～1）
*	表示元素可以出现 0 到多次（0～n）
+	表示元素必须出现 1 或多次（1～n）

下面以之前提到的 Teams.dtd 文档来举例说明。

```
<?xml version="1.0" encoding="UTF-8"?>
<!ELEMENT Teams (Team * )>
<!ELEMENT Team (TeamName, Country, Member + )>
<!ELEMENT TeamName (#PCDATA)>
```

```
<! ELEMENT Country ( # PCDATA)>
<! ELEMENT Member ( # PCDATA)>
<! ATTLIST Member
     Age CDATA # REQUIRED
     Sex (Male | Female) "Male">
```

"<!ELEMENT Teams(Team *)>"以及"<!ELEMENT Team(Teamname，Country，Member+)>"定义语句就是用于声明元素的子元素内容的。前面一句规定了元素 Teams 只允许包含子元素 Team，并且 Team 子元素在根元素 Teams 中出现的次数可以为 0 到多次。后面一句规定了元素 Team 中只允许包含 TeamName、Country、Member 3 个子元素，而且这 3 个子元素出现的顺序不能发生变化，只能按照定义语句中的顺序排列；这个语句还规定了元素出现的次数，其中 TeamName、Country 元素出现且仅出现一次，而 Member 元素必须出现一或多次。一个合法的实例如例 3.3 所示。

【例3.3】 合法子元素

```
<?xml version = "1.0" encoding = "UTF - 8"?>
<! DOCTYPE Teams SYSTEM "Teams.dtd">
< Teams >
    < Team >
        < TeamName > FC Barcelona </TeamName >
        < Country > Spain </Country >
        < Member Age = "24" Sex = "Male">Neymar </Member >
    </Team >
</Teams >
```

如果修改 XML 文档 Team 元素内部子元素的出现顺序，如下所示。

```
<?xml version = "1.0" encoding = "UTF - 8"?>
<! DOCTYPE Teams SYSTEM "Teams.dtd">
< Teams >
    < Team >
        < Country > Spain </Country >
        < TeamName > FC Barcelona </TeamName >
        < Member Age = "24" Sex = "Male">Neymar </Member >
    </Team >
</Teams >
```

对该文档进行合法性检验，结果如图 3-7 所示。

可以发现，该文档无法通过合法性检验，原因就是在 Team 元素中，子元素出现的顺序不符合 DTD 定义语句的顺序。

对该文档再次进行修改，如下所示。

```
<?xml version = "1.0" encoding = "UTF - 8"?>
<! DOCTYPE Teams SYSTEM "Teams.dtd">
```

```
< Teams >
    < Team >
        < TeamName > FC Barcelona </TeamName >
        < Member Age = "24" Sex = "Male"> Neymar </Member >
    </Team >
</Teams >
```

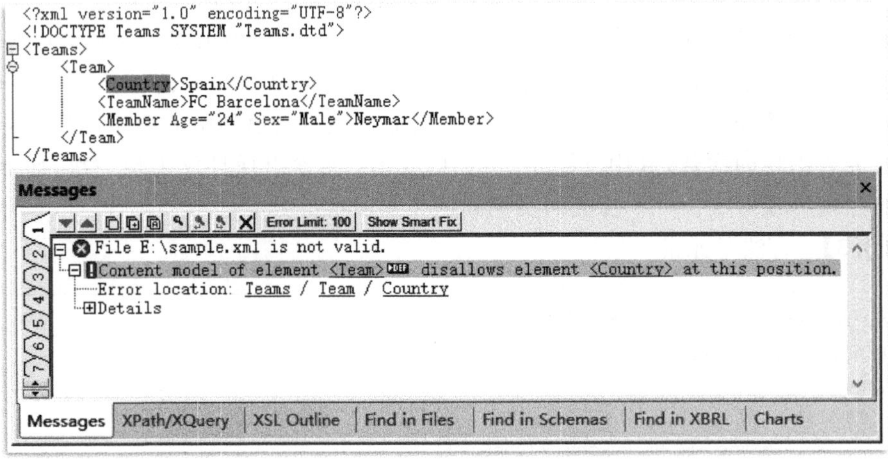

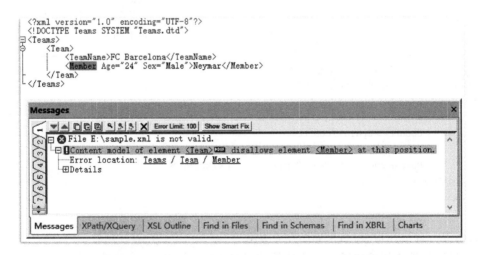

图 3-7   顺序发生变化的例 3.3 合法性检验的结果

对该文档进行合法性检验，结果如图 3-8 所示。

图 3-8   缺少 Country 元素的例 3.3 合法性检验的结果

可以发现，该文档也无法通过合法性检验，原因就是元素 Member 的位置应该是元素 Country。DTD 中规定要出现的子元素，在引用它的 XML 文档中必须出现。

接下来继续对例 3.3 进行修改，如下所示。

```
<?xml version = "1.0" encoding = "UTF - 8"?>
<!DOCTYPE Teams SYSTEM "Teams.dtd">
< Teams >
    < Team >
        < TeamName > FC Barcelona </TeamName >
        < Country > Spain </Country >
        < Member Age = "24" Sex = "Male"> Neymar </Member >
        < Member Age = "29" Sex = "Male"> Messi </Member >
    </Team >
</Teams >
```

对该文档进行合法性检验,结果如图 3-9 所示。

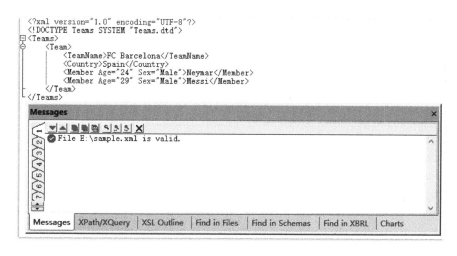

图 3-9　增加了一个 Member 子元素的例 3.3 合法性检验的结果

可以看到,虽然增加了一个 Member 子元素,但是还是通过了合法性检验,因为在 DTD 中规定了 Member 子元素必须出现一或多次,所以两个 Member 子元素是允许的。对于其他两个通配符"?"和 * ,读者不妨自己进行测试和验证。

在上述的内容中对子元素内容进行了一般的定义,包括子元素的名称、出现的顺序以及出现的次数等。在某些情况下,仅使用这些规定还不够。例如,需要在几个子元素中选择出现其中一个,而且这几个子元素不能同时出现,那么就需要使用专门的语法进行定义。其格式如下。

```
<!ELEMENT 元素名 (子元素 A|子元素 B|…)>
```

以球员的个人联系方式为例,假设只需要球员的电话或者是 Email 中的一项,那么在 DTD 文件中应当定义如下。

```
<?xml version = "1.0" encoding = "UTF - 8"?>
<!ELEMENT Member (Tel|Email)>
```

文档类型定义

```
<!ELEMENT Tel (#PCDATA)>
<!ELEMENT Email (#PCDATA)>
```

将文件保存为 Member.dtd，对应的 XML 文档如下。

```
<?xml version = "1.0" encoding = "UTF - 8"?>
<!DOCTYPE Member SYSTEM "Member.dtd">
<Member>
    <Tel>12345678</Tel>
</Member>
```

当然，在元素 Member 中的 Tel 子元素也可以替换成 Email 子元素。如果在 XML 文档中同时出现了 Tel 和 Email 子元素，那么将无法通过合法性检验。因为 Tel 和 Email 子元素同时在 Member 元素中出现，违背了 DTD 的规定。

如果既希望在 Tel 和 Email 子元素中选择出现其中一个，又希望一个球员可以有多个的电话号码和 E-mail 地址，则只需要对前面的 DTD 文件稍作修改如下。

```
<?xml version = "1.0" encoding = "UTF - 8"?>
<!ELEMENT Member (Tel|Email) + >
<!ELEMENT Tel (#PCDATA)>
<!ELEMENT Email (#PCDATA)>
```

这样就可以允许在满足不同时出现 Tel 和 Email 子元素的情况下，有多个电话号码和 Email 地址。

以上的情况是电话号码、Email 地址两种联系方式不能同时出现。在有些情况下，希望一个球员既有电话号码，又有 Email 地址，而且这两个内容必须作为一个有机的整体出现，即电话号码必须与 Email 地址一一对应。这时只定义 Tel 以及 Email 两个子元素是不够的，需要用特殊的语法进行控制，其格式如下。

```
<!ELEMENT 元素名 (子元素 A,子元素 B)>
```

同样在括号后面可以加后缀通配符，以刚才的 Member.dtd 文件为例，对其稍作修改如下。

```
<?xml version = "1.0" encoding = "UTF - 8"?>
<!ELEMENT Member (Tel,Email) * >
<!ELEMENT Tel (#PCDATA)>
<!ELEMENT Email (#PCDATA)>
```

这个 DTD 文件的含义就是 Member 元素中必须同时出现 Tel 和 Email 子元素多次，或者不出现 Tel 和 Email 子元素，对 Member.xml 文档进行修改如下，以便说明这个含义。

文档 Member1.xml：

```
<?xml version = "1.0" encoding = "UTF - 8"?>
<! DOCTYPE Member SYSTEM "Member.dtd">
< Member >
    < Tel > 12345678 </Tel >
    < Email > aaa@fcbarcelona.com </Email >
</Member >
```

文档 Member2.xml：

```
<?xml version = "1.0" encoding = "UTF - 8"?>
<! DOCTYPE Member SYSTEM "Member.dtd">
< Member >
    < Tel > 12345678 </Tel >
    < Email > aaa@fcbarcelona.com </Email >
    < Tel > 23456789 </Tel >
    < Email > bbb@fcbarcelona.com </Email >
</Member >
```

文档 Member3.xml：

```
<?xml version = "1.0" encoding = "UTF - 8"?>
<! DOCTYPE Member SYSTEM "Member.dtd">
< Member >
</Member >
```

上述 3 个文档都是合法的，下面再看其他几个示例。

文档 Member4.xml：

```
<?xml version = "1.0" encoding = "UTF - 8"?>
<! DOCTYPE Member SYSTEM "Member.dtd">
< Member >
    < Tel > 12345678 </Tel >
</Member >
```

文档 Member5.xml：

```
<?xml version = "1.0" encoding = "UTF - 8"?>
<! DOCTYPE Member SYSTEM "Member.dtd">
< Member >
    < Email > aaa@fcbarcelona.com </Email >
    < Tel > 12345678 </Tel >
</Member >
```

文档 Member6.xml:

```
<?xml version = "1.0" encoding = "UTF - 8"?>
<!DOCTYPE Member SYSTEM "Member.dtd">
< Member >
    < Tel > 12345678 </Tel >
    < Tel > 23456789 </Tel >
    < Email > aaa@fcbarcelona.com </Email >
    < Email > bbb@fcbarcelona.com </Email >
</Member >
```

这 3 个文档都是不合法的。因为 Member4.xml 对应的 DTD 中规定了 Tel 和 E-mail 子元素必须同时出现在 Member 元素中; Member5.xml 对应的 DTD 中规定了 Tel 和 E-mail 子元素出现的顺序; Member5.xml 对应的 DTD 中规定了 Tel 和 E-mail 子元素在 Member 元素中必须一一对应并作为一个整体出现。

3.4.4 混合型

所谓混合型元素内容的声明,就是指元素的内容中可以出现可解析的文本数据,也可以出现子元素。混合型元素内容的声明方式如下。

```
<!ELEMENT 元素名 (♯PCDATA|子元素 A|子元素 B|…)>
```

同样在括号后面可以加后缀通配符来修饰。

接下来通过例 3.4 来介绍混合型的元素内容声明。对前面的 Member.xml 文件进行修改如下,请注意其中 Member 元素是混合型。

【例 3.4】 混合型元素

```
<?xml version = "1.0" encoding = "UTF - 8"?>
<!DOCTYPE Members [
<!ELEMENT Members (Member * )>
    <!ELEMENT Member (♯PCDATA|Tel|Email) * >
    <!ELEMENT Tel (♯PCDATA)>
    <!ELEMENT Email (♯PCDATA)>
]>
< Members >
    < Member > Neymar </Member >
    < Member >
        < Tel > 23456789 </Tel >
    </Member >
    < Member >
        < Email > ccc@fcbarcelona.com </Email >
    </Member >
</Members >
```

该文档是合法的。Member 元素的内容可以是可解析的文本数据,也可以是其他子元素。但是这种元素声明方式不太严谨,与 DTD 设计的初衷不相符合,因此在实际的应用中应当尽量避免使用这种声明方式。

3.4.5 ANY

ANY 内容声明表示元素内容中可以出现上述的 4 种内容:可解析的文本数据、空元素、子元素内容、混合型元素内容。ANY 是一种更不严格的元素声明方式,它严重违背了 DTD 的设计初衷,因此建议尽量避免使用这种声明方式。

3.5 实体的声明

实体是指存储了符合一定规则的 XML 文档片段的单元,简单而言就是一段代码或者是一段数据的简写。例如,在 XML 中,使用"<"、">"、"'"、"&quote;"、"&"这 5 个预定义的实体引用来代替文本<、>、"'"、""、& 字符,这些实体引用可以不加声明直接使用。

实体根据其所处位置不同可以分为内部实体和外部实体。所谓内部实体,就是在文档内部定义的实体;外部实体就是在文档外部定义的由文档实体通过 URI 来引用的实体。

实体还可以分为一般实体和参数实体。所谓一般实体,就是 DTD 中定义的可以在 XML 文档中使用的实体;参数实体就是在 DTD 中定义但是只能在 DTD 内部使用的实体。

实体的声明在 DTD 的声明中进行。下面详细介绍这几类实体。

3.5.1 内部一般实体

内部一般实体是指在 XML 文档内部定义的并且可以在 XML 文档中使用的实体,这种实体通常是一段代码的缩写。内部一般实体的定义语法和引用语法如下。

定义语法:

```
<!ENTITY 实体名 "实体内容">
```

引用语法:

```
& 实体名;
```

注意:在引用语法中,在实体名后面的";"必须加上,否则就会出现语法错误。

接下来通过例 3.5 来介绍内部一般实体的声明。

【例 3.5】 内部一般实体

```
<?xml version = "1.0" encoding = "UTF - 8"?>
<!DOCTYPE Member [
    <!ELEMENT Member (Name, Tel, Email)>
    <!ELEMENT Name (♯PCDATA)>
```

```
    <! ELEMENT Tel ( ＃PCDATA)>
    <! ELEMENT Email ( ＃PCDATA)>
    <! ENTITY Tel "12345678">
    <! ENTITY Email "aaa@fcbarcelona.com">
]>
< Member >
    < Name > Neymar </Name >
    < Tel > &Tel;</Tel >
    < Email > &Email;</Email >
</Member >
```

例 3.5 文档在浏览器中的显示结果如图 3-10 所示。

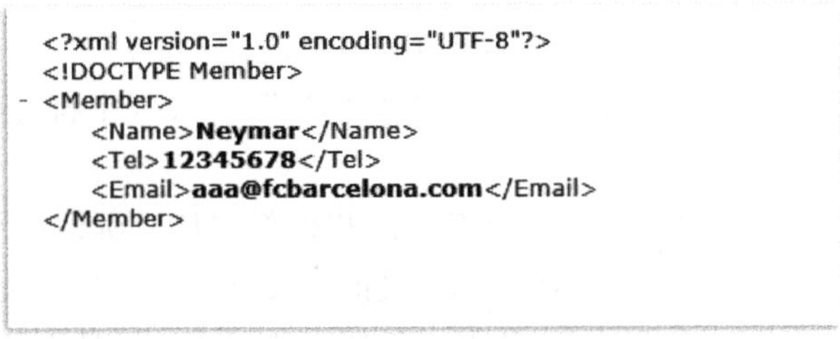

```
<?xml version="1.0" encoding="UTF-8"?>
<!DOCTYPE Member>
- <Member>
    <Name>Neymar</Name>
    <Tel>12345678</Tel>
    <Email>aaa@fcbarcelona.com</Email>
</Member>
```

图 3-10　例 3.5 在浏览器中的显示结果

可以看到,在 XML 文档中的"&Tel;"及"&Email;"已经被预先定义的 12345678 和 aaa@fcbarcelona.com 所替代,实体的引用成功。

内部一般实体除了可以在 XML 文档的基本元素中引用外,还可以在 DTD 的内部引用,在 DTD 内部引用要注意以下 3 点。

(1) DTD 内部对实体的引用一般只能用于另外一个实体的定义中,但不能用于元素的声明中。

(2) 内部一般实体无须先定义后引用。

(3) 由于内部一般实体无须先定义后引用,因此在一个实体定义中引用另外一个实体时,要避免重复引用而造成引用的死循环。

下面举例来说明这些问题。

【例 3.6】 内部一般实体的 DTD 引用

```
<?xml version = "1.0" encoding = "UTF － 8"?>
<! DOCTYPE Member [
    <! ELEMENT Member (Name, Tel, Email)>
    <! ELEMENT Name ( ＃PCDATA)>
    <! ELEMENT Tel ( ＃PCDATA)>
    <! ELEMENT Email ( ＃PCDATA)>
    <! ENTITY Tel "12345678">
    <! ENTITY Email "Email = &Mail;">
    <! ENTITY Mail "aaa@fcbarcelona.com">
]>
```

```
< Member >
    < Name > Neymar </Name >
    < Tel > &Tel;</Tel >
    < Email > &Email;</Email >
</Member >
```

可以注意到,在例 3.6 的 DTD 声明中,对实体 Mail 进行了定义并且进行了引用,而且在引用实体 Mail 之前并没有对其进行定义。这个文档是合法的,该文档在浏览器中的显示结果如图 3-11 所示。

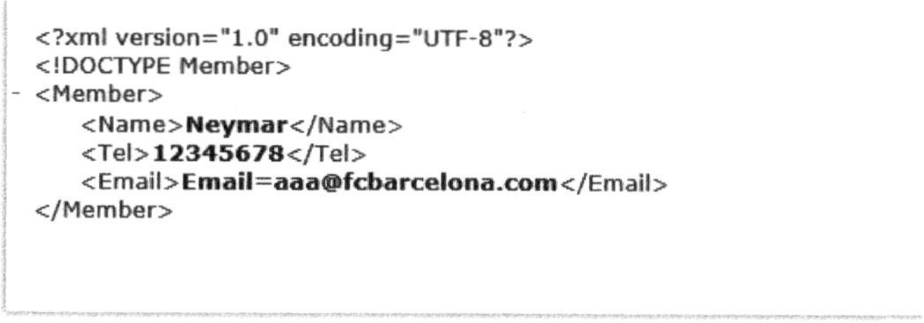

```
<?xml version="1.0" encoding="UTF-8"?>
<!DOCTYPE Member>
- <Member>
      <Name>Neymar</Name>
      <Tel>12345678</Tel>
      <Email>Email=aaa@fcbarcelona.com</Email>
  </Member>
```

图 3-11   例 3.6 在浏览器中的显示结果

现在可以知道,在 DTD 中可以引用内部的一般实体。那么,如果将内部一般实体的引用用于 DTD 元素的声明会如何呢?

【例 3.7】   元素声明非法使用内部一般实体

```
<?xml version = "1.0" encoding = "UTF – 8"?>
<! DOCTYPE Member [
    <! ELEMENT Member (Name, Tel, Email)>
    <! ENTITY Name ( ♯ PCDATA)>
    <! ELEMENT Name &Name;>
    <! ELEMENT Tel ( ♯ PCDATA)>
    <! ELEMENT Email ( ♯ PCDATA)>
    <! ENTITY Tel "12345678">
    <! ENTITY Email "aaa@fcbarcelona.com">
]>
< Member >
    < Name > Neymar </Name >
    < Tel > &Tel;</Tel >
    < Email > &Email;</Email >
</Member >
```

该文档的合法性检验结果如图 3-12 所示。

对于重复引用造成死循环,如例 3.8 所示。

【例 3.8】   重复引用内部一般实体

```
<?xml version = "1.0" encoding = "UTF – 8"?>
<! DOCTYPE Member [
```

文档类型定义

```
        <!ELEMENT Member (Name, Tel, Email)>
        <!ELEMENT Name (#PCDATA)>
        <!ELEMENT Tel (#PCDATA)>
        <!ELEMENT Email (#PCDATA)>
        <!ENTITY Tel "12345678">
        <!ENTITY Email "Email = &Mail;">
        <!ENTITY Mail "&Email;">
    ]>
    <Member>
        <Name>Neymar</Name>
        <Tel>&Tel;</Tel>
        <Email>&Email;</Email>
    </Member>
```

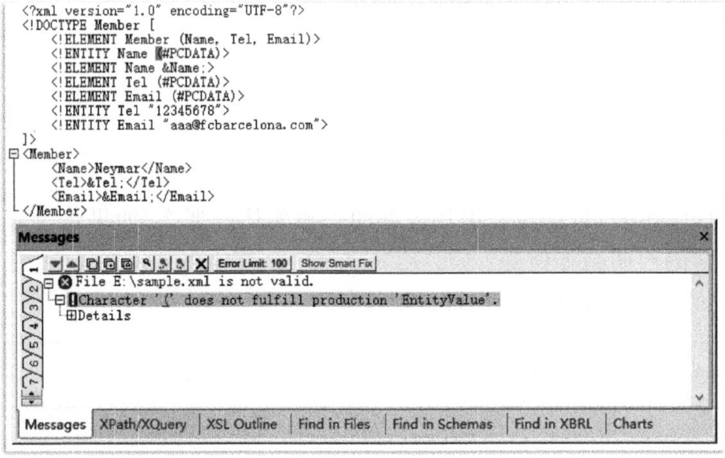

图 3-12　例 3.7 合法性检验的结果

该文档在进行合法性检验的时候也会出错，检验的结果如图 3-13 所示。

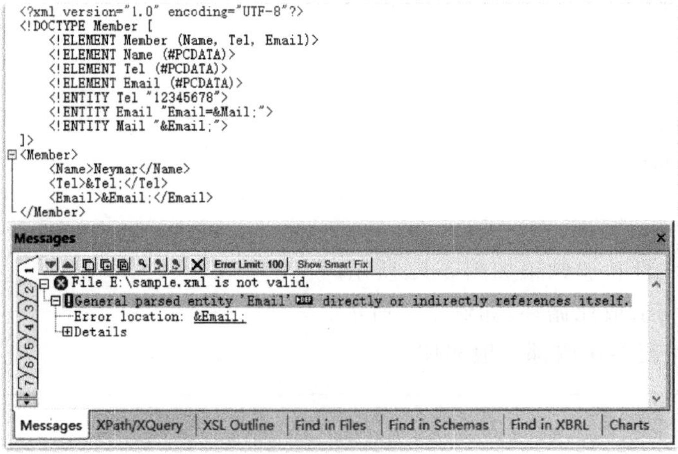

图 3-13　例 3.8 合法性检验的结果

3.5.2 外部一般实体

外部一般实体是指实体是在 XML 文档外部定义,然后通过 URI 在文档内部进行引用。外部一般实体的定义和引用语法如下。

定义语法:

```
<!ENTITY 实体名 SYSTEM "被引用实体的 URI">
```

引用语法:

```
&实体名;
```

接下来通过例 3.9 来说明如何定义和引用外部一般实体。

【例 3.9】 外部一般实体

```
<?xml version = "1.0" encoding = "UTF - 8"?>
<!DOCTYPE Member [
    <!ELEMENT Member (Name, Tel, Email)>
    <!ELEMENT Name (#PCDATA)>
    <!ELEMENT Tel (#PCDATA)>
    <!ELEMENT Email (#PCDATA)>
    <!ENTITY Tel "12345678">
    <!ENTITY Email "aaa@fcbarcelona.com">
    <!ENTITY Content SYSTEM "Content.txt">
]>
<Member>
    &Content;
</Member>
```

文件 Content.txt 的内容如下。

```
<Name>Neymar</Name>
<Tel>&Tel;</Tel>
<Email>&Email;</Email>
```

在例 3.9 中,"<!ENTITY Content SYSTEM "Content.txt">"就是一个外部一般实体的声明。这个文档是合法的,检验结果如图 3-14 所示。

与内部一般实体一样,在外部一般实体的声明中,也可以在 DTD 中对外部一般实体进行定义并同时加以引用。这种方式需要注意的几个问题同内部一般实体一样,这里不再赘述。

下面通过例 3.10 来看一下外部一般实体在 DTD 中的应用。

```
<?xml version="1.0" encoding="UTF-8"?>
<!DOCTYPE Member [
    <!ELEMENT Member (Name, Tel, Email)>
    <!ELEMENT Name (#PCDATA)>
    <!ELEMENT Tel (#PCDATA)>
    <!ELEMENT Email (#PCDATA)>
    <!ENTITY Tel "12345678">
    <!ENTITY Email "aaa@fcbarcelona.com">
    <!ENTITY Content SYSTEM "Content.txt">
]>
<Member>
    &Content;
</Member>
```

```
Messages                                                    ✕
┌─────────────────────────────────────────────────────────┐
│ ✔ File E:\sample.xml is valid.                            │
│                                                           │
└───────────────────────────────────────────────────────────┘
  Messages │ XPath/XQuery │ XSL Outline │ Find in Files │ Find in Schemas │ Find in XBRL │ Charts
```

图 3-14　例 3.9 合法性检验的结果

【例 3.10】　外部一般实体的 DTD 引用

```
<?xml version = "1.0" encoding = "UTF – 8"?>
<!DOCTYPE Member [
    <!ELEMENT Member (Name, Tel, Email)>
    <!ELEMENT Name ( #PCDATA)>
    <!ELEMENT Tel ( #PCDATA)>
    <!ELEMENT Email ( #PCDATA)>
    <!ENTITY Tel "12345678">
    <!ENTITY Email "Email = &Mail;">
    <!ENTITY Mail SYSTEM "Content.txt">
]>
<Member>
    <Name>Neymar</Name>
    <Tel>&Tel;</Tel>
    <Email>&Email;</Email>
</Member>
```

文件 Content.txt 的内容如下。

```
aaa@fcbarcelona.com
```

例 3.10 合法性检验的结果如图 3-15 所示。

它在浏览器中的显示结果如图 3-16 所示。

值得注意的是，图 3-16 中的 Email 没有显示具体内容，这是因为现在绝大多数浏览器从安全性、方便性等方面考虑，默认不再支持在 XML 文档中调用外部实体。但是，从 XML 语法的角度，这种使用方式是没有问题的。

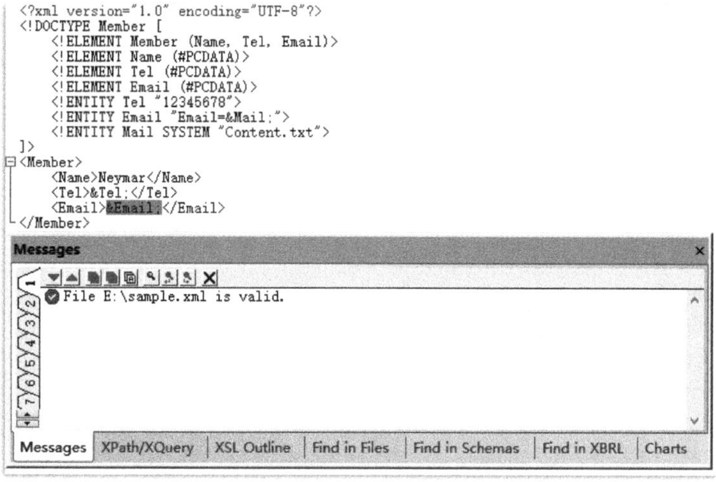

```
<?xml version="1.0" encoding="UTF-8"?>
<!DOCTYPE Member [
    <!ELEMENT Member (Name, Tel, Email)>
    <!ELEMENT Name (#PCDATA)>
    <!ELEMENT Tel (#PCDATA)>
    <!ELEMENT Email (#PCDATA)>
    <!ENTITY Tel "12345678">
    <!ENTITY Email "Email=&Mail;">
    <!ENTITY Mail SYSTEM "Content.txt">
]>
<Member>
    <Name>Neymar</Name>
    <Tel>&Tel;</Tel>
    <Email>&Email;</Email>
</Member>
```

Messages	✕

✔ File E:\sample.xml is valid.

| Messages | XPath/XQuery | XSL Outline | Find in Files | Find in Schemas | Find in XBRL | Charts |

图 3-15　例 3.10 文档合法性检验的结果

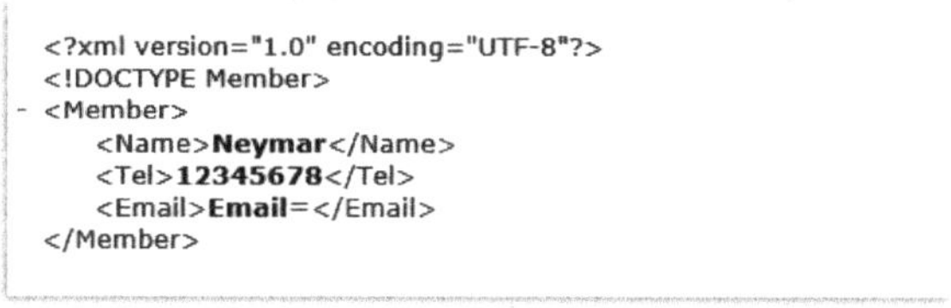

```
<?xml version="1.0" encoding="UTF-8"?>
<!DOCTYPE Member>
- <Member>
     <Name>Neymar</Name>
     <Tel>12345678</Tel>
     <Email>Email=</Email>
  </Member>
```

图 3-16　例 3.10 在浏览器中的显示结果

3.5.3　内部参数实体

内部参数实体是指在 DTD 中定义的并且在只能在 DTD 中引用的实体。这种实体不能在 XML 文档的基本元素中使用,而且只能在外部 DTD 中定义才能在 DTD 中被引用。其定义和引用的语法如下。

定义语法:

```
<!ENTITY % 实体名 "实体内容">
```

引用语法:

```
% 实体名;
```

下面举例来说明内部参数实体的应用。

【例 3.11】　内部参数实体

```
<?xml version = "1.0" encoding = "UTF - 8"?>
<!DOCTYPE Member SYSTEM "Entity.dtd">
```

```
< Member >
    < Name > Neymar </Name >
    < Tel > 12345678 </Tel >
    < Email > aaa@fcbarcelona.com </Email >
</Member >
```

文件 Entity. dtd 中的代码如下。

```
<?xml version = "1. 0" encoding = "UTF – 8"?>
<!ELEMENT Member (Name, Tel, Email)>
<!ENTITY % con "(♯PCDATA)">
<!ELEMENT Name % con;>
<!ELEMENT Tel (♯PCDATA)>
<!ELEMENT Email (♯PCDATA)>
```

例 3.11 在浏览器中的显示结果如图 3-17 所示。

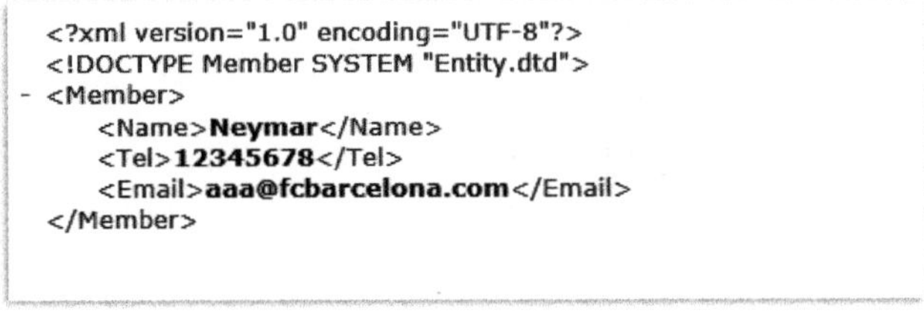

```
<?xml version="1.0" encoding="UTF-8"?>
<!DOCTYPE Member SYSTEM "Entity.dtd">
- <Member>
    <Name>Neymar</Name>
    <Tel>12345678</Tel>
    <Email>aaa@fcbarcelona.com</Email>
</Member>
```

图 3-17 例 3.11 在浏览器中的显示结果

对于参数实体的声明需要注意以下两点。

（1）参数实体必须在外部 DTD 中定义才能用于元素的定义。

（2）参数实体的应用必须先定义后使用。

这一点同样在外部参数实体中适用，下面举例来说明这些问题。

【例 3.12】 元素声明非法使用内部参数实体

```
<?xml version = "1. 0" encoding = "UTF – 8"?>
<!DOCTYPE Member [
<!ELEMENT Member (Name, Tel, Email)>
<!ENTITY % con "(♯PCDATA)">
<!ELEMENT Name % con;>
<!ELEMENT Tel (♯PCDATA)>
<!ELEMENT Email (♯PCDATA)>
]>
< Member >
    < Name > Neymar </Name >
    < Tel > 12345678 </Tel >
    < Email > aaa@fcbarcelona.com </Email >
</Member >
```

该文档合法性检验的结果如图 3-18 所示。

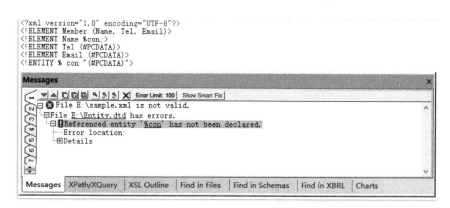

```
<?xml version="1.0" encoding="UTF-8"?>
<!DOCTYPE Member [
<!ELEMENT Member (Name, Tel, Email)>
<!ENTITY % con "(#PCDATA)">
<!ELEMENT Name %con;>
<!ELEMENT Tel (#PCDATA)>
<!ELEMENT Email (#PCDATA)>
]>
<Member>
    <Name>Neymar</Name>
    <Tel>12345678</Tel>
    <Email>aaa@fcbarcelona.com</Email>
</Member>
```

图 3-18   例 3.12 合法性检验的结果

从错误提示可以知道内部 DTD 中定义的参数实体不能用于元素的声明。

接下来对外部 DTD 文件 Entity.dtd 稍作修改如下。

```
<?xml version = "1.0" encoding = "UTF - 8"?>
<! ELEMENT Member (Name, Tel, Email)>
<! ELEMENT Name % con;>
<! ELEMENT Tel ( # PCDATA)>
<! ELEMENT Email ( # PCDATA)>
<! ENTITY % con "( # PCDATA)">
```

这个时候例 3.11 的合法性检验结果是失败的,如图 3-19 所示。

图 3-19   例 3.11 在 Entity.dtd 文件修改后合法性检验的结果

从图 3-19 中可以很清楚地看到,错误的原因就是在引用参数实体 con 之前没有对其进行定义。

第 3 章

文档类型定义

内部参数实体的应用可以使得 DTD 文档更加简洁,使得 DTD 文档的可读性以及可维护性更高。

3.5.4 外部参数实体

外部参数实体就是在文档外部定义了,并且只能在 DTD 中使用的实体。通常这个文档外部的文档也是一个 DTD 定义语句的文件。这种机制可以将原先很长的 DTD 文档转化为多个很小并且可以相互调用的 DTD 文档集合,不同的 DTD 定义语句可以根据不同的需要、不同的逻辑功能被定义为不同的外部参数实体,然后通过外部参数实体的声明组合成一个 DTD。外部参数实体的应用方便了大型 DTD 文件的开发和设计。

外部参数实体既可以在内部 DTD 中声明也可以在外部 DTD 中声明,它的定义语法和引用语法如下。

定义语法:

```
<!ENTITY % 实体名 "外部实体的 URI">
```

引用语法:

```
%实体名;
```

下面用一个示例来说明外部参数实体的应用。

【例 3.13】 外部参数实体

```
<?xml version = "1.0" encoding = "UTF - 8"?>
<!DOCTYPE Member [
    <!ENTITY % con SYSTEM "Entity_DTD.txt">
     % con;
]>
<Member>
    <Name>Neymar</Name>
    <Tel>12345678</Tel>
    <Email>aaa@fcbarcelona.com</Email>
</Member>
```

文件 Entity_DTD.txt 代码如下。

```
<!ELEMENT Member (Name, Tel, Email)>
<!ELEMENT Name (#PCDATA)>
<!ELEMENT Tel (#PCDATA)>
<!ELEMENT Email (#PCDATA)>
```

这个文档是合法的,检验结果如图 3-20 所示。

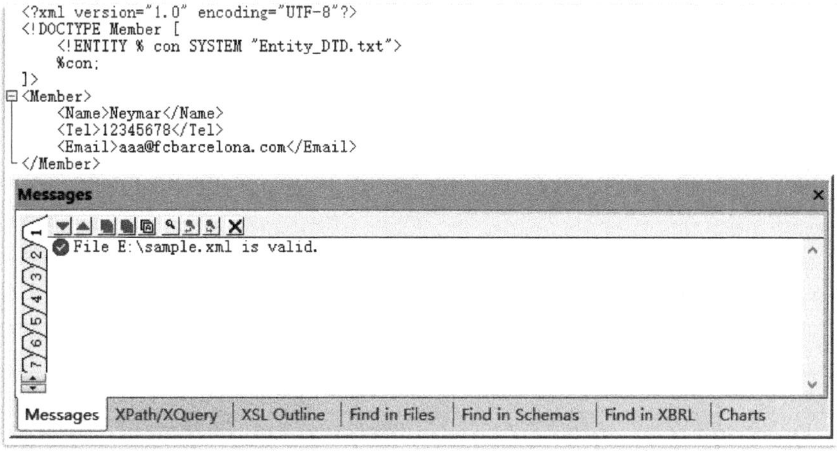

```
<?xml version="1.0" encoding="UTF-8"?>
<!DOCTYPE Member [
    <!ENTITY % con SYSTEM "Entity_DTD.txt">
    %con;
]>
<Member>
    <Name>Neymar</Name>
    <Tel>12345678</Tel>
    <Email>aaa@fcbarcelona.com</Email>
</Member>
```

Messages
File E:\sample.xml is valid.

Messages | XPath/XQuery | XSL Outline | Find in Files | Find in Schemas | Find in XBRL | Charts

图 3-20　例 3.13 合法性检验的结果

3.6　属性的声明

属性是由＝分割开的成对的属性名和属性值构成的。属性只能出现在元素标记的内部,而且只能出现在元素起始标记的内部,不能出现在结束标记中。属性包含了有关元素内容的信息。例如,下面的示例就是利用属性包含了元素内容年龄和性别信息。

```
< Member Age = "24" Sex = "Male">Neymar </Member >
```

属性的定义语法如下:

```
<!ATTLIST 对应的元素名 属性名 属性的类型 属性默认值>
```

<!ATTLIST>是专门用于声明属性的标记。对应的元素名是指拥有该属性的元素名;属性类型是指属性必须是规定的有效属性类型的一种,这将在 3.6.1 节详细介绍;属性默认值实际是指对属性值的要求,这将在 3.6.2 节详细介绍。

以本章一开始提到的 Teams.dtd 文档为例:

```
<?xml version = "1.0" encoding = "UTF-8"?>
<!ELEMENT Teams (Team * )>
<!ELEMENT Team (TeamName, Country, Member + )>
<!ELEMENT TeamName ( # PCDATA)>
<!ELEMENT Country ( # PCDATA)>
<!ELEMENT Member ( # PCDATA)>
<!ATTLIST Member
    Age CDATA # REQUIRED
    Sex (Male | Female) "Male">
```

最后的一段语句就定义了元素 Member 的两个属性：Age 和 Sex。Age 属性的内容为非标记文本，而且 Age 属性必须包含在元素中；Sex 属性的内容从 Male 和 Female 中选择，并且规定了 Sex 属性的默认值为 Male。

3.6.1 设置属性的类型

属性的取值必须按照规定的格式进行，在 XML 中属性的类型可以分为 10 种，如表 3-3 所示。

表 3-3　属性的类型及其含义

属性类型	含 义
CDATA	可解析的文本数据
Enumerated	枚举列表中的一个值
ENTITY	文档中的一个实体
ENTITIES	文档中的一个实体列表
ID	文档中唯一的取值
IDREF	文档中某个元素 ID 属性值
IDREFS	文档中若干个元素的 ID 属性值
NMTOKEN	合法的 XML 名称
NMTOKENS	合法的 XML 名称的列表
NOTATION	DTD 中声明的记号名

1. CDATA 型数据

所谓的 CDATA 型数据，就是指属性的取值必须是可解析的文本数据，不能包含小于号（＜）及引号（"），小于号和引号可以通过实体引用的方式插入到属性值中。它是最常用的属性类型，其定义的语法如下。

```
<!ATTLIST 元素名 属性名 CDATA 属性的默认值>
```

2. Enumerated 型数据

Enumerated 型数据是指通过|分隔可能的属性值列表，用户可以从列表中选取一个作为属性值，而且属性的默认值必须存在于列表中。其定义的语法如下。

```
<!ATTLIST 元素名 属性名（取值 A|取值 B|…）属性的默认值>
```

以 Teams.dtd 中对 Sex 属性的定义语句为例。

```
<!ATTLIST Member Sex (Male | Female) "Male">
```

上面这个语句为 Member 元素定义了一个 Sex 属性，这个属性的取值必须从 Male 和 Female 中选择，而且属性的默认值为 Male。

对于 Enumerated 型数据，属性的取值必须从列表中选择，否则将会出现错误。

【例 3.14】 Enumerated 型数据

```
<?xml version = "1.0" encoding = "UTF - 8"?>
<!DOCTYPE Teams [
    <!ELEMENT Teams (Team * )>
    <!ELEMENT Team (TeamName, Country, Member + )>
    <!ELEMENT TeamName ( # PCDATA)>
    <!ELEMENT Country ( # PCDATA)>
    <!ELEMENT Member ( # PCDATA)>
    <!ATTLIST Member
        Age CDATA # REQUIRED
        Sex (Male | Female) "Male">
]>
< Teams >
    < Team >
        < TeamName > FC Barcelona </TeamName >
        < Country > Spain </Country >
        < Member Age = "24" Sex = "Man"> Neymar </Member >
    </Team >
</Teams >
```

可以看到例 3.14 文档中 Member 元素的属性 Sex 的取值并没有按照 DTD 中定义的那样从列表中选择一个,而是换成了其他值,因此该文档不是一个合法的文档,其合法性检验的结果如图 3-21 所示。

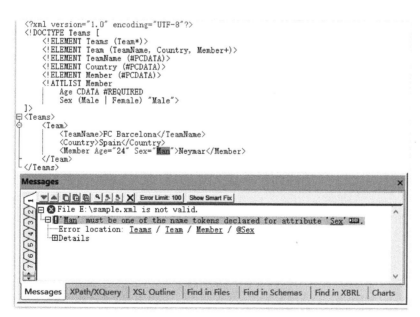

图 3-21 例 3.14 文档合法性检验的结果

3. ENTITY 型数据

这一类型的数据用于表示外部不可解析的实体,如二进制文件等。其定义语法如下。

```
<!ATTLIST 元素名 属性名 ENTITY 属性的默认值>
```

【例 3.15】 ENTITY 型数据

```
<?xml version = "1.0" encoding = "UTF - 8"?>
<!DOCTYPE Teams [
    <!ELEMENT Teams (Team * )>
    <!ELEMENT Team (TeamName, Country, Member + )>
    <!ELEMENT TeamName (♯PCDATA)>
    <!ELEMENT Country (♯PCDATA)>
    <!ELEMENT Member (♯PCDATA)>
    <!ATTLIST Member
        Age CDATA ♯REQUIRED
        Sex (Male | Female) "Male">
    <!ENTITY pic SYSTEM "photo.jpg">
]>
<Teams>
    <Team>
        <TeamName>FC Barcelona</TeamName>
        <Country>Spain</Country>
        <Member Age = "24" Sex = "Male" >&pic;</Member>
    </Team>
</Teams>
```

该文档合法性检验的结果如图 3-22 所示。

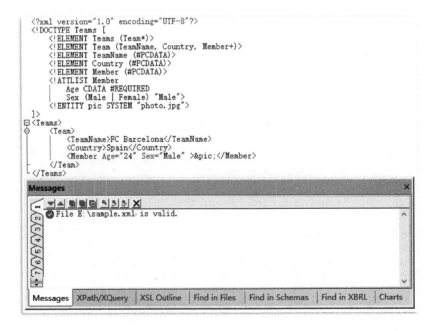

图 3-22 例 3.15 文档合法性检验的结果

4. ENTITIES 型数据

这一类型的数据同 ENTITY 型数据类似,不同点是这一类型的属性可以存储一个实体列表,其定义语法如下。

```
<!ATTLIST 元素名 属性名 ENTITIES 属性的默认值>
```

【例 3.16】 ENTITIES 型数据

```
<?xml version = "1.0" encoding = "UTF - 8"?>
<!DOCTYPE Teams [
    <!ELEMENT Teams (Team * )>
    <!ELEMENT Team (TeamName, Country, Member + )>
    <!ELEMENT TeamName (#PCDATA)>
    <!ELEMENT Country (#PCDATA)>
    <!ELEMENT Member (#PCDATA)>
    <!ATTLIST Member
        Age CDATA #REQUIRED
        Sex (Male | Female) "Male"
        Pic ENTITIES #REQUIRED
    >
    <!ENTITY pic1 SYSTEM "photo1.jpg">
    <!ENTITY pic2 SYSTEM "photo2.jpg">
]>
<Teams>
    <Team>
        <TeamName> FC Barcelona </TeamName>
        <Country> Spain </Country>
        <Member Age = "24" Sex = "Male" Pic = "&pic1; &pic2;"> Neymar </Member>
    </Team>
</Teams>
```

5. ID 型数据

ID 型数据是指该类型的属性的取值在 XML 文档中必须是唯一的,不能出现重复,这种类型的数据通常用作元素的标识,其定义语法如下。

```
<!ATTLIST 元素名 属性名 ID 属性的默认值>
```

【例 3.17】 非法使用 ID 型数据

```
<?xml version = "1.0" encoding = "UTF - 8"?>
<!DOCTYPE Teams [
    <!ELEMENT Teams (Team * )>
    <!ELEMENT Team (TeamName, Country, Member + )>
    <!ELEMENT TeamName (#PCDATA)>
    <!ELEMENT Country (#PCDATA)>
    <!ELEMENT Member (#PCDATA)>
```

67

第 3 章

```
            <!ATTLIST Member Number ID #REQUIRED>
    ]>
    <Teams>
        <Team>
            <TeamName>FC Barcelona</TeamName>
            <Country>Spain</Country>
            <Member Number = "11">Neymar</Member>
            <Member Number = "11">Thiago</Member>
        </Team>
    </Teams>
```

可以看到,上面文档中 Member 元素的 Number 属性的取值出现重复,与定义的 ID 数据类型相冲突,因此该文档不是一个合法的文档,其合法性检验结果如图 3-23 所示。

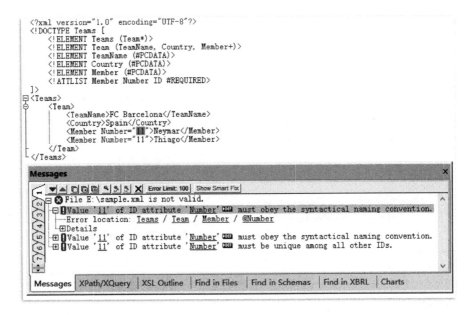

图 3-23　例 3.17 合法性检验的结果

6. IDREF 型数据

IDREF 型数据与前面提到的 ID 型数据有着紧密的关系,它是用于表示 XML 文档中元素之间的一种联系,它的取值必须是 XML 文档中被定义好的某一元素的 ID 类型属性值,其定义语句如下。

```
    <!ATTLIST 元素名 属性名 IDREF 属性的默认值>
```

【例 3.18】　IDREF 型数据

```
    <?xml version = "1.0" encoding = "UTF-8"?>
    <!DOCTYPE Teams [
        <!ELEMENT Teams (Team * )>
```

```
<! ELEMENT Team (TeamName, Country, Member + )>
<! ELEMENT TeamName ( ♯ PCDATA)>
<! ELEMENT Country ( ♯ PCDATA)>
<! ELEMENT Member ( ♯ PCDATA)>
<! ATTLIST Member
    Number ID ♯ REQUIRED
    LastNumber IDREF ♯ IMPLIED >
]>
< Teams >
    < Team >
        < TeamName > FC Barcelona </TeamName >
        < Country > Spain </Country >
        < Member Number = "A11"> Neymar </Member >
        < Member Number = "A6" LastNumber = "A11"> Thiago </Member >
    </Team >
</Teams >
```

7. IDREFS 型数据

IDREFS 型数据与 IDREF 型数据类似,不同点是这种类型的属性的取值可以是文档中已经定义好多个元素的 ID 型属性值,这些取值之间必须用空格隔开。它可以用于描述一个元素与其他多个元素之间的关系,其定义语法如下。

```
<! ATTLIST 元素名 属性名 IDREFS 属性的默认值>
```

【例 3.19】 IDREFS 型数据

```
<?xml version = "1.0" encoding = "UTF – 8"?>
<! DOCTYPE Teams [
    <! ELEMENT Teams (Team * )>
    <! ELEMENT Team (TeamName, Country, Member + )>
    <! ELEMENT TeamName ( ♯ PCDATA)>
    <! ELEMENT Country ( ♯ PCDATA)>
    <! ELEMENT Member ( ♯ PCDATA)>
    <! ATTLIST Member
        Number ID ♯ REQUIRED
        Friend IDREFS ♯ IMPLIED >
]>
< Teams >
    < Team >
        < TeamName > FC Barcelona </TeamName >
        < Country > Spain </Country >
        < Member Number = "A11"> Neymar </Member >
        < Member Number = "A6"> Thiago </Member >
        < Member Number = "A10" Friend = "A11 A6"> Messi </Member >
    </Team >
</Teams >
```

8. NMTOKEN 型数据

NMTOKEN 是 Name Token 的简写，NMTOKEN 型数据是指合法的 XML 名称，它表示由一个或多个字母、数字、句点、连字号或下画线所组成的名称。除了第一个字符位置外，也可以是冒号。它的作用是对属性的取值进行限制，即规定了合法的命名机制，这种属性类型的定义语法如下。

```
<!ATTLIST 元素名 属性名 NMTOKEN 属性的默认值>
```

【例 3.20】 非法使用 NMTOKEN 型数据

```
<?xml version = "1.0" encoding = "UTF - 8"?>
<!DOCTYPE Teams [
    <!ELEMENT Teams (Team * )>
    <!ELEMENT Team (TeamName, Country, Member + )>
    <!ELEMENT TeamName ( # PCDATA)>
    <!ELEMENT Country ( # PCDATA)>
    <!ELEMENT Member ( # PCDATA)>
    <!ATTLIST Member Nickname NMTOKEN # REQUIRED >
]>
< Teams >
    < Team >
        < TeamName > FC Barcelona </TeamName >
        < Country > Spain </Country >
        < Member Nickname = "Young Neymar"> Neymar </Member >
    </ Team >
</Teams >
```

可以看到，在 NMTOKEN 类型属性 Nickname 的取值中出现了空格，按照规定，这个文档不是合法的文档，其合法性检验的结果如图 3-24 所示。

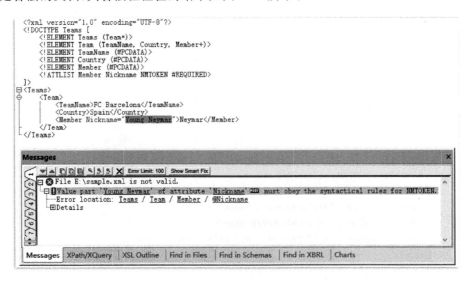

图 3-24　例 3.20 合法性检验的结果

9. NMTOKENS 型数据

NMTOKENS 型数据与 NMTOKEN 型数据类似,它能够给一个元素的属性赋予多个 NMTOKEN 类型的数据,不同的 NMTOKEN 数据之间用空格隔开,其定义语法如下。

```
<!ATTLIST 元素名 属性名 NMTOKENS 属性的默认值>
```

【例 3.21】 NMTOKENS 型数据

```
<?xml version = "1.0" encoding = "UTF - 8"?>
<!DOCTYPE Teams [
    <!ELEMENT Teams (Team * )>
    <!ELEMENT Team (TeamName, Country, Member + )>
    <!ELEMENT TeamName ( #PCDATA)>
    <!ELEMENT Country ( #PCDATA)>
    <!ELEMENT Member ( #PCDATA)>
    <!ATTLIST Member Nickname NMTOKENS #REQUIRED >
]>
<Teams >
    <Team >
        <TeamName > FC Barcelona </TeamName >
        <Country > Spain </Country >
        <Member Nickname = "Young Neymar"> Neymar </Member >
    </Team >
</Teams >
```

再来看该文档的合法性检验结果,如图 3-25 所示。

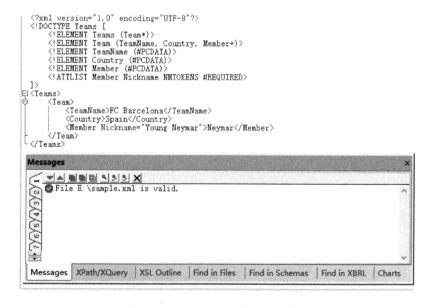

图 3-25 例 3.21 合法性检验的结果

文档类型定义

可以看到,这个时候该文档已经是一个合法的文档了,但是原先的"Young Neymar"字符串已经被解析器认定为两个字符串"Young"和"Neymar"的组合了。

10. NOTATION 型数据

NOTATION 型数据用于在 XML 声明特定的记号。前面刚刚对 ENTITY 与 ENTITIES 类型的属性的取值做了介绍,如何展现这些不可解析的实体并进行应用呢? 一种办法就是让分析软件进行分析,查看该实体需要什么样的软件进行支持;另外一种就是通过定义 NOTATION 属性来指定该属性的支持软件。其定义语法如下。

```
<!ATTLIST 元素名 属性名 NOTATION 属性的默认值>
```

【例 3. 22】 NOTATION 型数据

```
<?xml version = "1.0" encoding = "UTF – 8"?>
<!DOCTYPE Teams [
    <!ELEMENT Teams (Team * )>
    <!ELEMENT Team (TeamName, Country, Member + )>
    <!ELEMENT TeamName (♯PCDATA)>
    <!ELEMENT Country (♯PCDATA)>
    <!ELEMENT Member (♯PCDATA)>
    <!ATTLIST Member
        Pic ENTITY ♯REQUIRED
        Show NOTATION (JPG | GIF) "JPG">
    <!NOTATION JPG SYSTEM "C:/windows/system32/mspaint.exe">
    <!NOTATION GIF SYSTEM "C:/windows/system32/mspaint.exe">
    <!ENTITY pic SYSTEM "photo.jpg">
]>
<Teams>
    <Team>
        <TeamName>FC Barcelona</TeamName>
        <Country>Spain</Country>
        <Member Pic = "&pic;" Show = "JPG">Neymar</Member>
    </Team>
</Teams>
```

需要注意的是 NOTATION 类型属性的属性值必须在 DTD 中通过 NOTATION 关键字进行定义,不能任意取值。

3.6.2 属性的默认设置

在 3.6.1 节的属性定义语法中可以知道,除了要定义属性的类型,还需要定义属性的默认值,这个可以称为属性的默认设置。属性的默认设置包含 4 种方式,除了设定默认值之外,还包括对属性取值的要求,这些要求可以分为 3 类:♯REQUIRED、♯IMPLIED、♯FIXED。具体的含义如表 3-4 所示。

表 3-4　属性的默认设置及其含义

元素内容说明	含　义
只有默认值	如果元素中不包含该属性,解析器将默认值作为属性值。否则,该属性可以有其他值
♯ REQUIRED	元素的每个实例都必须包含该属性
♯ IMPLIED	元素的每个实例可以选择是否包含该属性
♯ FIXED	元素的属性取值不能更改,只能为设定好的默认值,如果元素的实例中不包含该属性,系统自动将该默认值作为元素的属性值

1. ♯ REQUIRED

♯ REQUIRED 关键字表示该属性在元素中不可缺少。

【例 3. 23】　非法使用 ♯ REQUIRED 设置

```
<?xml version = "1.0" encoding = "UTF − 8"?>
<! DOCTYPE Teams [
    <! ELEMENT Teams (Team * )>
    <! ELEMENT Team (TeamName, Country, Member + )>
    <! ELEMENT TeamName ( ♯ PCDATA)>
    <! ELEMENT Country ( ♯ PCDATA)>
    <! ELEMENT Member ( ♯ PCDATA)>
    <! ATTLIST Member
        Age CDATA ♯ REQUIRED
        Sex (Male | Female) "Male">
]>
< Teams >
    < Team >
        < TeamName > FC Barcelona </TeamName >
        < Country > Spain </Country >
        < Member Sex = "Male"> Neymar </Member >
    </ Team >
</Teams >
```

　　属性 Age 被定义为 ♯ REQUIRED,因此在元素 Member 的实例中必须包含该属性。本例中缺少了 Age 属性,因此该文档不是一个合法的文档,其合法性检验结果如图 3-26所示。

2. ♯ IMPLIED

　　♯ IMPLIED 表示该属性在包含它的元素中可以出现也可以不出现,如果将上例中的 Age 属性的默认设置改为 ♯ IMPLIED 型,它就是一个合法的文档。

【例 3. 24】　♯ IMPLIED 设置

```
<?xml version = "1.0" encoding = "UTF − 8"?>
<! DOCTYPE Teams [
    <! ELEMENT Teams (Team * )>
    <! ELEMENT Team (TeamName, Country, Member + )>
    <! ELEMENT TeamName ( ♯ PCDATA)>
    <! ELEMENT Country ( ♯ PCDATA)>
```

```
        <! ELEMENT Member ( # PCDATA)>
        <! ATTLIST Member
            Age CDATA # IMPLIED
            Sex (Male | Female) "Male">
    ]>
    < Teams >
        < Team >
            < TeamName > FC Barcelona </TeamName >
            < Country > Spain </Country >
            < Member Sex = "Male"> Neymar </Member >
        </Team >
    </Teams >
```

```
<?xml version="1.0" encoding="UTF-8"?>
<!DOCTYPE Teams [
    <!ELEMENT Teams (Team*)>
    <!ELEMENT Team (TeamName, Country, Member+)>
    <!ELEMENT TeamName (#PCDATA)>
    <!ELEMENT Country (#PCDATA)>
    <!ELEMENT Member (#PCDATA)>
    <!ATTLIST Member
        Age CDATA #REQUIRED
        Sex (Male | Female) "Male">
]>
<Teams>
    <Team>
        <TeamName>FC Barcelona</TeamName>
        <Country>Spain</Country>
        <Member Sex="Male">Neymar</Member>
    </Team>
</Teams>
```

```
Messages                                                        ×
 ▼ ▲ □ □ □ ◈ ◈ ◈ X  Error Limit: 100   Show Smart Fix
 ⊟ ⊗ File E:\sample.xml is not valid.
   ⊟ ❗Required attribute 'Age' ▦▦▦ is missing in element <Member>.
      ─── Error location: Teams / Team / Member
      ⊞ Details

 Messages | XPath/XQuery | XSL Outline | Find in Files | Find in Schemas | Find in XBRL | Charts
```

图 3-26 例 3.23 合法性检验的结果

3. ♯FIXED

♯FIXED 默认设置表示该属性的取值保持不变,而且必须指定该属性的默认取值。如果在包含它的元素的实例中没有出现该属性,元素自动将该默认值作为属性值。

【例 3.25】 ♯FIXED 设置

```
<?xml version = "1.0" encoding = "UTF - 8"?>
<! DOCTYPE Teams [
    <! ELEMENT Teams (Team * )>
    <! ELEMENT Team (TeamName, Country, Member + )>
    <! ELEMENT TeamName ( # PCDATA)>
    <! ELEMENT Country ( # PCDATA)>
    <! ELEMENT Member ( # PCDATA)>
```

```
    <! ATTLIST Member
        Age CDATA ♯ IMPLIED
        City CDATA ♯ FIXED "Barcelona"
        Sex (Male | Female) "Male">
]>
< Teams >
    < Team >
        < TeamName > FC Barcelona </TeamName >
        < Country > Spain </Country >
        < Member Age = "24" Sex = "Male"> Neymar </Member >
    </Team >
</Teams >
```

Member 元素的实例中并没有出现 City 属性,但是 City 属性的默认值是"Barcelona"。

本 章 小 结

➤ DTD 设置了有效的 XML 文档必须遵循的规则。

➤ DTD 可以分为内部 DTD 和外部 DTD 两类。

➤ 元素的内容可以为 ♯PCDATA、EMPTY、ANY、子元素和混合型内容。

➤ ♯PCDATA 表示元素的内容只能是可解析的文本数据。

➤ EMPTY 表示元素内容为空。

➤ ANY 表示任意的元素内容。

➤ 子元素表示元素的内部只能是子元素。

➤ 混合型内容表示元素的内部可以是可解析的文本数据,也可以是子元素,甚至是两者的结合。

➤ 如果 DTD 中的元素名称后面跟有一个星号" * ",那么这个元素可以不出现、出现一次或多次。

➤ 如果 DTD 中的元素名称后面跟有一个加号"＋",那么这个元素可以出现一次或多次。与星号" * "不同的是,该元素至少要出现一次。

➤ 如果 DTD 中的元素名称后面跟有一个问号"?",那么这个元素可以不出现或只出现一次。

➤ "|"字符代表"或",意思是一个或者另外一个命名元素可以出现。有了或字符,就可以选择一个或多个元素。

➤ 实体根据其所处的位置不同可以分为内部实体和外部实体。

➤ 内部一般实体是指在 XML 文档内部定义的并且可以在 XML 文档中使用的实体。

➤ 外部一般实体是指实体是在 XML 文档外部定义,然后通过 URL 在文档内部进行引用。

➤ 内部参数实体是指在 DTD 中定义的并且只能在 DTD 中引用的实体。

➤ 外部参数实体是指在 XML 文档外部定义的,并且只能在 DTD 中引用的实体。

➤ 属性只能出现在开始标记和空元素标记中。属性的声明以 ATTLIST 开头,后面紧

文档类型定义

跟属性所述的元素名称,然后才是每个属性的定义。

> CDATA 型数据就是指属性的取值必须是可解析的文本数据。

> Enumerated 型数据是指通过"|"分隔可能的属性值列表,用户可以从这些列表中选取其中的一个作为属性值,而且属性的默认值必须为列表中的一个。

> ENTITY 型数据用于表示外部不可解析的实体,如二进制文件等。

> ENTITIES 型数据与 ENTITY 型类似,不同的是这一类型的属性可以存储一个实体序列。

> ID 型数据是指元素的该类型的属性的取值在 XML 文档中必须是唯一的,不能出现重复,这种类型的数据通常用于作为元素的标识。

> IDREF 型数据与 ID 型数据有着紧密的关系,它是用于表示 XML 文档中元素之间的一种联系,它的取值必须是 XML 文档中被定义好的某一元素的 ID 类型属性值。

> IDREFS 型数据与 IDREF 型数据类似,不同点是这种类型的属性的取值可以是文档中已经定义好多个元素的 ID 型属性值,这些取值之间必须用空格隔开。

> NMTOKEN 型数据是指合法的 XML 名称,它的作用是对属性的取值进行限制,通俗点讲就是规定了合法的命名机制。

> NMTOKENS 型数据与 NMTOKEN 型数据类似,它能够给一个元素的属性赋予多个 NMTOKEN 类型的数据,不同的 NMTOKEN 数据之间用空格隔开。

> NOTATION 型数据用于在 XML 声明特定的记号。

> 属性的默认值分为 3 类:♯REQUIRED、♯IMPLIED 和 ♯FIXED。♯REQUIRED 表示该属性在元素中不可缺少;♯IMPLIED 表示该属性在包含它的元素中可以出现,也可以不出现;♯FIXED 表示该属性的取值保持不变,而且必须指定该属性的默认取值,如果在包含它的元素的实例中没有出现该属性,元素就自动将该默认值作为属性值。

思 考 题

1. 什么是 DTD? 谈谈对 DTD 的理解。

2. DTD 的声明方式有哪些?

3. 元素的内容可以分为哪几类?

4. 属性设置的默认值有哪些? 它们的含义各是什么?

5. 使用外部 DTD 的声明,为例 2.8 创建一个 DTD 文档。

6. 为一个 XML 文档创建外部 DTD。该 XML 文档的结构要求如下。

(1) 根元素名称为 Library。

(2) Library 必须包含两个元素:Book 和 Member,分别表示书的详细信息和发行人。

(3) Book 必须包含一个 BookId 属性。所有其他的元素,如 Title、Author、Price、Publisher 和 Cost 都只能作为 Book 的子元素。

(4) 元素 Member 包含 Name 和 Address 两个子元素。元素 Name 包含 FirstName、MiddleName 和 LastName 3 个子元素。元素 Address 包含 HouseNumber、Street、City 3 个子元素。

第4章　命名空间和 XML Schema

XML 的元素名称是不固定的,当两个不同的文档使用同样的名称描述两个不同类型的元素的时候,或者一个同样的标记表示两个不同含义的内容的时候,就会发生命名冲突。XML 为解决多义性和名称冲突问题,引入了命名空间。

制定 XML 可以使用 DTD 工具,但是 XML 可用于对象串行化、股票交易、远程过程调用、图形文件格式,以及很多看上去与传统的描述性文档无关的应用,在这些新的应用领域中,DTD 具有一定的局限性,而 XML Schema 则可以有效地解决这些局限性。

本章将介绍命名空间的定义、语法及其有效性。本章还将重点比较 XML Schema 与 DTD,并详细介绍 XML Schema 的有效性检验及其语法。

4.1　命名空间的概念

命名空间是一组保持唯一的名称。例如,可以将一个公司所有人的姓名视为一个命名空间。命名空间就是在逻辑上相关的任何一组名称,而且每个名称都必须唯一。

使用命名空间更便于产生唯一的名称。设想一下,如果姓名必须在全球保持唯一,那么要给一个小孩起名将会多么困难。如果将唯一性限制在一个更窄的上下文(例如,一个人的所有孩子)中,情况就会简单得多。当一对父母为自己的下一个孩子起名时,只需考虑不使用与自己的其他孩子重名的名字,但可以选择其他父母已使用过的姓名。这时,相同的姓名属于不同的命名空间,以便易于区分。

在将新名称添加到某个命名空间之前,命名空间机构必须确保该命名空间中没有这个新名称。在某些情况下,这会非常简单,因为它属于子命名系统。在某些情况下,这会相当复杂,当今的许多 Internet 命名机构就是一个现实的例子。然而,如果忽略此步骤,重复的名称最终会损坏该命名空间,这使得无法引用某些没有多义性的名称。如果出现这种情况,这组名称将不再被正式视为命名空间。根据定义,命名空间必须确保它的成员具有唯一性。

考虑下面的 XML 文档。

```
< Student >
    < ID > 100000001 </ID >
    < Name > Zhang San </Name >
    < Language > C++</Language >
    < Score > 80 </Score >
</Student >
```

此文档使用几个名称,每个名称都相当普通。Student 元素对大学软件培训课程的学生进行建模。ID、Name、Language 和 Score 元素对学生的数据库记录编号、姓名、编程语言及得分进行建模。其中每个名称肯定都会在其他情况下用到,在这些情况下,它们会具有不同的含义。

例如,下面是另一个 XML 文档,它以一种完全不同的方式来使用相同的名称。

```
<Student>
    <ID>2016010326</ID>
    <Name>Li Si</Name>
    <Language>English</Language>
    <Score>3.5</Score>
</Student>
```

在本例中,Student 元素对小学生进行建模。现在,ID、Name、Language 和 Score 元素分别对孩子的学号、姓名、第一外语和外语评价(满分为 5)进行建模。这两个文档的作者可以使用较长的、不太常用的名称来尽可能确保唯一,但这最终还是无法保证绝对的唯一性,而且生僻的名称也非常难以使用。

尽管人们能够在查看这两个文档后找出二者的区别,但是对于软件来说,它们看上去却完全相同。设想一下,如果负责构建一个学生管理应用程序,该应用程序必须支持与学生有关的许多不同的 XML 文档(包括刚提到的两个文档)。在编写代码时,从编程的角度,应该如何区分大学生和小学生或者任何其他类型的学生?

在同一个文档或应用程序中使用来自不同 XML 词汇表中的元素和属性,无论如何都会产生命名冲突。请考虑 XSLT,它本身是用来定义转换的 XML 词汇表。在给定的转换中,可以输出用户定义的文本元素。因此,既然 XSLT 词汇表中包含名为 Template 的元素,那么如何输出名称同样为 Template 的用户定义的文本元素呢?

```
<!-- this is the Template element from XSLT -->
<Template match="abc">
<!-- I want to output this Template element -->
<Template match="abc"/>
</Template>
```

可以发现,在使用 XML 时,不同 XML 文件出现名称冲突的可能性极大。因此,XML 提供对命名空间的支持,可以很容易地避免这些问题的发生。XML 命名空间规范定义了 XML 命名空间的命名语法以及在 XML 命名空间中引用某些内容的语法。然而,它没有涉及用来定义 XML 命名空间中有何内容的语法,这留给了另一个规范(即 XML Schema)。其中的每个领域都需要一些解释。

XML 命名空间是一个元素类型和属性名称的集合。这个集合本身并不重要,重要的是它的名称:一个 URI 地址。这允许 XML 命名空间为元素类型和属性提供一个"双重"命名机制。名称的第一部分是 XML 命名空间的 URI,第二部分是元素类型或者属性名称本身,称为本地部分,或本地名称。它们合起来组成了通用名称。

任何人都可以建立命名空间,用户所需要做的就是安排一个 URI 来对它进行唯一标识,并决定哪些元素类型和属性名称属于这个空间。这个 URI 必须在控制之中,并不能用来定义一个不同的命名空间。

　　如果所使用的 XML 文档没有任何命名冲突,这时可能不需要使用命名空间,单一组织中的文档经常属于这种情况。如果现在已经遇到了冲突,或者预料到将文档对外发布或接收外部文档时可能会发生冲突,最好使用 XML 命名空间。

4.2　命名空间的语法

　　在简单介绍了命名空间的概念后,本节将详细介绍命名空间的语法。

4.2.1　定义命名空间

　　xmlns 属性是命名空间推荐的标准,其属性值就是 URI,它唯一地定义了正在使用的命名空间。URI 通常是一个指向 DTD 的 URL,但这不是必须的。用这种方式管理一个 URI,以便唯一区分命名空间已经足够了。下面是几个简单的命名空间声明。

```
xmlns = "http://www.abc.com/classdefs/class.dtd"
xmlns = "urn:abc - studentdefs"
```

　　URI(通用资源标识符,Uniform Resource Identifier)是一个标识网络资源的字符串。最普通的 URI 应该是 URL(统一资源定位符,Uniform Resource Locator)。URL 用于标识网络主机的地址。另一个不常用的 URI 是 URN(通用资源名称,Universal Resource Name)。本章的例子中,一般使用的是 URL。第一个例子是 URL,因为它允许一个浏览器利用 HTTP 从一个特定的位置得到资源;第二个例子给资源命名但没提供位置。

　　值得注意的是,用来标识命名空间的网络地址并不被 XML 解析器调用,XML 解析器不需要从这个网络地址中查找信息,该网络地址的作用仅仅是给命名空间一个唯一的名称,因此这个网络地址也可以是虚拟的。

　　最初使用命名空间动机之一是能够从不同的来源混合名称,这对于应用别名非常有用,用户能在一个涉及声明的文档里通篇使用这个别名。可以在 xmlns 属性后面加一个冒号和别名来实现该功能。上面的示例可以改写为如下的语句。

```
xmlns:class = "http://www.abc.com/classdefs/class.dtd"
xmlns:student = "urn:abc - studentdefs"
```

4.2.2　多个命名空间

　　如果两个或多个属性需要同一个命名空间的声明,可以不在所有元素中都声明该命名空间,而将命名空间的声明放在包含所有这些元素的一个元素中。当命名空间声明不直接放在开始词汇表的开始标记中时,通常放在根元素中。

　　选择在根元素上声明命名空间还是在内部层次结构中的某个元素上声明,这在于用户喜好,或者看是否为文档分析提供便利。一些喜欢在根元素上声明所有的命名空间,而另一些喜欢在接近真正使用命名空间的位置进行声明。XML 并不关心使用哪种方法。例如，例 4.1 和例 4.2 中的文档结构都很好，在例 4.2 的根元素中同时声明了 Cls 和 Stu 前缀。

【例 4.1】 分散声明多个命名空间

```
< html xmlns:Cls = "http://www.abc.com/class/">
    < head >< Title > The best class </Title ></head >
    < body >
        < h1 > September 10, 2015 </h1 >
        < p > The best class this year is: </p >
        < Cls:Class >
            < Cls:Number > 3204082 </Cls:Number >
            < Cls:Monitor >
                < Stu:Student xmlns:Stu = "http://www.abc.com/student/">
                    < Stu:FirstName > Tao </Stu:FirstName >
                    < Stu:LastName > Zhang </Stu:LastName >
                </Stu:Student >
            </Cls:Monitor >
        </Cls:Class >
    </body >
</html >
```

【例 4.2】 集中声明多个命名空间

```
< html xmlns:Cls = "http://www.abc.com/class/" xmlns:Stu = "http://www.abc.com/student/">
    < head >< Title > The best class </Title ></head >
    < body >
        < h1 > September 10, 2015 </h1 >
        < p > The best class this year is: </p >
        < Cls:Class >
            < Cls:Number > 3204082 </Cls:Number >
            < Cls:Monitor >
                < Stu:Student >
                    < Stu:FirstName > Tao </Stu:FirstName >
                    < Stu:LastName > Zhang </Stu:LastName >
                </Stu:Student >
            </Cls:Monitor >
        </Cls:Class >
    </body >
</html >
```

在大多数情况下（对 DTD 的验证除外），重要的是 URI 而不是前缀。前缀可以改变，只要 URI 不变，文档的含义就不变。例如，例 4.3 使用前缀 C 和 S 代替 Cls 和 Stu，但是该文档和例 4.2 的效果是一样的。

【例 4.3】 命名空间不同前缀

```
< html xmlns:C = "http://www.abc.com/class/" xmlns:S = "http://www.abc.com/student/">
    < head >< title > The best class </title ></head >
```

```
< body >
    < h1 > September 10, 2015 </h1 >
    < P > The best class this year is: </P >
    < C:Class >
        < C:Number > 3204082 </C:Number >
        < C:Monitor >
            < S:Student >
                < S:FirstName > Tao </S:FirstName >
                < S:LastName > Zhang </S:LastName >
            </S:Student >
        </C:Monitor >
    </C:Class >
</body >
</html >
```

事实上,其至可以重新声明前缀,这样一个前缀可以指向文档中不同位置的不同 URI,或者两个不同的前缀指向同一个 URI。但是这会带来不必要的混淆,建议不要使用这种方式。除了重新声明前缀外还有其他许多解决方式,几乎不需要在同一文档内重新使用前缀。重新声明前缀的重要性体现在,如果两个不同文档创建者恰巧重新使用类似的前缀编写了不同文档,而这两个文档又要组合在一起。要注意避免较短的前缀,如 C、S,很可能由于不同的用途而重复使用这些前缀。

4.2.3 属性

XML 命名空间只是名称的集合。这就是说,它只包含元素类型和属性的名称,不是元素或者属性本身。例如,考虑如下的文档。

```
< abc:A xmlns:abc = "http://www.abc.com/">
    < B abc:C = "abc" D = "bar"/>
</abc:A >
```

元素名称 A 和属性名称 C 由于使用 abc 前缀,因此它们在命名空间 http://www.abc.com/中。而元素名称 B 和属性名称 D 由于没有前缀,不属于任何 XML 命名空间。另一方面,元素 A 和 B,属性 C 和 D 不存在于任何 XML 命名空间中,尽管它们的名称物理上存在于命名空间 http://www.abc.com/的声明中。这是因为 XML 命名空间只包含了名称,而不是元素或属性本身。

不单单是元素,属性也可以使用命名空间。例如,在例 4.4 中,使用了 HTML 的 style 属性来使 HTML 浏览器显示电影。

【例 4.4】 属性使用命名空间

```
< h:html xmlns:mov = "http://www.movie.com/movie" xmlns:h = "http://www.abc.com/HTML/html">
    < h:head >
        < h:title > Movie Review </h:title >
```

```
        </h:head>
        <h:body>
            <mov:moviereview>
                <mov:title h:style = "font - family: sans - serif;">
                        God Father
                </mov:title>
                <h:table>
                        <h:tr align = "center">
                                <h:td>Director</h:td><h:td>Price</h:td>
                                <h:td>Producer</h:td><h:td>Release Date</h:td>
                        </h:tr>
                        <h:tr align = "left">
                                <h:td><mov:director>Vidhu Vinod CHopra</mov:director></h:td>
                                <h:td><mov:price>300</mov:price></h:td>
                                <h:td><mov:producer>Vir Chopra</mov:producer></h:td>
                                <h:td><mov:rel_date>26/10/2000</mov:rel_date></h:td>
                        </h:tr>
                </h:table>
            </mov:moviereview>
        </h:body>
    </h:html>
```

4.2.4　默认命名空间

在具有很多标记并且这些标记都在同一命名空间中的长文档中，给每个元素名称都添加一个前缀很不方便。实际上，通过在工具集里引入名称作用域的概念，能够分配很多前缀。如果定义了默认的命名空间，在声明作用域里所有没经过验证的名称被设定属于默认的。于是如果在根元素声明了一个默认的命名空间，它将被看作整个文档默认的命名空间，并只能被文档里声明过的更多的命名空间所覆盖。

默认命名空间声明是一个属性声明，该属性声明的名称是 xmlns，其值是作为命名空间名称的命名空间 URI。

默认命名空间声明指定其作用域中所有不带前缀的元素名称都来自声明的命名空间。下面的书店示例使用默认命名空间，而不使用前缀命名空间映射。

【例 4.5】　默认命名空间

```
<Bookstore xmlns = "urn:xmlns:abc - com:bookstore">
    <Book>
            <Title>C Programming</Title>
            <Author>Tan Haoqiang</Author>
            <inv:Inventory status = "in - stock" isbn = "1234567890"
                    xmlns:inv = "urn:xmlns:abc - com:inventory - tracking" />
    </Book>
</Bookstore>
```

在上例中,除 inv:Inventory 元素以外的所有元素都属于 urn:xmlns:abc-com:bookstore 命名空间。默认命名空间的主要目的是缩短使用命名空间的 XML 文档。但是,如果对于元素名称使用默认命名空间,而不使用显式映射的前缀,可能会导致混淆,因为文档中的元素不一定全都属于命名空间的作用域。

如果想要重写现有的默认 XML 命名空间,只需要声明另一个 XML 命名空间作为默认命名空间。想要取消默认 XML 命名空间,可以声明一个 URI 长度为 0 的默认命名空间。在这个声明范围中,没有前缀的元素类型和属性名称不属于任何 XML 命名空间。

默认命名空间声明可以通过将 xmlns 属性的值设置为空字符串来取消声明。例如,在下面的文档中,只有 Bookstore 元素来自 urn:xmlns:abc:bookstore,而其他不带前缀的元素没有命名空间名称。

【例 4.6】 取消默认命名空间

```
< Bookstore xmlns = "urn:xmlns:abc - com:bookstore">
    < Book xmlns = "">
        < Title > Lord of the Rings </Title >
        < Author > J. R. R. Tolkien </Author >
        < inv:Inventory status = "in - stock" isbn = "1234567890"
                    xmlns:inv = "urn:xmlns:abc - com:inventory - tracking" />
    </Book >
</Bookstore >
```

值得说明的是,应当尽量避免这一做法,因为它容易使用户迷惑。

4.3 命名空间的有效性

如果 XML 文档包含 DTD,为了让使用命名空间的文档有效,必须在 DTD 中像声明其他任何属性那样声明 xmlns 属性。此外,必须声明在文档中使用前缀的元素和属性。例如,如果文档使用 Class:Number 元素,则 DTD 必须声明 Class:Number 元素,而不只是声明 Number 元素,例如:

```
<! Element Class:Number ( # PCDATA)>
```

这说明如果 DTD 没有命名空间前缀,则在用于验证文档(该文档使用带前缀的元素名和属性名)的有效性之前,必须使用命名空间前缀重写 DTD。

合法的文档不要求给所有的元素添加前缀,可以使用默认的命名空间,给来自于 XML 应用程序并且其 DTD 不使用前缀的元素添加前缀会破坏有效性。

然而,默认命名空间能提供的功能有很明显的限制。尤其表现在它们不足以区分以不兼容的方式使用同一个元素名称的两个元素。例如,如果一个 DTD 把 HEAD 定义为包含 TITLE 和 META 元素,另一个 DTD 把 HEAD 定义为包含 #PCDATA,则必须在 DTD 和文档中使用前缀以便区分两个不同的 HEAD 元素。

4.4 XML Schema 与 DTD

DTD 是 XML 从 SGML 继承而来的。SGML 是为描述性文档而设计的标记语言，DTD 可以满足这些文档类型的需要。但是 XML 远远超越了 SGML 的范围，在一些新的应用领域，DTD 的局限性就暴露无遗。

XML Schema 也是用来描述 XML 文档的结构，可以解决大多数 DTD 无法解决的问题，它通过定义一种新的基于 XML 的语法来描述 XML 文档允许的内容。Schema 来源于希腊语，含义为格式或形式。有些将其翻译为模式或架构，为了避免混淆，本书采用其英文原文。

XML Schema 的格式与 DTD 的格式有着非常明显的区别：XML Schema 事实上也是 XML 的一种应用，也就是说 XML Schema 的格式与 XML 的格式是完全相同的；而作为 SGML DTD 的一个子集，XML DTD 的格式与 XML 格式完全不同。这种区别给 XML Schema 的使用带来许多好处。

（1）XML 用户在使用 XML Schema 时，可以快速掌握其相关语法，节省了时间。

（2）由于 XML Schema 本身也是一种 XML 文件，因此许多 XML 编辑工具、API 开发包、XML 语法分析器可以直接地应用到 XML Schema 文件，而不需要修改。

（3）作为 XML 的一个应用，XML Schema 理所当然继承了 XML 的自描述性和可扩展性，这使得 XML Schema 更具有可读性和灵活性。

（4）由于格式完全与 XML 一样，XML Schema 除了可以像 XML 一样处理外，也可以同它所描述的 XML 文档以同样的方式存储在一起，方便管理。

（5）XML Schema 与 XML 格式的一致性，使得以 XML 为数据交换的应用系统之间，也可以方便地进行模式交换。

（6）XML 有非常高的合法性要求，DTD 对 XML 的描述，往往也被用作验证 XML 合法性的一个基础。但是 XML DTD 本身的合法性却缺少较好的验证机制，必须独立处理。XML Schema 则不同，它与 XML 有着同样的合法性验证机制。

或许，对于许多开发人员来讲，XML Schema 相比 DTD 的一个最显著的特征，当属其对数据类型的支持。这完全是因为 DTD 提供的数据类型只有 CDATA、NMTOKEN、NMTOKENS 等 10 种内置数据类型。这样少的数据类型通常无法满足文档的可理解性和数据交换的需要。XML Schema 则不同，它内置了几十种数据类型，如 string、long、int、double 等常用的数据类型。但是，XML Schema 数据类型的真正灵活性来自于其对用户自定义类型的支持。XML Schema 提供两种方式来进行自定义。一种是简单类型定义，即在 XML Schema 内置的数据类型基础上，或其他由 XML Schema 内置数据类型继承或定义所得到的简单的数据类型基础上，通过 restriction、list 或者 union 方式定义新的数据类型。另一种是复合类型定义，该方法提供了一种功能强大的复杂数据类型定义机制，可以实现包括结构描述在内的复杂的数据类型。不仅如此，XML Schema 还允许元素的内容取空值，这可以扩大 XML Schema 对数据情况的描述范围，而 DTD 则无能为力。

DTD 与 XML Schema 都支持对子元素结点顺序的描述，但 DTD 没有提供对于无序情况的描述。如果以 DTD 来描述元素的无顺序出现情况，就必须采用穷举元素各种可能排列顺序的方式来实现,这种方法不仅烦琐,有时甚至是不现实的。

在 XML 中引入命名空间的目的是为了能够在一个 XML 文档中使用其他 XML 文档中的一些具有通用性的定义(通常是一些元素或数据类型等的定义),并保证不产生语义上的冲突。DTD 并不能支持这一特性,这进一步限制了 DTD 的适用范围。而 XML Schema 很好地满足了这一点。并且,XML Schema 还提供了 include 和 import 两种引用命名空间的方法。

在掌握和使用 XML 技术时,DOM 和 SAX 可能是技术人员最常使用到的 XML API。DOM 和 SAX 只对 XML 实例文档有效,虽然可以通过它们实现以 DTD 来验证 XML 文档,但是 DOM 和 SAX 却没有提供解析 DTD 文档内容的功能,也就是说人们无法通过 DOM 或 SAX 来得到 DTD 中元素、属性的声明和约束的描述。但是在基于 XML 和 DTD 的数据交换过程中,一些应用程序需要得到 DTD 本身的描述内容和结构,以方便对 XML 文档数据进行处理。例如,在使用关系数据库存储 XML 文档的过程中,就涉及如何将 XML 映射为关系模式描述的问题。为了实现对 DTD 的解读,研究人员必须为 DTD 开发新的接口或者专用工具,造成诸多不便。由于 XML Schema 本身就是一个 XML 文档,因此可以通过使用 DOM、SAX 或 JDOM 等 XML API 方便地解析 XML Schema,这就实现了 XML 文档与其描述处理方式的一致性,利于数据的传输和交换。

DTD 以关键字 ♯IMPLIED、♯FIXED 和 ♯REQUIRED 来指定属性是否出现,并支持属性默认值的定义。XML Schema 则提供了更明确的标记来进行清晰易懂的表示。XML Schema 废弃了 DTD 的 ♯IMPLIED,不再支持属性的隐含状态,而要求必须给出明确的状态,并以 prohibited 来表示属性的禁用。对于默认值的表达则更为直观,用 default 直接给出。

DTD 和 XML Schema 都支持<!-注释内容-->这样的注释方法,但是 XML Schema 提供了更灵活、实用的注释方式: documentation 和 appinfo。它们提供了面向读者和应用的注释。

如何将关系数据表示为 XML 数据以及如何实现基于关系数据库的 XML 数据存储、查询和更新是现实环境中经常遇见的问题。DTD 在对关系数据的描述方面明显存在着不足,如 DTD 有限的数据类型根本无法完成对关系数据类型的一一映射,也无法实现大部分的数据规则的描述。XML Schema 提供了更多的内建数据类型,并支持用户对数据类型的扩展,基本上满足了关系模式在数据描述上的需要,这一点是 XML Schema 比 DTD 更适合描述关系数据的一个主要的原因。

在面向对象技术应用广泛的今天,解决面向对象与关系数据库互不匹配的 ORM (Object Relational Mapping,对象关系映射)得到了软件开发者的重视。ORM 可以把领域模型或实体类型中的成员与关系数据库中的字段进行映射,从而使开发人员能够更加充分地应用面向对象进行建模。这种映射就是通过 XML Schema 来实现的。

通过比较可以看出,XML Schema 比 DTD 具有更强的表现力,能够更好地满足不同领域应用的需求。然而,DTD 仍然有它的一些适用范围。

(1) DTD 是作为 XML 标准的一部分发布的,W3C 似乎并没有准备将其从 XML 标准中废除掉,对于 DTD 的支持还将持续。

(2) 目前大多数的面向 XML 应用,都对 DTD 做了很好的支持,DTD 的工具也较为成熟。一般情况下,这些应用和工具并不会选择以 XML Schema 替换 DTD 的方式对其升级,更多的选择应该是二者都支持。当然,对于那些对数据交换或者描述能力要求较高、DTD 不能满足功能需求的应用来说,以 XML Schema 来代替 DTD 已经成为必然趋势。

(3) 许多与 XML 模式相关的算法研究都是基于 DTD 展开的,作为一种研究的延续,并不会放弃 DTD 的研究成果。但是,针对 XML Schema 的研究也是热点。

(4) 在一些相对要求简单的处理环境中,DTD 仍然会占有它的一席之地。

同其他技术的发展一样,由于新标准的出现,DTD 的作用会逐渐减弱,但正如层次数据库在今天仍然在使用一样,对 XML Schema 是否会完全替代 DTD 做一个结论似乎为时过早。所以,作为一种强有力的标准,XML Schema 作为 XML 模式语言的主流已经成为一种趋势,但作为一种最简单的 XML 模式语言,DTD 还将会在一段时间内发挥它应有的作用。

4.5 XML Schema 有效性检验

如果使用一个 XML 文档,就需要确定它是否是有效的。

假设两个不同的信息系统之间需要进行业务整合。这两个系统基于不同的平台开发,一个是 Java 和 Oracle,一个是.NET 和 SQL Server。对于这种完全异构的数据库,选择 XML 进行数据交换是个不错的主意。Oracle 支持 XML 格式的数据导入。由于数据库已经设计完毕,字段的数据类型如 varchar2、number 等必须有正确的记录值,特别是 number 类型,如果值为空,则会出现错误。但是,XML 的元素内容、属性值均为字符串类型,很容易出现空值。因此,在用工具把数据插入到 Oracle 数据库之前,必须首先确定数据是否有效,无效的数据要进行整理。

使用 XML Schema 和有效性检验解析器可以提供一种标准的检验文档的方法。所遇到的每一个文档都可以用以下 4 种方法之一定义。

(1) 如果文档的格式不规范,它不是 XML。

(2) 如果 XML 文档没有定义 XML Schema 来声明其结构(没有涉及 XML Schema),那么它只是一个格式规范的文档。

(3) 如果一个 XML Schema 与一个文档相关,而文档并不符合 XML Schema 所描述的模型,那么它只是一个格式规范的文档但不是有效的。

(4) 如果一个 XML Schema 与一个文档相关,并且该文档没有违反 XML Schema 所描述的约束,那么它是一个格式规范且有效的文档。

使用 XML Schema 是为了能够使计算机来检验文档结构的有效性。一个文档的每个细节如果都没有违反 XML Schema 所定义的约束,就可以认为它对该 XML Schema 是有效的。

XML Schema 能进行两种基本的验证:上下文模型验证和特定数据单元验证。

(1) 上下文模型验证。上下文模型验证是用来检验标记的顺序和位置是否正确,XML Schema 定义了如何声明一个元素的正确顺序和位置。如果顺序或位置有一个不正确,它就是无效的。

(2) 特定数据单元验证。特定数据单元验证是指特定的信息单元是否具有正确的类型,是否处于有效值的范围之内。例如,如果一个字段为 number 型,且大于零,那么一旦文档中出现负数或字符串类型的数据,则该文档就是无效的。

能够表达数据类型合法性是 XML Schema 中的新特性之一。尽管数据库模式也拥有这样的能力,但 DTD 却不具备。DTD 只拥有很有限的数据类型。

4.6　XML Schema 语法

XML Schema 是一类特殊的 XML 文档,除了具有 XML 文档的语法要求外,还要有一些特殊的要求。接下来以一个简单的示例说明如何编写 XML Schema 文档。XML Schema 保存在以 xsd 为后缀名的文档中。

【例 4.7】　简单 Schema 文档

```
<?xml version = "1.0"?>
<xsd:schema xmlns:xsd = "http://www.w3.org/2001/XMLSchema" targetNamespace = "http://www.abc.com"
    xmlns = "http://www.abc.com" elementFormDefault = "qualified">
    <xsd:element name = "Salutation" type = "xsd:string"/>
</xsd:schema>
```

XML Schema 文档的根元素为 schema,必须位于 http://www.w3.org/2001/XMLSchema 这个命名空间中。通常,这个命名空间使用前缀 xsd 或 xs。targetNamespace 属性用于定义被此 XML Schema 文档所限定的元素来自的命名空间为 http://www.abc.com。xmlns 属性指出默认的命名空间是 http://www.abc.com。elementFormDefault = "qualified"意味着任何 XML 实例文档所使用的且在此 XML Schema 中声明过的元素必须被命名空间限定。

XML 文档中元素的声明使用 xsd:element 元素。在本例中,使用 xsd:element 声明元素,其 name 属性指定了元素的名称 Salutation。type 属性的值为元素的数据类型,为 xsd:string。这里的 string 和 Java 中的 string 类型类似,代表字符串。它是一种标准的元素类型,可以包含任何格式和任何数量的文本,但不能包含子元素。它等价于 DTD 中的♯PCDATA,元素中的文本可以为 0 个或多个 Unicode 字符。

在 XML 文件中引用 XML Schema 对其结构进行描述的代码如下。

【例 4.8】　引用 Schema

```
<?xml version = "1.0"?>
<Salutation xmlns = "http://www.abc.com" xmlns:xsi = "http://www.w3.org/2001/XMLSchema-instance"
    xsi:schemaLocation = "http://www.abc.com http://www.abc.com/element.xsd">
    Hello XML World!
</Salutation>
```

该 XML 文件的默认命名空间为 http://www.abc.com。XML Schema 实例命名空间为 http://www.w3.org/2001/XMLSchema-instance,并将 xsi 前缀与该命名空间绑定,这

样处理器就可以识别 xsi:schemaLocation 属性。XML Schema 实例命名空间的前缀通常使用 xsi。xsi:schemaLocation 属性使用一对用空格分隔的 URI 来分别指定需要使用的命名空间和 XML Schema 的位置，这里命名空间为 http://www.abc.com，那么 http://www.abc.com/element.xsd 中声明的 targetNamespace 要求是 http://www.abc.com。实际上，xsi:schemaLocation 属性的值也可以由多对 URI 引用组成，每对 URI 引用之间使用空格分隔。xsi:schemaLocation 属性可以在实例中的任何元素上使用，而不一定是根元素，不过 xsi:schemaLocation 属性必须出现在它要验证的任何元素和属性之前。当 XML Schema 文件中没有目标名称空间时，在 XML 文件中还可以使用 xsi:noNamespaceSchemaLocation 来声明 XML Schema 文件位置，它们通常在实例文档中使用。

4.6.1　简单类型

XML Schema 可以定义 XML 文件的元素，定义的类型分为简单类型、复杂类型两种。简单类型是指那些只包含文本的元素，不包含任何其他的元素或属性。这里的"只包含文本"中的"文本"有很多类型，可以是 XML Schema 定义中的布尔、字符串、数据等类型，也可以是自定义的类型。简单类型定义语法如下。

```
<xsd:element name = "元素名" type = "数据类型"/>
```

或者：

```
<xsd:attribute name = "属性名" type = "数据类型"/>
```

xsd:element 用于定义元素，xsd:attribute 用于定义属性。name 属性是元素或属性的名称，type 属性用于指定数据类型。XML Schema 内置的数据类型非常多，常用的有字符串型（xsd:string）、整型（xsd:integer）、布尔型（xsd:boolean）、日期型（xsd:date）等。对于元素和属性，还可以加上 default 或 fixed 属性来指定其默认值或固定值。当没有其他值被规定时，会自动分配默认值，而如果规定为固定值，那么无法修改该值。以下是一些简单类型的定义。

```
<xsd:element name = "Match" type = "xsd:string"/>
<xsd:element name = "Date" type = "xsd:date"/>
<xsd:element name = "City" type = "xsd:string" default = "Sao Paulo"/>
<xsd:element name = "Type" type = "xsd:string" fixed = "Group"/>
```

XML Schema 还可以对数据类型进行限定，即为 XML 元素或者属性定义可接受的值，体现了其强大的功能。对元素进行限定的通用语法如下，也可以将 xsd:element 改为 xsd:attribute 以表示对属性进行限定。

```
<xsd:element name = "元素名">
  <xsd:simpleType>
```

```
        <xsd:restriction base = "数据类型">
            <xsd:限定方式 value = "限定方式取值"/>
        </xsd:restriction>
    </xsd:simpleType>
</xsd:element>
```

或者:

```
    <xsd:element name = "元素名" type = "简单类型名的引用"/>
    <xsd:simpleType name = "简单类型名">
      <xsd:restriction base = "数据类型">
       <xsd:限定方式 value = "限定方式取值"/>
      </xsd:restriction>
    </xsd:simpleType>
```

上面两种语法的主要区别就是: 第一种针对一个特定的元素进行限定; 第二种规定了一种限定类型, 这种限定类型可以被多个元素引用而对多个元素起作用。限定方式可以有多条, 限定方式的类型和说明如表 4-1 所示。

表 4-1　限定方式说明

限定方式	说明
enumeration	定义可接受值的一个列表
fractionDigits	定义所允许的最大的小数位数, 必须大于等于 0
length	定义所允许的字符或者列表项目的精确数目, 必须大于或等于 0
maxExclusive	定义数值的上限, 所允许的值必须小于此值
maxInclusive	定义数值的上限, 所允许的值必须小于或等于此值
maxLength	定义所允许的字符或者列表项目的最大数目, 必须大于或等于 0
minExclusive	定义数值的下限, 所允许的值必需大于此值
minInclusive	定义数值的下限, 所允许的值必需大于或等于此值
minLength	定义所允许的字符或者列表项目的最小数目, 必须大于或等于 0
pattern	定义可接收的字符的精确序列, 取值是正则表达式
totalDigits	定义所允许的阿拉伯数字的精确位数, 必须大于 0
whiteSpace	定义空白字符(换行、回车、空格及制表符)的处理方式, 合法的取值有 preserve、replace、collapse, 分别对应不同的处理方式

以下是一些限定的举例。

```
    <xsd:element name = "Score">
        <xsd:simpleType>
            <xsd:restriction base = "xsd:integer">
                <xsd:minInclusive value = "0"/>
                <xsd:maxInclusive value = "20"/>
            </xsd:restriction>
        </xsd:simpleType>
    </xsd:element>
```

该例表示限定元素 Score 的取值为整数,并且大于 0 小于 20。

```
<xsd:element name = "Team" type = "TeamName"/>
<xsd:simpleType name = "TeamName">
    <xsd:restriction base = "xsd:string">
        <xsd:enumeration value = "Brazil"/>
        <xsd:enumeration value = "Croatia"/>
    </xsd:restriction>
</xsd:simpleType>
```

该例表示限定元素 Team 的取值为字符串型,并且只能是 Brazil 或者 Croatia。

```
<xsd:element name = "Password">
  <xsd:simpleType>
    <xsd:restriction base = "xsd:string">
        <xsd:pattern value = "[a-zA-Z0-9]{8}"/>
    </xsd:restriction>
  </xsd:simpleType>
</xsd:element>
```

该例表示限定元素 Password 的取值为字符串型,可接收的值是由 8 个字符组成的一行字符,这些字符必须是大写或小写字母 a~z 或者数字 0~9。

```
<xsd:element name = "City">
  <xsd:simpleType>
    <xsd:restriction base = "xsd:string">
        <xsd:minLength value = "4"/>
        <xsd:maxLength value = "30"/>
    </xsd:restriction>
  </xsd:simpleType>
</xsd:element>
```

该例表示限定元素 City 的取值为字符串型,字符长度大于等于 4 且小于等于 30。

4.6.2 复杂类型

复杂类型是指包含其他元素或属性的 XML 元素。一般来说复杂元素有 4 种:空元素、包含子元素的元素、仅包含文本的元素、包含子元素和文本的元素,这些元素都可以包含属性。

1. 空元素

空的复杂类型的元素不能包含内容,只能含有属性。定义的一般语法如下。

```
<xsd:element name = "元素名">
    <xsd:complexType>
        <xsd:attribute name = "属性名" type = "数据类型"/>
    </xsd:complexType>
</xsd:element>
```

或者：

```
<xsd:element name = "元素名" type = "复杂类型名的应用"/>
<xsd:complexType name = "复杂类型名">
    <xsd:attribute name = "属性名" type = "数据类型"/>
</xsd:complexType>
```

以下是一个空元素的示例，表示空元素 Product 有个正整数型的属性 ProductId。

```
<xsd:element name = "Product">
    <xsd:complexType>
        <xsd:attribute name = " ProductId" type = "xsd:positiveInteger"/>
    </xsd:complexType>
</xsd:element>
```

还可以使用 xsd:attributeGroup 定义属性组，以便给多个空元素复用，如下例所示。

```
<xsd:attributeGroup name = "PersonAttributeGroup">
    <xsd:attribute name = "FirstName" type = "xsd:string"/>
    <xsd:attribute name = "LastName" type = "xsd:string"/>
</xsd:attributeGroup>
<xsd:element name = "Person">
    <xsd:complexType>
        <xsd:attributeGroup ref = "PersonAttributeGroup"/>
    </xsd:complexType>
</xsd:element>
```

2. 包含子元素的元素

包含子元素的元素定义的一般语法如下。

```
<xsd:element name = "元素名">
    <xsd:complexType>
        <xsd:顺序指示器>
            <xsd:element name = "子元素名" type = "数据类型"/>
            <xsd:element name = "子元素名" type = "数据类型"/>
        </xsd:顺序指示器>
    </xsd:complexType>
</xsd:element>
```

或者：

```
<xsd:element name = "元素名" type = "复杂类型名的应用"/>
<xsd:complexType name = "复杂类型名">
    <xsd:顺序指示器>
        <xsd:element name = "子元素名" type = "数据类型"/>
```

命名空间和 XML Schema

```
        <xsd:element name = "子元素名" type = "数据类型"/>
    </xsd:顺序指示器>
</xsd:complexType>
```

值得注意的是,这里的顺序指示器表示子元素出现的排列顺序,合法的取值有 all、choice、sequence。all 指示器表示子元素可以按照任意顺序出现,且每个子元素必须只出现一次;choice 指示器表示可出现某个子元素或者可出现另外一个子元素(非此即彼);sequence 指示器表示子元素必须按照规定的顺序出现。

以下是一个包含子元素的元素的示例,注意到这里顺序指示器为 all,表示 Person 有两个必须出现的字符串型元素 FirstName 和 LastName,并且只能出现一次。

```
<xsd:element name = "Person">
    <xsd:complexType>
        <xsd:all>
            <xsd:element name = "FirstName" type = "xsd:string"/>
            <xsd:element name = "LastName" type = "xsd:string"/>
        </xsd:all>
    </xsd:complexType>
</xsd:element>
```

还可以使用 xsd:group 定义元素组,以便给多个包含子元素的元素复用,如下例所示。

```
<xsd:group name = "PersonGroup">
    <xsd:sequence>
        <xsd:element name = "FirstName" type = "xsd:string"/>
        <xsd:element name = "LastName" type = "xsd:string"/>
    </xsd:sequence>
</xsd:group>
<xsd:element name = "Person" type = "PersonInformation"/>
<xsd:complexType name = "PersonInformation">
    <xsd:sequence>
        <xsd:group ref = "PersonGroup"/>
        <xsd:element name = "Country" type = "xsd:string"/>
    </xsd:sequence>
</xsd:complexType>
```

除了使用 xsd:group 进行复用的方式,还可以使用 xsd:extension 在一个复杂类型的基础上进行扩展,添加一些元素以实现另一个复杂类型,如下例所示。

```
<xsd:element name = "Employee" type = "FullPersonInformation"/>
<xsd:complexType name = "PersonInformation">
    <xsd:sequence>
        <xsd:element name = "FirstName" type = "xsd:string"/>
        <xsd:element name = "LastName" type = "xsd:string"/>
    </xsd:sequence>
```

```
    </xsd:complexType>
    <xsd:complexType name = "FullPersonInformation">
        <xsd:complexContent>
            <xsd:extension base = "PersonInformation">
                <xsd:sequence>
                    <xsd:element name = "Address" type = "xsd:string"/>
                    <xsd:element name = "City" type = "xsd:string"/>
                    <xsd:element name = "Country" type = "xsd:string"/>
                </xsd:sequence>
            </xsd:extension>
        </xsd:complexContent>
    </xsd:complexType>
```

针对包含子元素的元素,还可以对子元素加入出现频率指示器,方法是为子元素添加 maxOccurs 或者 minOccurs 属性并取值。maxOccurs 指示器规定某个子元素可出现的最大次数,maxOccurs 指示器规定某个子元素可出现的最小次数,属性值为大于或等于 0 的整数。如需使某个元素的出现次数不受限制,可以设置 maxOccurs = "unbounded"。下例表示 Person 有 3 个按顺序出现的字符串型子元素 FirstName、LastName 和 ChildName,且 ChildName 最多可以出现 10 次。

```
<xsd:element name = "Person">
    <xsd:complexType>
        <xsd:sequence>
            <xsd:element name = "FirstName" type = "xsd:string"/>
            <xsd:element name = "LastName" type = "xsd:string"/>
            <xsd:element name = "ChildName" type = "xsd:string" maxOccurs = "10"/>
        </xsd:sequence>
    </xsd:complexType>
</xsd:element>
```

值得注意的是,如果顺序指示器为 all,那么 minOccurs 可设置为 0 或者 1,而只能把 maxOccurs 设置为 1。

3. 仅包含文本的元素

仅包含文本的元素可包含文本和属性。定义的一般语法如下。

```
<xsd:element name = "元素名">
    <xsd:complexType>
        <xsd:simpleContent>
            <xsd:extension base = "数据类型">
                <xsd:attribute name = "属性名" type = "数据类型" />
            </xsd:extension>
        </xsd:simpleContent>
    </xsd:complexType>
</xsd:element>
```

或者:

```
< xsd:element name = "元素名" type = "复杂类型名的应用"/>
< xsd:complexType name = "复杂类型名">
    < xsd:simpleContent >
        < xsd:extension base = "数据类型">
            < xsd:attribute name = "属性名" type = "数据类型" />
        </xsd:extension >
    </xsd:simpleContent >
</xsd:complexType >
```

注意需要添加 xsd:simpleContent 元素并在 xsd:simpleContent 元素内定义扩展或限定。xsd:extension 规定的数据类型表明了元素文本的数据类型。以下是仅包含文本的元素的示例,表示元素 Person 可以包含字符串型的内容,并且拥有整型的 Age 属性。

```
< xsd:element name = "Person">
    < xsd:complexType >
        < xsd:simpleContent >
            < xsd:extension base = "xsd:string">
                < xsd:attribute name = "Age" type = "xsd:integer" />
            </xsd:extension >
        </xsd:simpleContent >
    </xsd:complexType >
</xsd:element >
```

4. 包含子元素和文本的元素

包含子元素和文本的元素可包含属性、元素及文本。定义的一般语法如下。

```
< xsd:element name = "元素名">
    < xsd:complexType mixed = "true">
        < xsd:顺序指示器>
            < xsd:element name = "子元素名" type = "数据类型"/>
            < xsd:element name = "子元素名" type = "数据类型"/>
        </xsd:顺序指示器>
    </xsd:complexType >
</xsd:element >
```

或者:

```
< xsd:element name = "元素名" type = "复杂类型名的应用"/>
< xsd:complexType name = "复杂类型名" mixed = "true">
    < xsd:顺序指示器>
        < xsd:element name = "子元素名" type = "数据类型"/>
        < xsd:element name = "子元素名" type = "数据类型"/>
    </xsd:顺序指示器>
</xsd:complexType >
```

注意需要对 xsd:complexType 添加 mixed 属性并设置为 true,说明是一个混合元素。以下是包含子元素和文本的元素的示例,表示元素 Person 是一个混合元素。

```
<xsd:element name = "Person">
    <xsd:complexType mixed = "true">
        <xsd:sequence>
            <xsd:element name = "FirstName" type = "xsd:string"/>
            <xsd:element name = "LastName" type = "xsd:string"/>
        </xsd:sequence>
    </xsd:complexType>
</xsd:element>
```

4.6.3 xsd:any 元素和 xsd:anyAttribute 元素

xsd:any 元素和 xsd:anyAttribute 元素都可用于制作可扩展的文档,它们能够使 XML 文档包含未在主 XML Schema 中声明过的附加元素。包含这两个元素的主 XML Schema 文档一般结合另一个扩展 XML Schema 文档一起使用,XML 文档同时引用主 XML Schema 文档和扩展 XML Schema 文档一起控制文档结构。xsd:any 用来指代可附加任何元素,而 xsd:anyAttribute 用来指代可附加任何属性。

例 4.9 展示了一个可扩展的主 XML Schema 文档,设文档名为 Person.xsd。

【例 4.9】 可扩展的主 Schema 文档

```
<?xml version = "1.0"?>
<xsd:schema xmlns:xsd = "http://www.w3.org/2001/XMLSchema" targetNamespace = "http://www.abc.com"
        xmlns = "http://www.abc.com" elementFormDefault = "qualified">
  <xsd:element name = "Person">
        <xsd:complexType>
            <xsd:sequence>
                <xsd:element name = "FirstName" type = "xsd:string"/>
                <xsd:element name = "LastName" type = "xsd:string"/>
                <xsd:any minOccurs = "0"/>
            </xsd:sequence>
            <xsd:anyAttribute/>
        </xsd:complexType>
    </xsd:element>
</xsd:schema>
```

其中的 Person 元素可以扩展子元素和属性。例 4.10 是对例 4.9 的扩展文档,设文档名为 Attachment.xsd。

【例 4.10】 扩展后的 Schema 文档

```
<?xml version = "1.0"?>
<xsd:schema xmlns:xsd = "http://www.w3.org/2001/XMLSchema" targetNamespace = "http://www.abc.com"
```

```
            xmlns = "http://www.abc.com" elementFormDefault = "qualified">
    <xsd:element name = "Children">
        <xsd:complexType>
            <xsd:sequence>
                <xsd:element name = "ChildName" type = "xsd:string" maxOccurs = "unbounded"/>
            </xsd:sequence>
        </xsd:complexType>
    </xsd:element>
    <xsd:attribute name = "Gender">
        <xsd:simpleType>
            <xsd:restriction base = "xsd:string">
                <xsd:pattern value = "male|female"/>
            </xsd:restriction>
        </xsd:simpleType>
    </xsd:attribute>
</xsd:schema>
```

可以看出,扩展文档中定义了一个 Children 元素,该元素包含子元素 ChildName;还定义了一个字符串型的 Gender 属性,该属性只能取值 male 或者 female。则一个同时符合主 XML Schema 文档和扩展 XML Schema 文档的 XML 文档如例 4.11 所示。

【例 4.11】 符合扩展 Schema 的 XML 文档

```
<?xml version = "1.0"?>
<Persons xmlns = "http://www.abc.com" xmlns:xsi = "http://www.w3.org/2001/XMLSchema-
instance"
    xsi:SchemaLocation = "http://www.abc.com Person.xsd http://www.abc.com Attachment.
xsd">
    <Person Gender = "female">
        <FirstName>Jane</FirstName>
        <LastName>Smith</LastName>
        <Children>
            <ChildName>Mike</ChildName>
        </Children>
    </Person>
    <Person Gender = "male">
        <FirstName>David</FirstName>
        <LastName>Smith</LastName>
    </Person>
</Persons>
```

该文档同时指定了两个 xsd 文件。文档中的 Person 元素既可以包含 Children 子元素也可以不包含,因为在主 XML Schema 文档中定义 xsd:any 元素的同时还规定了其出现频率,为最少 0 次。主 XML Schema 文档中并没有规定 Person 元素属性的具体名称,结合扩展 XML Schema 文档,可以为 Person 元素添加 Gender 属性。

4.6.4 数据类型

XML Schema 内置了丰富的数据类型,一般来说可以将它们划分为 7 个组:字符串类型、数字类型、时间类型、XML 类型、布尔类型、URI 引用类型、二进制类型。

xsd:string 类型是最常用的简单类型,也是 XML 元素内容和属性值的默认类型。除此之外,XML Schema 还提供了 xsd:normalizedString 和 xsd:token 元素来控制字符串。表 4-2 总结了这些字符串类型。

表 4-2 字符串类型

名　　称	说　　明
xsd:string	XML 文档中允许出现零个或多个 Unicode 字符
xsd:normalizedString	不包含任何制表符、回车符和换行符的字符串
xsd:token	首尾没有多余空格、制表符、换行符并且不多于一个的连续空格的字符串

XML Schema 对数字类型进行了严格的规范,能够和众多编程语言的数字类型相对应,表 4-3 总结了不同的数字类型。

表 4-3 数字类型

名　　称	说　　明
xsd:int	4 个字节的补码整数,类似 Java 中的 int 类型
xsd:integer	任意大小的整数,类似 Java.math.BigInterger
xsd:long	8 个字节的补码整数,类似 Java 中的 long 类型
xsd:short	2 个字节的补码整数,类似 Java 中的 short 类型
xsd:byte	1 个字节的补码整数,类似 Java 中的 byte
xsd:float	32 位浮点数,类似 Java 中的浮点数
xsd:double	64 位双精度数,类似 Java 中的双精度数
xsd:decimal	任意精度的十进制数,类似 Java.math.BidDecimal
xsd:nonPositiveInteger	小于等于 0 的整数
xsd:negativeInteger	严格小于 0 的整数
xsd:nonNegativeInteger	大于等于 0 的整数
xsd:positiveInteger	绝对大于 0 的整数
xsd:unsignedInt	4 个字节的无符号整数
xsd:unsignedLong	8 个字节的无符号整数
xsd:unsignedShort	2 个字节的无符号整数
xsd:unsignedByte	1 个字节的无符号整数

Schema 还提供了一套时间数据类型用于表示日期、星期和持续时间,如表 4-4 所示。

表 4-4 时间类型

名　　称	说　　明
xsd:timeInstant	按照格林威治时间显示的特殊时间
xsd:gMonth	不是特定年中的月份
xsd:gYear	特定年,如 2016

名　　称	说　　明
xsd:gYearMonth	特定年中的特定月,如 2016-03
xsd:gMonthDay	不是特定年份中的一天或每年的这一天,如 2-14
xsd:recurringDay	不是特定月份的一天或每月的这一天,如 09
xsd:duration	时间长度、没有固定的结束点、可以表示一秒的任意小部分
xsd:date	历史上的某一天,如 1980-11-20、1991-10-26、2010-11-25
xsd:time	每天的特定时间,每天重复发生,如 09:30:28.000

注意在所有的日期格式中,时间单元的大小是从左向右的,即年-月-日-小时等。这样就避免了不同日期表示法可能带来的混淆。

XML 本身也包含一些数据类型,其中一些与 DTD 中的属性类型相匹配。在 XML Schema 中,这些类型可用于元素和属性的声明,表 4-5 总结了这些类型。

表 4-5　XML 类型

名　　称	说　　明
xsd:ENTITY	XML1.0 的 ENTITY 属性类型,是一个在 DTD 中声明为未解析的实体的 XML 名称
xsd:ENTITIES	XML1.0 的 ENTITIES 属性类型,一个使用空格作为分隔符的 ENTITY 名称列表
xsd:ID	XML1.0 的 ID 属性类型,表示一个 ID 类型的属性或者元素中唯一的 XML 名称
xsd:IDREF	XML1.0 的 IDREF 属性类型,表示文档中 ID 类型属性的值或在文档中其他地方的元素的 XML 名称
xsd:IDREFS	XML1.0 的 IDREFS 属性类型,一个使用空格作为分隔符的 XML 名称列表
xsd:NMTOKEN	XML1.0 的 NMTOKEN 属性类型
xsd:NMTOKENS	XML1.0 的 NMTOKEN 属性类型,一个使用空格作为分隔符的名称标记列表
xsd:NOTATION	XML1.0 的 NOTATION 属性类型,将一个 XML 名称声明为记号名
xsd:Name	XML1.0 中的合法名称
xsd:NCName	不带冒号的本地名
xsd:QName	前缀名

XML Schema 为布尔值提供了 xsd:boolean 类型。它的值为 0、1、true 和 false。其中 0 与 false 等价,1 与 true 等价。

XML Schema 还提供了 xs:anyURI 数据类型用于规定 URI。

此外,XML Schema 提供了二进制数据类型用于表达二进制形式的数据。可使用两种二进制数据类型:xsd:base64Binary 和 xsd:hexBinary。xsd:base64Binary 表示 Base64 编码的二进制数据;xsd:hexBinary 表示十六进制编码的二进制数据。

然而,XML Schema 内置的数据类型并不能完全提供现实生活中的所有类型。这时,可以使用 xsd:simpleType 元素来创建简单类型。例如,要创建一个 money 类型,可以使用下面的代码。

```
<xsd:simpleType name = "money">
    <xsd:restriction base = "xsd:string">
        <xsd:pattern value = "\p{Sc}\p{Nd} + (\.\p{Nd}\p{Nd})?" />
```

```
        </xsd:restriction>
    </xsd:simpleType>
```

其中,xsd:simpleType 的 name 属性设置了要创建的简单类型的名称。xsd:restriction 子元素的 base 属性设置了该类型继承于基础的 xsd:string 类型。xsd:restriction 的子元素 xsd:pattern 的 value 属性制定了该类型的规范。本例中是使用正则表达式来规范类型的,有关正则表达式的详细内容,请读者自行查阅相关资料。

4.6.5 文档举例

对第 2 章的比赛数据进行调整,形成 XML 文档如下。

【例 4.12】 比赛数据

```
<?xml version = "1.0"?>
<Matches xmlns:xsi = "http://www.w3.org/2001/XMLSchema - instance"
        xsi:noNamespaceSchemaLocation = "E:\sample.xsd">
    <Match>
        <Date>2014 - 6 - 13</Date>
        <City>Sao Paulo</City>
        <Type>Group</Type>
        <Team Name = "Brazil" Type = "Host" Score = "3"/>
        <Team Name = "Croatia" Type = "Guest" Score = "1"/>
    </Match>
</Matches>
```

则与之对应的 XML Schema 文档如下所示,假设文档名为 sample.xsd。

【例 4.13】 比赛数据对应的 Schema 文档

```
<?xml version = "1.0"?>
<xsd:schema xmlns:xsd = "http://www.w3.org/2001/XMLSchema">
    <xsd:element name = "Matches">
        <xsd:complexType>
            <xsd:sequence>
                <xsd:element name = "Match">
                    <xsd:complexType>
                        <xsd:sequence>
                            <xsd:element name = "Date" type = "xsd:string"/>
                            <xsd:element name = "City" type = "xsd:string"/>
                            <xsd:element name = "Type" type = "xsd:string"/>
                            <xsd:element name = "Team" minOccurs = "2" maxOccurs = "2">
                                <xsd:complexType>
                                    <xsd:attribute name = "Name" type = "xsd:string"/>
                                    <xsd:attribute name = "Type" type = "xsd:string"/>
                                    <xsd:attribute name = "Score"
                                            type = "xsd:nonNegativeInteger"/>
```

```
                          </xsd:complexType>
                      </xsd:element>
                  </xsd:sequence>
                  </xsd:complexType>
              </xsd:element>
          </xsd:sequence>
      </xsd:complexType>
    </xsd:element>
</xsd:schema>
```

利用 XMLSpy 对例 4.12 进行合法性检验,结果如图 4-1 所示。可以看出例 4.13 的 XML Schema 与例 4.12 的 XML 文档是匹配的。

图 4-1 例 4.12 合法性检验的结果

本 章 小 结

➢ 命名空间允许 XML 元素使用通用的名称。

➢ 采用命名空间是为了区分完全相同的元素类型和属性名称,可以解决来源于多个 XML 文档中的元素类型和属性名称冲突问题。

➢ 命名空间是一个元素类型和属性名称的集合。这允许 XML 命名空间为元素类型和 属性提供一个双重的命名机制。

➢ 命名空间由值为命名空间 URI 的 xmlns 属性声明,由该 URI 指向的文档不必一定 存在。

➢ 和命名空间相关联的前缀是 xmlns 属性名称的一部分,如 xmlns:prefix。

➢ 命名空间的声明范围就是在 XML 文档中该声明的作用部分。一个 XML 命名空间 只可以在元素上声明,并在其声明的元素及其后代元素中有效。

➢ 如果 XML 文档包含 DTD,必须在 DTD 中声明 xmlns 属性。

- XML Schema 用来描述一整类 XML 文档的文档结构：元素的名称、元素属性的名称、元素和属性的有效取值、元素的子元素、子元素出现的顺序、子元素的数目等。
- XML Schema 本身就是一个 XML 文档，相比于 DTD，XML Schema 拥有更多的优点，适用范围更广。
- XML Schema 可以定义 XML 文件的元素，定义的类型可以分为两种：简单类型、复杂类型。
- XML Schema 中的简单类型是指那些只包含文本的元素，不包含任何其他的元素或属性。
- XML Schema 中的复杂类型是指包含其他元素或属性的 XML 元素，可分为 4 种：空元素、包含子元素的元素、仅包含文本的元素、包含子元素和文本的元素，这些元素都可以包含属性。
- XML Schema 可以对数据类型进行限定，即为 XML 元素或者属性定义可接受的值。
- XML Schema 中的 xsd:any 元素和 xsd:anyAttribute 元素都可用于制作可扩展的文档，它们能够使 XML 文档包含未在主 XML Schema 中声明过的附加元素。
- XML Schema 内置了 7 组数据类型：字符串类型、数字类型、时间类型、XML 类型、布尔类型、URI 引用类型、二进制类型。
- XML Schema 提供 xsd:simpleType 元素来自定义其他简单类型。

思　考　题

1. 用 xmlns 属性定义命名空间时，前缀有什么作用？
2. 怎样定义和使用默认的命名空间？
3. XML Schema 相比 DTD 有哪些优势？
4. XML Schema 提供哪两种方式来实现数据类型的定义？怎样实现？
5. 为下面的 XML 文档创建 XML Schema 描述文档。

```
<?xml version = "1.0" encoding = "UTF - 8"?>
<网上书城 xmlns:xsi = "http://www.w3.org/2001/XMLSchema - instance"
    xmlns = "http://www.example.com/"
    xsi:schemaLocation = "http://www.example.com/bookstore.xsd"
    elementFormDefault = "qualified">
    <图书集合>
        <图书类别 uid = "TECH">
            <名称>科技类</名称>
            <描述>关于科学技术方面的书籍</描述>
            <书>
                < ISBN > 9787302392644 </ISBN>
                <名称>人月神话</名称>
                <作者>小弗雷德里克?布鲁克斯 著；汪颖 译 </作者>
                <页数> 392 </页数>
            </书>
            <书>
```

```
                    < ISBN > 9787535732309 </ISBN >
                    <名称>时间简史</名称>
                    <作者>史蒂芬·霍金 著；许明贤,吴忠超 译 </作者>
                    <页数> 243 </页数>
              </书>
        </图书类别>
        <图书类别 uid = "ESSAY">
              <名称>散文类</名称>
              <描述>关于人文精神思想类方面的书籍</描述>
              <书>
                    < ISBN > 9787515405582 </ISBN >
                    <名称>季羡林散文精选</名称>
                    <作者>季羡林</作者>
                    <页数> 216 </页数>
              </书>
        </图书类别>
     </图书集合>
  </网上书城>
```

第5章　文档对象模型

本章主要介绍 XML 的文档对象模型,以及如何利用它来描述层次化信息。在第 1 章中曾经提到应用程序可以通过一定的接口来访问 XML 文档,文档对象模型就是其中的一种方式。

5.1　DOM 概述

"文档对象模型"一词在 Web 浏览器领域并不陌生。窗口、文档和历史等对象都被认为是浏览器对象模型的一部分。然而,有 Web 开发经验的人都知道各种浏览器实现这些对象的方式不尽相同。对于如何通过 Web 访问和操作文档结构这个问题,为了创建更加标准化的方法,W3C 提出了目前的 W3C DOM 规范。

由 W3C 发布的文档对象模型规范是结构化文档处理技术的一个巨大革命,这个规范为处理存储在 XML 文档、HTML 文档以及其他结构化信息文档中的信息提供了一组标准的编程接口。利用 DOM 应用程序接口(DOM API),应用程序开发人员就可以通过编写特定的代码以实现特定的功能。

5.1.1　DOM 的概念

简单来说,DOM 是一组独立于语言和平台的应用程序编程接口,它能够描述如何访问和操纵存储在结构化 XML 和 HTML 文档中的信息。它定义了构成 DOM 的不同对象,却没有提供特定的实现。实际上,它能够用任何编程语言实现。例如,为了通过 DOM 访问传统的数据存储,可以将 DOM 实现为传统数据访问功能之外的一层包装。利用 DOM 中的对象,开发人员可以对文档进行读取、搜索、修改、添加和删除等操作。DOM 为文档导航以及操作 HTML 和 XML 文档的内容和结构提供了标准函数。

W3C 采用 DOM 这个术语是因为在传统的面向对象设计中,DOM 是一个对象模型。即使用对象来进行文档建模,对象不仅包括了文档的结构,而且也包括了文档和文档所涉对象的行为。

在 DOM 出现之前,希望利用 XML 文档以及 HTML 文档进行信息交互的公司不得不使用各个应用程序专有的 API 来读取这些文档中的数据。各个程序的 API 不尽相同,这给客户间的信息交互带来了诸多不便。随着 DOM 的出现,开发人员可以根据自己的习惯按照 DOM 提供的标准 API 编写程序,而不用学习各个应用程序的专有接口,这样便捷了信息交互过程。

5.1.2 DOM 的结构

DOM 文档是由树状结构表示的。树的每一个点都被称为结点。事实上，DOM 文档就是一颗结点树，在 DOM 文档的逻辑结构中显示了各个结点以及各个结点之间的相互关系（父子关系以及兄弟关系）。这一点对于无法显示各个元素之间特性的 HTML 文档而言尤其重要。以第 3 章中提到的 XML 文档为例，如下所示。

```
<?xml version = "1.0" encoding = "UTF - 8"?>
< Teams >
    < Team >
        < TeamName > FC Barcelona </TeamName >
        < Country > Spain </Country >
        < Member Age = "24" Sex = "Male"> Neymar </Member >
    </Team >
</Teams >
```

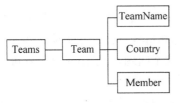

图 5-1 示例的 DOM 文档树结构

这个文档的元素在 DOM 中可以使用图 5-1 所示的结点树来表示。

事实上，可以把 DOM 文档树结构看作是各个子树的集合。在某种意义上可以将 DOM 文档看作为一个"树林"。当然 DOM 并没有定义用树状结构来表示信息的方式，这种结构实际上是为给定的 DOM 实现而设计的，它只是简单地说明了信息需要按照这种方式发布出去。

DOM 文档树的每一个结点就是文档内容中某一特定元素的对象表示。每一个文档树都有一个"根"结点，它位于树形结构的最顶端。如图 5-1 所示的 Teams 就是根结点。如果一个结点相关联的下一层有一个或者多个结点，那么把下一层的结点称为该结点的子结点，而把该结点称为下一层结点的父结点。图中的 Team 就是结点 Teams 的一个子结点，而它同时也是 TeamName 结点的父结点。拥有同一个父结点的结点称为兄弟结点，图中的 TeamName 和 Country 结点就是兄弟结点。

结点不仅仅局限于元素，文档的其他内容包括注释、元素的属性、文本内容、XML 的实体等都可以表示为一个结点。对于上述示例，DOM 实际上会将该文档表示为如图 5-2 所示的形式。

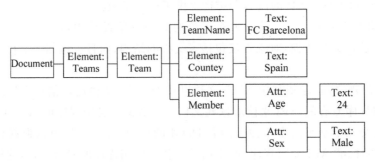

图 5-2 示例的 DOM 文档树表示

5.1.3　DOM 的工作方式

　　DOM 的工作方式是：首先将 XML 文档一次性装入内存，然后对文档进行解析，根据文档中定义的元素、属性、注释、处理指令等不同的内容进行分解，以结点树的形式在内存中创建 XML 文件的表示，也就是一个文档对象模型。这里的含义其实是把文档对象化，文档中每个结点对应着模型中一个对象。然后根据对象提供的编程接口，在应用程序中访问 XML 文档进而操作 XML 文档，图 5-3 阐述了 DOM 工作方式的全过程。

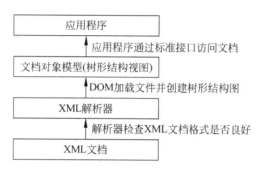

图 5-3　DOM 的工作方式

5.1.4　DOM 的规范

　　DOM 规范也是由 W3C 组织维护的，历经了 Level 1 和 Level 2，目前发展到 Level 3。

　　DOM Level 1 规范是在 1998 年 10 月被采纳为 W3C 推荐标准的。Level 1 包括对 XML 1.0 和 HTML 的支持，每个元素被表示为一个接口。它包括用于添加、编辑、移动和读取结点中包含的信息的方法等。然而，它没有包括对 XML 命名空间的支持，XML 命名空间提供分割文档中的信息的能力。Level 2 在 Level 1 的基础上，为结点添加了更多的属性和方法。Level 2 添加了命名空间支持，还允许开发人员检测和使用可能适用于某个结点的命名空间信息。Level 2 也增加了几个新的模块，以支持级联样式表、事件和增强的树操作。Level 3 对既有的 API 进行扩展，提供了更好的错误处理及特性检测能力。Level 3 包括对创建文档对象的更好支持、增强的名称空间支持，以及用来处理文档加载和保存、验证及 XPath 的新模块。

　　在 DOM 规范中指定的接口是一个抽象的接口，它只是一种方法，用于描述如何访问和操纵一个给定的对象的应用程序的内部表示方法。它不是一个具体的实现，只要不妨碍 DOM 规范中的接口定义，每一个应用程序都可以使用最适合它的应用程序文档对象的内部表示。

　　DOM 被设计为独立于任何平台和语言，因此在 DOM 规范中特别强调了以下 4 个要点。

　　(1) 在接口定义语言中定义的属性并不表示具体对象必须有特定的数据成员。也就是说，如果在规范中定义了 element 接口具有 attr 属性，这并不表示在具体的 DOM 实现中就可以使用 element. attr 方法对它进行访问。实际上需要的 DOM 实现都把这种表示法转换为 setAttr() 和 getAttr() 方法，也就是 element. setAttr() 和 element. getAttr() 函数。

文档对象模型

（2）DOM 应用程序可以提供规范不包含的额外接口和对象。DOM 在一开始就被设计为可扩展的,因此规定在不违反规范的一致性的情况下,应用程序供应商可以根据应用程序自身的特性向一个特定的 DOM 实现添加自定义的接口和对象。

（3）由于 DOM 指定的是接口,而不是要创建的真正对象,因此 DOM 无法获知对一个实现调用何种构造函数。规范中指出,由 DOM 指定的对象是具体的实现,而 DOM 只是为创建这些对象提供接口。

（4）DOM 规范没有规定多线程机制。

5.1.5　正确理解 DOM

本章前面部分已经详细介绍了 DOM 的有关内容,要正确理解 DOM,还必须了解以下的内容。

（1）DOM 不是一种二进制的规范。用同一种语言编写的 DOM 程序在跨平台的时候是源码兼容的,但 DOM 没有定义任何形式的二进制互操作功能。

（2）DOM 并没有描述如何把对象保存到 XML 或者 HTML 中。它没有说明对象如何表示成 XML,而是说明了 XML 或 HTML 文档如何被表示成对象。所以,DOM 可用于面向对象的编程。

（3）DOM 不是一套数据结构集,它是说明接口的一个对象模型。虽然文档包含显示父子关系的图表,但这些逻辑联系是由程序接口定义的,而不是由任何特定内部数据表示结构的。

（4）DOM 没有定义文档中信息的相关性以及文档中信息是如何组织的。对于 XML,则由 W3C 的 XML 信息集进行说明,DOM 只是针对信息集的简单 API。

5.2　DOM API

之前已经讨论过 DOM 是如何结构化的,它将 XML 文档转化为可以通过程序访问的结点树。同时也说明了 DOM 规范仅仅描述了访问机制,而不涉及特定的实现。那么,如何利用这些信息并将它们应用于特定问题之中呢? 为此,就需要使用 DOM API。

本节将着重研究 DOM API,并通过 DOM 接口继承树详细介绍规范中定义的核心接口。

5.2.1　DOM API 的概念

编写通过 DOM 访问 XML 文件的应用程序时,必须使用特定的 DOM 实现。实现是某种形式的类库,它设计为运行在特定的硬件和软件平台上,并访问特定的数据存储(如文本文件、关系数据库等)。

API 实际上是一组类库,一个组件利用它指示另一个组件执行更底层的服务。W3C DOM 仅仅提供了 DOM 类库的接口定义,而没有提供特定的实现,提供 DOM 实现的任务要由第三方完成。当用户准备使用 DOM 操作应用程序中的 XML 结构时,对于应用程序的每个目标平台,都要获取相应平台的 DOM 实现。大多数情况下,这些类库要与应用程序绑定,并与应用程序的二进制代码一起分发。

按照 DOM 的工作方式,为了使应用程序可以访问 XML 文档,首先必须对读取到内存的 XML 文档进行解析。通过检验文档中所包含的信息的有效性(如果文档使用了 DTD,则检验时也使用 DTD)以及扩展在文档中使用的所有实体,解析器就可以对文档进行处理。然后,通过 XML 解析器,被处理的 XML 文档在内存中被转化为 XML 文档对象。这个文档对象包括一个带结点的树,树的结点中包含了 XML 文档中的数据和结构信息。这时应用软件就可以使用 DOM API 来访问和修改树的结点。

DOM 的 API 不包含实现,它仅允许应用程序通过它访问 XML 文档中的数据。解析器有责任为接口提供相关的实现类,同时也需要提供一种方法来初始化这些类。

解析器创建了一些对象,这些对象是实现了某种接口的类的实例(这里的接口都是定义在 DOM API 中的)。当解析器读取 XML 文档时,这些对象就开始初始化。程序员不是直接访问这些对象,而是使用应用程序接口(这些接口由 W3C 定义在 DOM API 中)来访问和操作这些对象。这些接口包含了 XML 文档中的信息,但它们只允许用户使用定义在 DOM API 中的接口来访问和修改这些信息。

5.2.2 DOM 接口继承树

DOM 把文档表示成一个层次结构的结点模型,这里的结点模型也实现了其他一些接口。某些类型的结点可以拥有不同类型的子结点,其他都是叶结点。在文档结构中,叶结点下面不能再有子结点。核心接口的层次结构模型如图 5-4 所示。

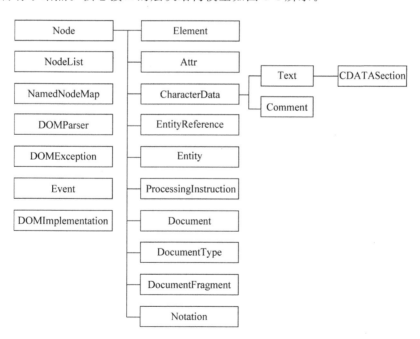

图 5-4　DOM 的核心接口继承树

Node 接口下的各个接口对应了规范中定义的 12 种包含在文档中的不同结点类型。每种结点都有一组属性与之相关的性能,如表 5-1 所示。

文档对象模型

表 5-1　结点类型及其说明

结 点 类 型	含　　义
Element	表示一个已经标记的元素
Attr	表示元素的属性
Text	表示元素的文本内容
CDATASetion	表示文档中的 CDATA 区段
EntityReference	表示文档的实体引用
Entity	表示文档的实体
ProcessingInstruction	表示一个文档正在处理的特殊指令或者进程
Comment	表示文档的注释
Document	表示一个文档的根结点
DocumentType	表示文档类型声明
DocumentFragment	表示一个文档片段，可以视作一个小型的 Document 结点
Notation	表示文档的一个符号

每种结点是否允许有子结点取决于它们的结点类型，如表 5-2 所示。

表 5-2　每种结点类型所允许的子结点类型

结 点 类 型	子结点类型
Element	Text、Comment、ProcessingIstruction、CDATASection、EntityReference
Attr	Text、EntityReference
Text	无
CDATASetion	无
EntityReference	Text、Comment、ProcessingIstruction、CDATASection、EntityReference
Entity	Text、Comment、ProcessingIstruction、CDATASection、EntityReference
ProcessingInstruction	无
Comment	无
Document	Element(最多有一个)、ProcessingInstruction、Comment、DocumentType
DocumentType	无
DocumentFragment	Text、Comment、ProcessingIstruction、CDATASection、EntityReference
Notation	无

5.2.3　DOM API 核心接口

DOM 核心模块的各个接口是在 DOM 内部处理信息的基础工具，本节中首先介绍 DOM 的一些基础公共接口，然后介绍各个结点类型的接口。在 5.3 节中将介绍这些接口如何操作结点树，从而处理文档的内容。

1. Node 接口

Node 接口是 DOM 最基本的接口，其他的结点如 Document、Element 等，都继承了 Node 接口的方法和属性。

Node 接口中包含了基本结点操作所需要的全部方法和属性，但是在 Node 接口中并不包含创建新结点的操作，因为所有的结点只在文档的上下文中出现，因此创建新结点的方法包含在 Document 接口中。

1）Node 接口的属性

Node 接口的属性包括 baseURI、childNodes、firstChild、lastChild、localName、namespaceURI、nextSibling、nodeName、nodeType、nodeValue、ownerDocument、parentNode、prefix、previousSibling、text、textContent、xml。

（1）baseURI 是一个只读属性，它返回某个结点的绝对基准 URI。

（2）childNodes 是一个只读属性，它包含了该结点的所有子结点的列表，如果该结点没有子结点，则返回 null。

（3）firstChild 是一个只读属性，它表示该结点的第一个子结点，如果该结点没有子结点，则返回 null。

（4）lastChild 是一个只读属性，它表示该结点的最后一个子结点，如果该结点没有子结点，则返回 null。

（5）localName 是一个只读属性，它返回某个结点名称的本地部分。

（6）namespaceURI 是一个只读属性，它返回某个结点的命名空间 URI。

（7）nextSibling 是一个只读属性，它表示该结点的后一个兄弟结点，如果该结点没有后一个兄弟结点，则返回 null。

（8）nodeName 是一个只读属性，它表示结点的名称，不同的结点类型具有不同的含义。

（9）nodeType 是一个只读属性，它表示结点类型的一个代码号，不同类型的结点对应的结点类型名称和 nodeType 取值如表 5-3 所示。

表 5-3　不同结点类型的结点类型名称和 nodeType 取值

结 点 类 型	结点类型名称	nodeType 值
Element	ELEMENT_NODE	1
Attr	ATTRIBUTE_NODE	2
Text	TEXT_NODE	3
CDATASection	CDATA_SECTION_NODE	4
Entity Reference	ENTITY_REFERENCE_NODE	5
Entity	ENTITY_NODE	6
ProcessingInstrucion	PROCESSING_INSTRUCTION_NODE	7
Comment	COMMENT_NODE	8
Document	DOCUMENT_NODE	9
DocumentType	DOCUMENT_TYPE_NODE	10
DocumentFragment	DOCUMENT_FRAGMENT_NODE	11
Notation	NOTATION_NODE	12

（10）nodeValue 是一个能读取能设置的属性，表示结点的值，不同的结点类型有不同的值，如果该结点是一个只读结点，那么给这个属性设置数值会出现错误。

nodeName、nodeValue 属性根据不同的结点类型具有不同的含义，如表 5-4 所示。

（11）ownerDocument 是一个只读属性，它包含了对一个文档的根结点的引用。如果结点本身是一个 Document 结点，或者是文档没有使用的 DocumentType 结点，则返回 null。

（12）parentNode 是一个只读属性，它表示该结点的父结点。并不是每个结点都有父结点。从 4.2.2 节的接口继承树中可以得知，除了 Attr、Document、DocumentFragment、

Entity 和 Notation 外，其他的结点都有父结点。如果一个结点没有父结点，那么返回的就是 null，反之则返回该结点的父结点。

表 5-4　nodeName、nodeValue 属性的含义

结点类型	nodeName	nodeValue
Element	与 Element.tagName 相同	null
Attr	与 Attr.name 相同	与 Attr.value 相同
Text	#text	与 CharacterData.data 相同，该文本结点的内容
CDATASection	#cdata-section	与 CharacterData.data 相同，CDATA 节的内容
EntityReference	实体引用名称	null
Entity	实体名称	null
ProcessingInstruction	与 ProcessingInstruction.target 相同	与 ProcessingInstruction.data 相同
Comment	#comment	与 CharacterData.data 相同，该注释的内容
Document	#document	null
DocumentType	与 DocumentType.name 相同	null
DocumentFragment	#document-fragment	null
Notation	符号名称	null

（13）prefix 是一个能读取能设置的属性，它可设置或返回结点的命名空间前缀。

（14）previousSibling 是一个只读属性，它表示该结点的前一个兄弟结点，如果该结点没有前一个兄弟结点，则返回 null。

（15）text 是一个只读属性，它返回结点及其后代的文本。

（16）textContent 是一个能读取能设置的属性，它可设置或返回结点及其后代的文本内容。

（17）xml 是一个只读属性，它返回结点及其后代的 XML。

2）Node 接口的方法

Node 接口的方法主要包括 appendChild()、cloneNode()、compareDocumentPosition()、hasAttributes()、hasChildNodes()、insertBefore()、isEqualNode()、isSameNode()、lookupNamespaceURI()、lookupPrefix()、normalize()、removeChild()、replaceChild()、selectNodes()、selectSingleNode()。

（1）appendChild()方法表示向该结点的子结点列表的末尾添加一个新的子结点，并且可以返回新添加的子结点。该方法的语法如下。

```
Node appendChild(Node newChild)
```

参数 newChild 就是要添加的新的子结点。如果该结点已经在文档的结点树中存在，则要首先删除这个子结点，然后再进行添加；如果该结点是一个 DocumentFragment 结点，那么这个结点的所有子结点都会按序添加到该结点的子结点列表最后面。

（2）cloneNode()方法可以复制指定结点并且返回该结点的副本。所复制的结点不能插入到树中。当复制一个 Element 结点时，结点所有的属性以及它们的值都被一起复制到

副本中。该方法的语法如下。

```
Node cloneNode(boolean includeAll)
```

参数 includeAll 是一个布尔型参数,当其值为 true 时,那么将对被复制的结点执行完全复制,即将该结点的子结点也复制到副本中;当其值为 false 时,那么仅复制当前结点。

（3）compareDocumentPosition()方法可根据文档顺序使用指定的结点比较当前结点的文档位置。该方法的语法如下。

```
int compareDocumentPosition(Node node)
```

参数 node 表示要进行比较的结点。该方法返回两个结点在文档中位置之差。

（4）hasAttributes()方法判断一个结点是否拥有属性。该方法的语法如下。

```
boolean hasAttributes()
```

该方法没有参数。如果结点拥有任意属性则返回 true,如果没有属性则返回 false。

（5）hasChildNodes()方法判断一个结点是否存在子结点。该方法的语法如下。

```
boolean hasChildNodes()
```

该方法没有参数。如果结点存在子结点则返回 true,如果没有子结点则返回 false。

（6）insertBefore()方法用于在该结点的指定子结点之前插入一个新的结点,并且返回新的子结点。该方法的语法如下。

```
Node insertBefore(Node newChild,Node refChild)
```

参数 newChild 代表要添加的新子结点,参数 refChild 表示指定的子结点,当方法执行成功后,newChild 子结点就插入到 refChild 子结点之前。如果 newChild 子结点在插入之前已经存在于文档中,则先删除该子结点,然后进行插入操作。

（7）isEqualNode()方法用于检查当前结点与要比较的结点是否相等。该方法的语法如下。

```
boolean isEqualNode(Node node)
```

参数 node 代表要比较的结点,如果当前结点与要比较的结点相等则返回 true,如果不相等则返回 false。

（8）isSameNode()方法用于检查当前结点与要比较的结点是否相同。该方法的语法如下。

```
boolean isSameNode(Node node)
```

参数 node 代表要比较的结点，如果当前结点与要比较的结点相同则返回 true，如果不相同则返回 false。

（9）lookupNamespaceURI()方法用于返回与当前结点匹配的指定前缀的命名空间 URI。该方法的语法如下。

```
String lookupNamespaceURI(String prefix)
```

参数 prefix 代表需要匹配的命名空间前缀字符串，如果针对当前结点匹配到了命名空间前缀，则返回该命名空间 URI，如果没匹配到则返回 null。

（10）lookupPrefix()方法用于返回与当前结点匹配的指定命名空间 URI 的前缀。该方法的语法如下。

```
String lookupPrefix(String uri)
```

参数 uri 代表需要匹配的命名空间 uri 字符串，如果针对当前结点匹配到了命名空间 uri，则返回该命名空间的前缀，如果没匹配到则返回 null。

（11）normalize()方法用于移除空的文本结点，并连接相邻的文本结点。该方法直接对当前结点进行操作，无返回值。该方法的语法如下。

```
void normalize()
```

该方法没有参数。这个方法将遍历当前结点的所有子孙结点，通过删除空的文本结点，并合并所有相邻的文本结点来规范化文档。该方法在进行结点的插入或删除操作后，对于简化文档树的结构非常有用。

（12）removeChild()方法表示删除结点中指定的子结点，并且返回被删除的子结点。该方法的语法如下。

```
Node removeChild(Node oldChild)
```

参数 oldChild 表示需要被删除的子结点。如果删除成功，则返回被删除的结点；如果删除失败，则返回 null。

（13）replaceChild()方法表示用一个新的子结点代替结点旧的子结点，并且返回旧的子结点。该方法的语法如下。

```
Node replaceChild(Node newChild,Node oldChild)
```

参数 newChild 代表要替换的新的子结点，参数 oldChild 表示被替换的旧的子结点。如果替换成功，则返回被替换的结点；如果替换失败，则返回 null。

（14）selectNodes()方法表示用一个 XPath 表达式查询选择多个结点，即 NodeList。有关 XPath 的介绍请参见 6.7 节，有关 NodeList 的介绍请参见下面介绍的内容。该方法的语法如下。

```
NodeList selectNodes(String query)
```

参数 query 代表 XPath 查询表达式。如果匹配成功,则返回对应的结点列表;如果匹配失败,则返回 null。

（15）selectSingleNode()方法表示查找和 XPath 表达式匹配的一个结点。该方法的语法如下。

```
Node selectSingleNode(String query)
```

参数 query 代表 XPath 查询表达式。如果匹配成功,则返回找到的第一个结点;如果匹配失败,则返回 null。

2. NodeList 接口

NodeList 提供了一个访问有序结点集的接口,在 NodeList 中的结点列表按照这些结点在文档中的原始顺序进行排列。

NodeList 接口只有一个只读属性:length,它表示 NodeList 结点列表中结点的数量。

NodeList 接口还包含一个方法:item(),它用于返回 NodeList 结点列表中处于指定检索号的结点。该方法的语法如下。

```
Node item(int index)
```

参数 index 是被检索的结点在 NodeList 结点列表中的索引号。

3. NamedNodeMap 接口

NamedNodeMap 提供了一个按照结点名称访问结点集合的接口,在 NamedNodeMap 中没有规定这些结点在文档中的排序。

NamedNodeMap 包括一个只读属性:length,它表示在 NamedNodeMap 结点列表中的结点数量。

NamedNodeMap 接口的方法主要包括 getNamedItem()、item()、removeNamedItem()、setNamedItem()。

（1）getNamedItem()方法可以根据结点名称返回 NamedNodeMap 接口中的结点。该方法的语法如下。

```
Node getNamedItem(String name)
```

参数 name 是指定结点的名称。

（2）item()方法可以根据结点在 NamedNodeMap 中的索引返回该结点。该方法的语法如下。

```
Node item(int index)
```

参数 index 是指定结点在 NamedNodeMap 中的索引号。

文档对象模型

（3）removeNamedItem()方法可以根据结点的名称从 NamedNodeMap 接口中删除指定的结点,并返回被删除的结点。该方法的语法如下。

```
Node removeNamedItem(String name)
```

参数 name 是指定结点的名称。如果被删除的结点是一个具有默认值的属性,那么删除该属性结点后,一个新的属性会立即产生,包括命名空间 URI、本地名称、前缀。

（4）setNamedItem()可以向 NamedNodeMap 接口插入指定结点名称的结点。该方法的语法如下。

```
Node setNamedItem(String name)
```

参数 name 是指定结点的名称,如果新的结点替代了同样名称的原始结点,那么返回被替代的结点。

4. CharacterData 接口

CharacterData 接口通过访问 DOM 文档内字符数据的方法来扩充 Node 接口。文档中的 Text 和 Comment 接口都是继承自 CharacterData 接口,而 CDATASection 则是通过 Text 接口间接继承于 CharacterData 接口。

1）CharacterData 接口的属性

除了继承 Node 的属性外,CharacterData 接口还包含两个属性：data 和 length。

（1）data 属性包含实现该接口的结点的字符数据。

（2）length 是一个只读属性,代表字符数据的长度。

2）CharacterData 接口的方法

除了继承 Node 的方法外,CharacterData 接口还包含 5 个方法：appendData()、deleteData()、insertData()、replaceData()、substringData()。

（1）appendData()方法可以将一个字符串追加到结点字符内容的最后面。该方法的语法如下。

```
void appendData(String data)
```

参数 data 代表被添加的字符串。

（2）deleteData()可以删除结点中指定范围的字符串。该方法的语法如下。

```
void deleteData(long offset,long count)
```

参数 offset 代表需要删除的字符串在结点内容中的起始位置,参数 count 表示被删除的字符串的长度。

（3）insertData()方法可以将一个字符串插入到结点的指定位置之前。该方法的语法如下。

```
void insertData(long offset, String data)
```

参数 offset 代表结点内容中需要插入的位置,参数 data 代表被插入的字符串。

(4) replaceData()方法可以用一个字符串代替结点中指定范围的字符串。该方法的语法如下。

```
void replaceData(long offset, long count, String data)
```

参数 offset 代表被替代的字符串在结点内容中的起始位置,参数 count 代表被替代的字符串的长度,参数 data 代表用于替代原有字符串的新字符串。

(5) substringData()方法可以从结点中提取一定范围的字符数据。该方法的语法如下。

```
String substringData(long offset, long count)
```

参数 offset 表示需要提取的字符串在结点内容中的起始位置,参数 count 表示提取的字符串的长度。

5. DOMParser 接口

DOMParser 接口解析 XML 文本并返回一个 Document 对象。要使用 DOMParser,需要使用不带参数的构造函数 DOMParser()来实例化它,然后调用其 parseFromString()方法。该方法的语法如下。

```
Document parseFromString(String text, String contentType)
```

参数 text 是要解析的 XML 标记字符。参数 contentType 是文本的内容类型。可能是"text/xml"、"application/xml"或"application/xhtml+xml"中的一个。

6. DOMException 接口

在 DOM 中使用 DOMException 接口来报告错误发生的条件。在某些时候,由于一些原因,操作请求不能被执行,当出现错误的时候,DOMException 接口会返回一些具体的错误代码。DOMException 接口不包含方法,只有一个属性:code。code 是一个只读属性,它包含表示异常的代码。这些代码同 DOM 异常对应,每个代码的含义如表 5-5 所示。

表 5-5   DOMException 异常代码类型及说明

Exception 代码	含　　义
INDEX_SIZE_ERR	指定的数组索引或大小是负的,或者大于它的最大允许值
DOMSTRING_SIZE_ERR	给定的文本超出 DOMString 的规定范围,请求的文本太大
HIERARCHY_REQUEST_ERR	结点插入的位置同结点的类型不符合
INUSE_ATTRIBUTE_ERR	添加其他地方已经使用的属性
INVALID_CHARACTER_ERR	指定了无效或者非法的字符
INVALID_STATE_ERR	使用了处于不允许使用状态或不再允许使用状态的对象

Exception 代码	含　义
INVALID_MODIFICATION_ERR	发生了修改 CSSRule 对象或 CSSValue 对象的操作
INVALID_ACCESS_ERR	以一种当前的实现不支持的方法访问对象
NOT_FOUND_ERR	引用某一结点时,无法在文档的上下文中找到该结点
NOT_SUPPORTED_ERR	DOM 实现不支持某个属性或方法
NO_DATA_ALLOWED_ERR	为不支持数据的结点指定数据
NO_MODIFICATION_ALLOWED_ERR	在不允许修改的地方试图修改结点
WRONG_DOCUMENT_ERR	在一个和创建该结点的文档不同的文档中引用该结点(并且该文档不支持该结点)
SYNTAX_ERR	说明含有语法错误,通常由 CSS 属性声明使用
NAMESPACE_ERR	有涉及元素或属性的命名空间的错误

7. Event 接口

Event 接口提供了有关事件的细节,如事件在其上发生的元素。Event 接口的方法可以控制事件的传播。

1) Event 接口的属性

Event 接口的属性包含 bubbles、cancelable、currentTarget、eventPhase、target、timeStamp、type。

(1) bubbles 是一个只读属性,指示事件是否是起泡事件类型。

(2) cancelable 是一个只读属性,指示事件是否可以取消与事件关联的默认动作。

(3) currentTarget 是一个只读属性,代表其监听器触发事件的结点,即当前处理该事件的元素、文档或窗口。

(4) eventPhase 是一个只读属性,代表事件传播的当前阶段。

(5) target 是一个只读属性,代表触发此事件的元素,即事件的目标结点。

(6) timeStamp 是一个只读属性,代表事件生成的日期和时间。

(7) type 是一个只读属性,代表当前 Event 对象表示的事件的名称。

2) Event 接口的方法

Event 接口的方法包含 initEvent()、preventDefault()、stopPropagation()。

(1) initEvent()方法可以初始化新事件对象的 type 属性、bubbles 属性和 cancelable 属性。该方法的语法如下。

```
void initEvent(String eventType, boolean canBubble, boolean cancelable)
```

参数 eventType 代表事件的类型,参数 canBubble 代表是否是起泡事件类型,参数 cancelable 代表是否可以取消与事件关联的默认动作。

(2) preventDefault()用于取消事件的默认动作。该方法的语法如下。

```
void preventDefault()
```

该方法没有参数。如果 Event 对象的 cancelable 属性是 fasle,那么就没有默认动作或者不能阻止默认动作。

（3）stopPropagation()方法可以停止事件的传播，阻止它被分派到其他 Document 结点。在事件传播的任何阶段都可以调用它。该方法的语法如下。

```
void stopPropagation()
```

该方法没有参数。虽然该方法不能阻止同一个 Document 结点上的其他事件句柄被调用，但是它可以阻止把事件分派到其他结点。

8．DOMImplementation 接口

DomImplementation 接口可执行与文档对象模型的任何实例无关的任何操作。该接口是一个占位符，存放不专属任何特定 Document 对象，而对 DOM 实现来说是"全局性"的方法。可以通过任何 Document 对象的 implementation 属性获得对 DomImplementation 接口的引用。DomImplementation 接口没有属性，其方法主要包括 createDocument()、createDocumentType()。

（1）createDocument()方法创建一个新 Document 对象和指定的根元素。该方法的语法如下。

```
Document createDocument(String uri, String qualifiedName, DocumentType doctype)
```

参数 uri 代表命名空间 URI，参数 qualifiedName 代表为文档创建的根元素的名称，参数 doctype 为创建的 Document 对象的 DocumentType 对象。

（2）createDocumentType（）用于创建一个 DocumentType 结点，该对象 ownerDocument 属性为 null。该方法的语法如下。

```
DocumentType createDocumentType(String qualifiedName, String publicId, String systemId)
```

参数 qualifiedName 为文档类型的名称，参数 publicId 为文档类型的公有标识符，参数 systemId 为文档类型的系统标识符。

9．Element 接口

Element 继承自 Node 接口，它表示 XML 文档中的元素。

1）Element 接口的属性

除了继承自 Node 接口的属性，Element 接口还包括两个属性：attributes、tagName。

（1）attributes 是一个只读属性，它返回包含被选结点属性的 NamedNodeMap。

（2）tagName 是一个只读属性，它返回元素对应的标签名称。这里的 tagName 同 Node 接口中的 nodeName 相对应。

2）Element 接口的方法

除了继承自 Node 接口的方法，Element 接口还主要包括如下方法：dispatchEvent()、getAttribute()、getAttributeNS()、getAttributeNode()、getAttributeNodeNS()、getElementsByTagName()、getElementsByTagNameNS()、hasAttribute()、hasAttributeNS()、removeAttribute()、removeAttributeNS()、removeAttributeNode()、setAttribute()、setAttributeNS()、setAttributeNode()、setAttributeNodeNS()。

（1）dispatchEvent()给结点分派一个合成事件。它由 Document. createEvent()创建，由 Event 接口或它的某个子接口定义的初始化方法初始化。该方法的语法如下。

```
boolean dispatchEvent(Event event)
```

参数 event 代表要分派的 Event 对象。如果在事件传播过程中调用了 event 的 preventDefault()方法，则返回 false，否则返回 true。如果 event 没有被初始化，或者它的 type 属性为 null 或空串，该方法将抛出异常。

（2）getAttribute()提供了通过属性名称获取属性值的方法，其返回的是属性的字符串内容。该方法的语法如下。

```
String getAttribute(String name)
```

（3）getAttributeNS()提供了通过命名空间 URI 和属性名称获取属性值的方法，其返回的是属性的字符串内容。该方法的语法如下。

```
String getAttributeNS(String uri, String name)
```

参数 uri 代表从中获取属性值的命名空间 URI，参数 name 代表属性的名称。

（4）getAttributeNode()提供了通过属性名称获取指定属性结点的方法，其返回的是属性结点。该方法的语法如下。

```
Attr getAttributeNode(String name)
```

参数 name 代表属性的名称。

（5）getAttributeNodeNS()提供了通过命名空间 URI 和属性名称获取指定属性结点的方法，其返回的是属性结点。该方法的语法如下。

```
Attr getAttributeNodeNS(String uri, String name)
```

参数 uri 代表从中获取属性结点的命名空间 URI，参数 name 代表属性的名称。

（6）getElementsByTagName()提供了通过元素对应标记的名称获取元素 NodeList 列表的方法。其返回的是具有给定标记名称的所有元素的一个 NodeList。该方法的语法如下。

```
NodeList getElementsByTagName(String tagName)
```

参数 tagName 代表元素对应的标记名称。

（7）getElementsByTagNameNS()提供了通过命名空间 URI 和元素对应标记的名称获取元素 NodeList 列表的方法。其返回的是具有给定标记名称的所有元素的一个 NodeList。该方法的语法如下。

```
NodeList getElementsByTagNameNS(String uri, String tagName)
```

参数 uri 代表要检索的命名空间 URI,参数 tagName 代表元素对应的标记名称。

(8) hasAttribute()提供了通过属性名称获取元素是否拥有该属性的方法。该方法的语法如下。

```
boolean hasAttribute(String name)
```

参数 name 代表属性的名称。如果这个文档中明确设置了指定的属性,或者文档类型声明为该属性设置了默认值,则该方法都返回 true。

(9) hasAttributeNS()提供了通过命名空间 URI 和属性名称获取元素是否拥有该属性的方法。该方法的语法如下。

```
boolean hasAttributeNS(String uri, String name)
```

参数 uri 代表要检索的命名空间 URI,参数 name 代表属性的名称。

(10) removeAttribute()方法通过指定属性的名称删除该属性,不返回任何值。该方法的语法如下。

```
void removeAttribute(String name)
```

参数 name 代表属性的名称。如果属性有默认值,那么一旦删除该属性后,带默认值的属性就替换了它在元素中的位置。

(11) removeAttributeNS()方法通过命名空间 URI 和指定属性的名称删除该属性,不返回任何值。该方法的语法如下。

```
void removeAttributeNS(String uri, String name)
```

参数 uri 代表属性所在的命名空间 URI,参数 name 代表属性的名称。如果属性有默认值,那么一旦删除该属性后,带默认值的属性就替换了它在元素中的位置。

(12) removeAttributeNode()方法通过指定属性结点删除该属性结点,其返回的是被删除的属性结点。同 removeAttribute()方法不同,removeAttributeNode()方法删除的是属性结点,因此如果该属性是一个只读属性,那么通过 removeAttributeNode()方法进行删除操作后,会出现错误提示,而 removeAttribute()方法并不删除属性结点。该方法的语法如下。

```
Attr removeAttributeNode(Attr oldAttr)
```

参数 oldAttr 代表被删除的属性结点。

(13) setAttribute()方法可以添加一个新的属性。如果一个具有指定名称的属性已经

文档对象模型

存在于元素中,那么该属性的值将被替换为新的属性值。该方法的语法如下。

```
void setAttribute(String name, String value)
```

参数 name 代表属性的名称,参数 value 代表属性值。

（14）setAttributeNS()方法可以在对应的命名空间中添加一个新的属性。如果一个具有指定名称的属性已经存在于元素中,那么该属性的值将被替换为新的属性值。该方法的语法如下。

```
void setAttributeNS(String uri, String name, String value)
```

参数 uri 代表要设置属性的命名空间 URI,参数 name 代表属性的名称,参数 value 代表属性值。

（15）setAttributeNode()方法可以添加一个新的属性结点。如果在元素中已经存在该名称的属性,那么新的属性会取代它,同时返回被取代的属性。该方法的语法如下。

```
Attr setAttributeNode(Attr newAttr)
```

参数 newAttr 代表新的属性结点。

（16）setAttributeNodeNS()方法可以在对应的命名空间中添加一个新的属性结点。如果在元素中已经存在该名称的属性,那么新的属性会取代它,同时返回被取代的属性。该方法的语法如下。

```
Attr setAttributeNodeNS(String uri, Attr newAttr)
```

参数 uri 代表要设置属性结点的命名空间 URI,参数 newAttr 代表新的属性结点。

10. Attr 接口

Attr 接口表示元素的属性,它也是从 Node 接口中继承而来。Attr 接口同文档中其他的接口不同,它不是包含它们的元素的真正子结点,因此 DOM 认为它们不是真正的 Document 树的一部分。如果尝试读取一个 Attr 对象的 parentNode 及 previousSibiling 属性的值,返回值是 null。

除了从 Node 中继承了属性和方法外,Attr 接口还有自己的扩展属性:isId、name、ownerElement、specified、value。

（1）isId 属性是一个只读属性,用来判断 Attr 的类型。如果是 ID 类型则返回 true,否则返回 false。

（2）name 属性是一个只读属性,它代表 Attr 的名称。

（3）ownerElement 属性是一个只读属性,它返回 Attr 所附属的元素结点。

（4）specified 属性是一个只读属性,它用于判断 Attr 在文档中是否被显式赋予一个值。如果属性值被设置在文档中则返回 true,如果其默认值被设置在 DTD/Schema 中,则返回 false。

（5）value 属性可以设置或返回 Attr 的值。

11. Text 接口

Text 接口继承于 CharacterData 接口，它表示 Element 和 Attr 对象的原文内容。

1）Text 接口的属性

除了继承自 CharacterData 接口的属性，Text 接口还包括两个属性：isElementContentWhitespace、wholeText。

（1）isElementContentWhitespace 是一个只读属性，它可以判断文本结点是否包含空白字符内容。

（2）wholeText 是一个只读属性，它以文档中的顺序向此结点返回相邻文本结点的所有文本。

2）Text 接口的方法

除了继承自 CharacterData 接口的方法，Text 接口还主要包括两个方法：replaceWholeText()、splitText()。

（1）replaceWholeText()用于使用指定文本来替换此结点以及所有相邻的文本结点。该方法的语法如下。

```
Text replaceWholeText(Stiring data)
```

参数 data 代表替换字符串。

（2）splitText()方法用于把一个 Text 结点分割成两个。该方法的语法如下。

```
Text splitText(long offset)
```

参数 offset 代表拆分该结点字符内容的起始位置。原始的 Text 结点将被修改，使它包含 offset 指定的位置之前的文本内容。新的 Text 结点将被创建，用于存放从 offset 位置（包括该位置的字符）到原字符结尾的所有字符。新的 Text 结点是该方法的返回值。此外，如果原始的 Text 结点具有 parentNode，新的 Text 结点将插入这个父结点，紧邻在原始结点之后。

12. CDATASection 接口

CDATASection 接口继承于 Text 接口，它代表可解析的文本内容。CDATASection 没有扩展的属性和方法。

13. EntityReference 接口

EntityReference 接口在文档中表示实体的引用。EntityReference 结点是一个只读结点。它没有扩展的属性和方法。

14. Entity 接口

Entity 接口代表文档中的一个实体。它包含 3 个扩展属性：notationName、publicID 及 systemID。

（1）notationName 属性的值对于未分析的实体而言就是该实体符号的名称，如果已经分析过的实体，则返回 null。

（2）publicID 代表与实体相关联的公共标识符。如果没有指定公共标识符，那么返回

null。

（3）systemID 代表与实体相关联的系统标识符。如果没有指定系统标识符，那么返回 null。

15．ProcessingInstruction 接口

ProcessingInstruction 接口代表 XML 文档中的处理指令。它包含两个扩展属性：data 和 target。

（1）data 属性代表包含该处理指令的数据，即从目标之后的第一个非空字符到结尾"?>"前的所有字符（不包括"?>"）。

（2）target 属性代表该处理指令的目标，即"<?"后的第一个标识符，指定了处理指令的处理器。

16．Comment 接口

Comment 接口继承于 CharacterData 接口，它表示 HTML 或者 XML 文档的注释内容。它不包含注释定界符(<!--和-->)，Comment 没有任何的扩展属性或者方法。

17．Document 接口

Document 接口继承于 Node 接口，它也是 DOM 的一个核心接口。Document 继承了 Node 结点的属性和方法，而且在 Document 接口中能够创建新的结点。

1）Document 接口的属性

Document 还包括了以下属性：doctype、documentElement、documentURI、implementation、inputEncoding、strictErrorChecking、xmlEncoding、xmlStandalone、xmlVersion。

（1）doctype 是一个只读属性，代表与该文档相关的 DTD，如果该文档没有 DTD 则该属性值返回 null。

（2）documentElement 是一个只读属性，它指向文档根部的第一个子结点。实际上就是文档的根元素。

（3）documentURI 是一个能读取能设置的属性，用于设置或返回文档的位置。

（4）implementation 是一个只读属性，用于返回处理该文档的 DOMImplementation 对象。

（5）inputEncoding 是一个只读属性，返回用于文档的编码方式（在解析时）。

（6）strictErrorChecking 是一个能读取能设置的属性，用于设置或返回是否强制进行错误检查。

（7）xmlEncoding 是一个只读属性，用于返回文档的编码方法。

（8）xmlStandalone 是一个能读取能设置的属性，用于设置或返回文档是否为 standalone。

（9）xmlVersion 是一个能读取能设置的属性，用于设置或返回文档的 XML 版本。

2）Document 接口的方法

Document 接口还包含了以下方法：createAttribute（）、createAttributeNS（）、createCDATASection()、createComment()、createDocumentFragment()、createElement()、createElementNS()、createEvent()、createEntityReference(name)、createProcessingInstruction()、createTextNode()、getElementById()、getElementsByTagName（）、getElementsByTagNameNS（）、importNode()、normalizeDocument()、renameNode()。

（1）createAttribute()方法用于创建一个带有名称的属性结点，并且返回该元素。属性结点的初始值为空。该方法的语法如下。

```
Attr createAttribute(String name)
```

参数 name 是属性结点的名称。

（2）createAttributeNS()方法用于创建一个指定命名空间的带有名称的属性结点，并且返回该元素。该方法的语法如下。

```
Attr createAttributeNS(String uri, Stiring name)
```

参数 uri 是指定的命名空间，参数 name 是属性结点的名称。

（3）createCDATASection()方法用于创建一个新的 CDATASection 结点。该方法的语法如下。

```
CDATASection createCDATASection(String data)
```

参数 data 是 CDATASection 结点的内容。

（4）createComment()方法用于创建指定注释内容的 Comment 结点。该方法的语法如下。

```
Comment createComment(String data)
```

参数 data 是 Comment 结点的注释内容。

（5）createDocumentFragment()方法用于创建一个空白的 DocumentFragment 对象。该方法的语法如下。

```
DocumentFragment createDocumentFragment()
```

该方法没有参数。

（6）createElement()用于创建一个提供了标记名称的新元素，并且返回该元素。该方法的语法如下。

```
Element createElement(Stiring name)
```

参数 name 是此元素结点的名称。

（7）createElementNS()用于创建一个指定命名空间的提供了标记名称的新元素，并且返回该元素。该方法的语法如下。

```
Element createElementNS(String uri, Stiring name)
```

参数 uri 是指定的命名空间,参数 name 是此元素结点的名称。

(8) createEvent()用于创建一个新的 Event 对象,并且返回该对象。该方法的语法如下。

```
Event createEvent(Stiring eventType)
```

参数 eventType 是想获取的 Event 对象的事件模块名。

(9) createEntityReference()方法用于创建一个新的 EntityReference 结点。如果引用的实体是已知的实体,那么 EntityReference 结点的子结点列表同被引用的 Entity 结点对应的子结点列表一致。该方法的语法如下。

```
EntityReference createEntityReference(String name)
```

参数 name 是被引用的实体名称。

(10) createProcessingInstruction()方法用于创建一个 ProcessingInstruction 结点。该方法的语法如下。

```
ProcessingInstruction createProcessingInstruction(String target, String data)
```

参数 target 表示处理指令的目标,参数 data 表示处理指令的内容文本。

(11) createTextNode()方法创建指定结点内容的 Text 结点。该方法的语法如下。

```
Text createTextNode(String data)
```

参数 data 是 Text 结点的内容。

(12) getElementById()方法就是根据元素的 id 获取对应的元素。该方法的语法如下。

```
Element getElementsById(String id)
```

参数 id 表示想获取的元素的 id 属性的值。

(13) getElementsByTagName()方法就是根据元素的标记名称获取对应的元素 NodeList,NodeList 按照对文档树进行前序遍历的方式来排列元素。该方法的语法如下。

```
NodeList getElementsByTagName(String tagName)
```

参数 tagName 表示元素的标记名称,如果 tagName 的值为"＊",那么匹配所有的标签。

(14) getElementsByTagNameNS()方法就是根据命名空间和元素的标记名称获取对应的元素 NodeList,NodeList 按照对文档树进行前序遍历的方式来排列元素。该方法的语法如下。

```
NodeList getElementsByTagNameNS(String uri, String tagName)
```

参数 uri 表示命名空间,如果 uri 的值为"＊",那么匹配所有的命名空间。参数 tagName 表示元素的标记名称,如果 tagName 的值为"＊",那么匹配所有的标签。

（15）importNode()方法用于把一个结点从另一个文档复制到该文档以便应用。返回值是适合插入该文档的结点的副本。该方法的语法如下。

```
Node importNode(Node importedNode, boolean deep)
```

参数 importedNode 表示要导入的结点。参数 deep 表示是否进行递归复制,如果为 true,表示要递归复制 importedNode 结点的所有子孙结点。

（16）normalizeDocument()方法用于移除空的文本结点,并连接相邻的文本结点。该方法直接对当前结点进行操作,无返回值。该方法的语法如下。

```
void normalizeDocument()
```

该方法没有参数。

（17）renameNode()方法用于重命名已有的元素结点或属性结点。该方法的语法如下。

```
Node renameNode(Node node, String uri, String name)
```

参数 node 表示需要重新命名的元素或属性,参数 uri 表示规定新的命名空间名称,参数 name 表示规定新的名称。

18. DocumentType 接口

DocumentType 接口代表文档的文档类型声明。它除了继承 Node 接口的属性和方法外,还有 5 个扩展属性:entities、internalSubset、name、notations、systemId。

（1）entities 属性是一个只读属性,返回含有在 DTD 中所声明的实体的 NamedNodeMap,这些实体既包括内部实体也包括外部实体。

（2）internalSubset 属性是一个只读属性,以字符串返回内部 DTD。

（3）name 属性是一个只读属性,它代表 DTD 的名称。

（4）notations 属性是一个只读属性,返回含有在 DTD 中所声明的符号的 NamedNodeMap。

（5）systemId 属性是一个只读属性,返回外部 DTD 的系统识别符。

19. DocumentFragment 接口

DocumentFragment 结点实际上是文档的一个片段,它可以分析文档的一部分内容并且对这些内容进行处理,而不必读取完整的 Document 对象。

DocumentFragment 作为另一个结点的子结点插入的时候,DocumentFragment 的子结点也作为一个整体插入到目标结点中。

DocumentFragment 结点由零个或者多个表示子树的子结点组成。这些子树定义了文档的结构。对于独立的 DocumentFragment 子结点而言,它们可以不是格式良好的 XML 文档。

DocumentFragment 除了继承 Node 接口的属性和方法外没有其余的属性和方法。

20. Notation 接口

Notation 接口在文档中表示一个 Notation 结点,它包含两个属性:publicID 和 systemID。

(1) publicID 代表该符号的公共标识符。如果没有指定公共标识符,那么返回 null。

(2) systemID 代表该符号的系统标识符。如果没有指定系统标识符,那么返回 null。

21. 其他接口

除了以上这些接口,DOM API 还定义了一些其他接口如表 5-6 所示,主要涉及 CSS、HTML、XPath 等方面。

表 5-6　其他接口说明

其他接口	说　明
CSS2Properties	所有 CSS2 属性及其值的集合
CSSRule	一个基类,用于定义 CSS 样式表中的任何规则,包括规则集和@规则
CSSStyleRule	表示 CSS 样式表中一个单独的规则集
CSSStyleSheet	表示一个单独的 CSS 样式表
HTMLCollection	表示 HTML 元素的集合,它提供了可以遍历列表的方法和属性
HTMLDocument	表示 HTML 文档树的根,提供了对 HTML 层级的访问,对 Document 接口进行了扩展,定义 HTML 专用的属性和方法
HTMLElement	表示 HTML 中的一个元素,对 Node 和 Element 接口进行了扩展
Range	表示文档的连续范围区域,例如用户在浏览器窗口中用鼠标拖动选中的区域
RangeException	由 Range 接口的某些方法抛出,用于通知某种类型的问题
XPathExpression	是 XPath 查询的编译过的表现形式
XPathResult	表示一个 XPath 表达式的值
XSLTProcessor	使用 XSLT 样式表来转换 XML 文档的接口

5.3　利用 DOM API 处理结构化文档

前面已经对 DOM 的接口进行了阐述,读者可以了解到 DOM 的 Node 接口以及其他核心接口都提到了一些处理文档结点信息的属性和方法。在本节中,将介绍如何利用这些结点的属性和方法来检查、定位和处理文档的结点和内容。

5.3.1　遍历 XML 文档

遍历 XML 文档是 DOM 实现中非常常见的一种方式。通过遍历 XML 文档可以获取相应的结点,以便对结点进行处理。当然获取结点的方式不仅仅是遍历文档,但是作为一种获取文档内容的最基础的方式,必须进行说明。

可以使用 Node 接口中提供的方法遍历文档,如 firstChild()、lastChild() 及 nextSibling()。遍历文档的算法有很多,可以采用树的遍历算法,如前序遍历、中序遍历、层次遍历等,在这里就不详细介绍遍历的算法了。一个遍历的示例如下。

```
void processNode(Node n){
    Node c;
    startProcessing(n);
    for(c = n.firstChild();c!= null;c = c.nextSibiling()){
        processNode(c);
    }
    finishProcessing(n);
}
void startProcessing(Node n){
}
void finishProcessing(Node n){
}
```

这一段代码非常简单,它能直接访问某结点的每一个子结点,当然这种遍历方式的灵活性不太好。由于不是专门用于遍历文档的接口,因此不是非常推荐利用 Node 接口来遍历文档。但是掌握这种遍历文档的原理和方法非常必要。

5.3.2 处理结点

XML 文档由结点的集合组成。因此,可以使用 Node 接口提供的属性和方法来处理文档中的各个结点。常见的处理方式包括读取、添加、删除、替换及创建等。

1. 读取结点

读取结点就是通过 Node 接口的方法和属性获得对文档结点的对象引用。当然某些结点的对象引用可以通过这些结点对应的接口的属性获得。下面以之前的 Teams.xml 文档为例进行说明。

```
<?xml version = "1.0" encoding = "UTF - 8"?>
< Teams >
    < Team >
        < TeamName > FC Barcelona </TeamName >
        < Country > Spain </Country >
        < Member Age = "24" Sex = "Male">Neymar </Member >
    </Team >
</Teams >
```

如果需要取得元素 Country 的对象引用,可以使用以下方法。

```
NodeList countrys = document.getElementsByTagName("Country");
```

这样就获得了文档中标记名称为 Country 的所有元素的 NodeList。如果需要获得每个 Country 元素的对象引用,就可以通过一个循环来实现,如下所示。

```
for(long i = 0;i < countrys.length;i++){
    Node country = countrys.item(i);
}
```

然后就可以通过 Node 接口的各种属性来获取结点对象的相应内容，如表 5-7 所示。

表 5-7　Country 结点的结点属性及值

结 点 属 性	值
ownerDocument	Document Node
previousSibling	TeamName Node
nextSibling	Member Node
parentNode	Team Node
firstChild	Text Node(value="Spain")
lastChild	Text Node(value="Spain")
nodeName	"Country"
nodeValue	"Spain"
nodeType	1(Element Node)

通过这种方法也可以获取其他类型结点的对象与内容。

2. 添加结点

利用 Node 接口的 insertChild() 和 appendChild() 方法来添加结点，两者的不同之处在于插入结点的位置。

利用一个假定的文档结点树，如图 5-5 所示。

如果要把结点 G 作为结点 B 的第一个子结点插入其子结点列表中，可以采用以下方式。

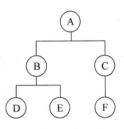

图 5-5　文档结点树

```
B. insertChild(G, B.firstChild);
```

执行后，文档结点树变为如图 5-6 所示的情形。

如果在结点 C 的子结点列表后插入一个结点 H，可以采用以下方式。

```
C. appendChild(G);
```

执行后，文档结点树变为如图 5-7 所示的情形。

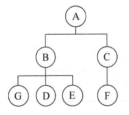 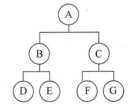

图 5-6　执行 insertChild() 方法后的文档结点树　　图 5-7　执行 appendChild() 方法后的文档结点树

3. 删除结点

删除结点可以采用 removeChild() 方法。这里的删除实际上是从文档中移走结点，而不是真正的从内存中删除（Delete）。当删除一个结点的时候，该结点的所有子结点树也被删除。

以图 5-5 的文档结点树为例,假设删除结点 B,可以采用以下方法。

```
A. removeChild(B);
```

执行后,文档树就变为如图 5-8 所示的情形。

4. 替换结点

替换结点使用 replaceChild()方法。如果新结点是一个 DocumentFragment 对象,那么该结点下的所有子结点按照原有的顺序跟随新结点一起替换目标结点;如果不是,那么仅替换该结点本身。如果要替换的结点已经在文档中存在,那么首先删除该结点,然后用该结点替换目标结点。

在图 5-5 文档结点树中,假设用结点 C 替换结点 D,可以采用以下方式。

```
B. replaceChild(C, D);
```

执行后,文档结点树变为如图 5-9 所示的情形。

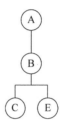

图 5-8　执行 removeChild()方法后的文档结点树　　图 5-9　执行 replaceChild()方法后的文档结点树

5. 创建结点

创建结点可以使用 Node 接口提供的 cloneNode()方法,也可采用 Document 接口提供的多种创建方法。有关这两种方法的使用请参考 5.2.3 节中的内容。

5.4　DOM 的简单应用

前面介绍了 DOM API,为了编写通过 DOM 访问 XML 文件的应用程序,必须使用特定的 DOM 实现。本小节将以 DOM 的 Java 实现为例,介绍如何利用 Java 编写的应用程序来读取并且处理 XML 文档,包括之前提到的遍历 XML 文档以及添加、删除、替换 XML 文档结点等。

5.4.1　Java XML 解析器

在 5.1 节的 DOM 的工作方式中,已经知道了 XML 解析器的存在。对于 Java 平台而言,XML 解析器是一个 Java 程序,它可以把 XML 文档转化为 Java 对象模型。一旦解析了 XML 文档,就会在 Java 虚拟机的内存中形成一系列文档对象模型,表示为文档结点树。当需要访问和修改存储在 XML 文档中的信息时,不需要直接操作 XML 文件,而是通过内存中的某些对象来访问和修改信息。XML 解析器创建了一个 Java 文档对象模型来表示

XML 文档。

当解析器创建 XML 文档的对象模型时,它也会执行某些简单的文本处理。它扩展了在文本中使用的所有实体,并且会把 XML 文档中信息的结构和 DTD 进行比较(如果 XML 文档使用了 DTD)。一旦这些简单的处理获得成功,解析器就会为 XML 文档创建文档对象模型。为了访问和修改文档对象中的信息,需要创建一个参考对象,才能调用文档对象中的某些方法。

Java 语言开发工具包(Java Development Kit,JDK)中提供了专门的 XML 解析器,也可以使用其他公司提供的 XML 解析器。

下面结合具体实例介绍 DOM 的应用,一些概念和方法将会在示例中体现。

5.4.2 遍历文档

前面的小节中已经简略介绍了遍历文档的方法,接下来在 Java 程序中实现这个方法。仍然以之前提到的 Teams.xml 文档为例,如下所示。

```
<?xml version = "1.0" encoding = "UTF - 8"?>
< Teams >
    < Team >
        < TeamName > FC Barcelona </TeamName >
        < Country > Spain </Country >
        < Member Age = "24" Sex = "Male"> Neymar </Member >
    </Team >
</Teams >
```

为了简化程序代码,这里没有使用 DTD。实际上在 XML 解析器进行解析的时候会进行 DTD 合法性验证。

下面请看实现这个功能的程序代码,将其命名为 Process.java。

【例 5.1】 遍历文档程序

```
import javax.xml.parsers.DocumentBuilder;
import javax.xml.parsers.DocumentBuilderFactory;
import org.w3c.dom.Document;
import org.w3c.dom.Element;
import org.w3c.dom.NamedNodeMap;
import org.w3c.dom.NodeList;

public class Process {
    public static void main(String[] args) {
        try {
            DocumentBuilderFactory factory = DocumentBuilderFactory.newInstance();
            DocumentBuilder builder = factory.newDocumentBuilder();
            Document doc = builder.parse("Teams.xml");
            doc.normalize();
            // parsers the XML document
            Element root = doc.getDocumentElement();
```

```
                    // get the root element
                    if (doc != null) {
                        printNode(root);
                        // process document and print the node
                    }
            } catch (Exception e) {
                e.printStackTrace();
                // Exception process
            }
        }


    private static void printNode(Element element) {
        int k;
        NamedNodeMap attr;
        // define NamedNodeMap variable
        NodeList children = element.getChildNodes();
        // get the element's child node NodeList
        attr = element.getAttributes();
        // get the element's attribute
        int r = children.getLength();
        // get the elements count
        if (attr != null) {
            System.out.print("<" + element.getNodeName());
            for (int j = 0; j < attr.getLength(); j++) {
                System.out.print(" " + attr.item(j).getNodeName() + " = "
                        + attr.item(j).getNodeValue());
            }
            System.out.println(">");
        } else if (attr == null) {
            System.out.print("<" + element.getNodeName() + ">");
        }
        if (element.hasChildNodes()) {
            for (k = 0; k < r; k++) {
                if (children.item(k).getNodeType() == org.w3c.dom.Node.ELEMENT_NODE) {
                    printNode((Element) children.item(k));
                } else if (children.item(k).getNodeType() == org.w3c.dom.Node.TEXT_NODE) {
                    System.out.println(children.item(k).getNodeValue());
                }
            }
            System.out.println("</" + element.getNodeName() + ">");
        }
    }
}
```

这是一段遍历 Teams.xml 文档并且将文档的各个结点打印出来的代码,接下来分析该段代码的组成。

首先是文件头：

```
import javax.xml.parsers.DocumentBuilder;
import javax.xml.parsers.DocumentBuilderFactory;
import org.w3c.dom.Document;
import org.w3c.dom.Element;
import org.w3c.dom.NamedNodeMap;
import org.w3c.dom.NodeList;
```

其中前两行代码是对 javax.xml.parsers 包中相关类的引用，javax.xml.parsers 是 JDK 提供的 XML 解析器包。后四行代码是对 org.w3c.dom 包中相关类的引用，org.w3c.dom 是 W3C 提供的 Java DOM 接口包。引用这些内容是为了能够在 Java 程序中使用 DOM 接口和解析 XML 文档。

```
DocumentBuilderFactory factory = DocumentBuilderFactory.newInstance();
DocumentBuilder builder = factory.newDocumentBuilder();
Document doc = builder.parse("Teams.xml");
doc.normalize();
```

这段代码的用处是利用 XML 解析器对指定的 XML 文档进行解析，并且将解析后的文档作为一个 Document 对象赋予指定的 doc 变量。normalize()方法可以去掉 XML 文档中作为格式化内容的空白而映射在 DOM 树中的不必要的 Text Node 对象，否则得到的 DOM 树可能不是所期待的那样。

```
Element root = doc.getDocumentElement();
```

该语句的作用是获得文档的根元素结点。从而利用根元素结点进行文档结点的遍历，文档结点的遍历及打印在 printNode()方法中。下面分析 printNode()方法。

```
int k;
NamedNodeMap attr;
NodeList children = element.getChildNodes();
attr = element.getAttributes();
int r = children.getLength();
```

这几行代码分别定义了两个整型变量 k、r，NamedNodeMap 变量 attr 及 NodeList 变量 children。attr 变量的作用是取得结点的属性 NamedNodeMap，如果该结点没有属性，则返回 null。children 变量用于取得结点的子结点列表，如果没有则返回 null。

```
if (attr != null) {
        System.out.print("<" + element.getNodeName());
        for (int j = 0; j < attr.getLength(); j++) {
            System.out.print(" " + attr.item(j).getNodeName() + " = " + attr.item(j).
getNodeValue());
```

```
            }
        System.out.println(">");
    } else if (attr == null) {
        System.out.print("<" + element.getNodeName() + ">");
    }
```

这段代码的作用是判断结点是否有属性。如果有属性,则首先输出该结点的标记名称(有属性的结点一定是元素),然后循环输出该元素的属性内容(包括属性名称和属性值)。如果没有属性,则输出该结点的名称。

```
if (element.hasChildNodes()) {
    for (k = 0; k < r; k++) {
        if (children.item(k).getNodeType() == org.w3c.dom.Node.ELEMENT_NODE) {
            printNode((Element) children.item(k));
        } else if (children.item(k).getNodeType() == org.w3c.dom.Node.TEXT_NODE) {
            System.out.println(children.item(k).getNodeValue());
        }
    }
    System.out.println("</" + element.getNodeName() + ">");
}
```

这段代码的作用是判断结点是否有子结点。如果存在子结点,则循环判断该子结点是否是 Element 结点,如果是元素结点则重新引用该子结点 printNode()方法,如果该子结点为 Text 结点,则直接输入该子结点的值。如果该结点没有子结点,则直接输出该结点的名称。

整个代码运行的结果如图 5-10 所示。

可以看到 Teams.xml 文档的各个结点内容在运行的过程中被显示在程序窗口内。为了方便读者理解程序运行的结果,在这里将元素的结束标记以及属性的赋值按照文档的结构打印出来。实际上遍历文档的程序不需要这么复杂。

5.4.3 添加结点

前面已经介绍过添加结点的方法有 appendChild()和 insertChild()两种。

1. Append.java

Append.java 程序的作用是在元素 Teams 的子元素 Team 后添加一个新的 Team 元素,然后添加相应的结点。程序的代码如下。

【例 5.2】 添加结点程序

图 5-10 Process.java 程序
运行的结果

```
import javax.xml.parsers.DocumentBuilder;
import javax.xml.parsers.DocumentBuilderFactory;
```

文档对象模型

```java
import javax.xml.transform.Transformer;
import javax.xml.transform.TransformerFactory;
import javax.xml.transform.dom.DOMSource;
import javax.xml.transform.stream.StreamResult;
import org.w3c.dom.Attr;
import org.w3c.dom.Document;
import org.w3c.dom.Element;
import org.w3c.dom.NamedNodeMap;
import org.w3c.dom.NodeList;
import org.w3c.dom.Text;

public class Append {
    public static void main(String[] args) {
        try {
            DocumentBuilderFactory factory = DocumentBuilderFactory.newInstance();
            DocumentBuilder builder = factory.newDocumentBuilder();
            Document doc = builder.parse("Teams.xml");
            doc.normalize();
            // parsers the XML document
            Element root = doc.getDocumentElement();
            // get the root element
            Element team = doc.createElement("Team");
            // create element "team"
            Element teamname = doc.createElement("TeamName");
            // create element "teamname"
            Text team_text = doc.createTextNode("Real Madrid");
            // create text node, value = Real Madrid
            teamname.appendChild(team_text);
            // append text node to element node "teamname"
            Element country = doc.createElement("Country");
            // create element "country"
            Text coun_text = doc.createTextNode("Spain");
            // create text node, value = Spain
            country.appendChild(coun_text);
            // append text node to element node "country"
            Element member = doc.createElement("Member");
            // create element "member"
            Attr age = doc.createAttribute("Age");
            // create attribute "age"
            Attr sex = doc.createAttribute("Sex");
            // create attribute "sex"
            Text mem_text = doc.createTextNode("Cristiano Ronaldo");
            // create text node, value = Cristiano Ronaldo
            member.setAttribute(age.getNodeName(), "31");
            member.setAttribute(sex.getNodeName(), "Male");
            // set element "member" attribute age and sex
            member.appendChild(mem_text);
            // append text node to element node "member"
            team.appendChild(teamname);
```

```java
                team.appendChild(country);
                team.appendChild(member);
                // append element node to element node "team"
                root.appendChild(team);
                // append element node to root element node "teams"
                if (doc != null) {
                    printNode(root);
                    // process document and print the node
                }
                TransformerFactory tFactory = TransformerFactory.newInstance();
                Transformer transformer = tFactory.newTransformer();
                DOMSource source = new DOMSource(doc);
                StreamResult result = new StreamResult(new java.io.File("Teams.xml"));
                transformer.transform(source, result);
                // Transform the Java dom to xml
            } catch (Exception e) {
                e.printStackTrace();
                // Exception process
            }
        }

    private static void printNode(Element element) {
        int k;
        NamedNodeMap attr;
        // define NamedNodeMap variable
        NodeList children = element.getChildNodes();
        // get the element's child node NodeList
        attr = element.getAttributes();
        // get the element's attribute
        int r = children.getLength();
        // get the elements count
        if (attr != null) {
            System.out.print("<" + element.getNodeName());
            for (int j = 0; j < attr.getLength(); j++) {
                System.out.print(" " + attr.item(j).getNodeName() + " = "
                        + attr.item(j).getNodeValue());
            }
            System.out.println(">");
        } else if (attr == null) {
            System.out.print("<" + element.getNodeName() + ">");
        }
        if (element.hasChildNodes()) {
            for (k = 0; k < r; k++) {
                if (children.item(k).getNodeType() == org.w3c.dom.Node.ELEMENT_NODE) {
                    printNode((Element) children.item(k));
                } else if (children.item(k).getNodeType() == org.w3c.dom.Node.TEXT_NODE) {
                    System.out.println(children.item(k).getNodeValue());
                }
            }
```

```
                    System.out.println("</" + element.getNodeName() + ">");
            }
        }
}
```

下面分析这个程序。首先是文件头：

```
import javax.xml.parsers.DocumentBuilder;
import javax.xml.parsers.DocumentBuilderFactory;
import javax.xml.transform.Transformer;
import javax.xml.transform.TransformerFactory;
import javax.xml.transform.dom.DOMSource;
import javax.xml.transform.stream.StreamResult;
import org.w3c.dom.Attr;
import org.w3c.dom.Document;
import org.w3c.dom.Element;
import org.w3c.dom.NamedNodeMap;
import org.w3c.dom.NodeList;
import org.w3c.dom.Text;
```

同刚才遍历文档的程序不同，在这个程序中增加了 javax.xml.transform 包中的相关类。javax.xml.transform 包的主要作用是将 Java 程序处理过的 XML 文档的对象的结果返回给 XML 文档。

```
DocumentBuilderFactory factory = DocumentBuilderFactory.newInstance();
DocumentBuilder builder = factory.newDocumentBuilder();
Document doc = builder.parse("Teams.xml");
doc.normalize();
```

这段代码同之前的程序一样，它的用处是利用 XML 解析器对指定的 XML 文档进行解析，并且将解析后的文档作为一个 Document 对象赋予指定的 doc 变量。同时利用 normalize()方法去掉 XML 文档中作为格式化内容的空白而映射在 DOM 树中的不必要的 Text 对象。

```
Element team = doc.createElement("Team");
```

这一段代码是利用 Document 接口的创建方法创建一个 Element 结点，结点的名称为 Team，对元素结点而言也就是标记名称。

```
Element teamname = doc.createElement("TeamName");
Text team_text = doc.createTextNode("Real Madrid");
teamname.appendChild(team_text);
```

这一段代码首先创建了一个标记名称为 TeamName 的 Element 结点,然后创建了一个文本内容为 Real Madrid 的 Text 结点,接着将这个 Text 结点作为子结点添加到 Element 结点的子结点列表的最后。

```java
Element country = doc.createElement("Country");
Text coun_text = doc.createTextNode("Spain");
country.appendChild(coun_text);
```

这一段代码首先创建了一个标记名称为 Country 的 Element 结点,然后创建了一个文本内容为 Spain 的 Text 结点,接着将这个 Text 结点作为子结点添加到 Element 结点的子结点列表的最后。

```java
Element member = doc.createElement("Member");
Attr age = doc.createAttribute("Age");
Attr sex = doc.createAttribute("Sex");
Text mem_text = doc.createTextNode("Cristiano Ronaldo");
member.setAttribute(age.getNodeName(), "31");
member.setAttribute(sex.getNodeName(), "Male");
member.appendChild(mem_text);
```

这一段代码首先创建了一个标记名称为 Member 的 Element 结点,接着创建了属性名称为 Age 和 Sex 的 Atrr 结点,然后创建了一个文本内容为 Cristiano Ronaldo 的 Text 结点。在创建完结点后,给 Element 结点添加属性,然后将 Text 结点作为子结点添加到 Element 结点的子结点列表的最后。

```java
team.appendChild(teamname);
team.appendChild(country);
team.appendChild(member);
root.appendChild(team);
```

这一段代码是将 TeamName、Country、Member 元素结点作为子结点添加到 Team 元素结点的子结点列表中,然后将 Team 元素作为子结点添加到根结点 Teams 的子结点列表中。

前面的这部分就是 Java 程序根据 XML 解析器生成的文档对象模型对文档的信息进行了处理。

```java
if (doc != null) {
    printNode(root);
}
```

这一段代码同之前的代码一样,将程序处理后的文档对象模型遍历后,打印在程序的运行窗口中。这时 XML 文档并没有接收到这些信息的处理结果,接下来的代码就是将处理后的文档信息返回给文档。

```
TransformerFactory tFactory = TransformerFactory.newInstance();
Transformer transformer = tFactory.newTransformer();
DOMSource source = new DOMSource(doc);
StreamResult result = new StreamResult(new java.io.File("Teams.xml"));
transformer.transform(source, result);
```

这一段代码的作用就是利用 Transformer(转换器)将处理的文档信息返回给 Teams.xml 文档。如果不加这一段内容,那么在执行程序的时候,可以发现程序对信息进行了处理,这些结点只是创建在内存中,无法反映在 XML 文档上。

```
private static void printNode(Element element) {
  int k;
  NamedNodeMap attr;
  NodeList children = element.getChildNodes();
  attr = element.getAttributes();
  int r = children.getLength();
  if (attr != null) {
        System.out.print("<" + element.getNodeName());
        for (int j = 0; j < attr.getLength(); j++) {
            System.out.print(" " + attr.item(j).getNodeName() + " ="
                        + attr.item(j).getNodeValue());
        }
        System.out.println(">");
  } else if (attr == null) {
        System.out.print("<" + element.getNodeName() + ">");
  }
  if (element.hasChildNodes()) {
        for (k = 0; k < r; k++) {
            if (children.item(k).getNodeType() == org.w3c.dom.Node.ELEMENT_NODE) {
                printNode((Element) children.item(k));
            } else if (children.item(k).getNodeType() == org.w3c.dom.Node.TEXT_NODE) {
                System.out.println(children.item(k).getNodeValue());
            }
        }
        System.out.println("</" + element.getNodeName() + ">");
  }
}
```

这段代码的作用就是遍历处理后的文档对象模型,并且将结果打印在运行窗口上。

下面先看未经处理的 Teams.xml 文档在浏览器中的浏览效果,如图 5-11 所示。

程序运行的结果如图 5-12 所示。

可以看到新创建并且添加到根结点下的各个结点都已经在运行结果中显示出来。接下来看一下经过变换的 XML 文档在浏览器的显示结果,如图 5-13 所示。

```
<Teams>

<Team>

<TeamName>
FC Barcelona
</TeamName>

<Country>
Spain
</Country>

<Member Age=24 Sex=Male>
Neymar
</Member>

</Team>

<Team>
<TeamName>
Real Madrid
</TeamName>
<Country>
Spain
</Country>
<Member Age=31 Sex=Male>
Cristiano Ronaldo
</Member>
</Team>
</Teams>
```

```
<?xml version="1.0" encoding="UTF-8"?>
- <Teams>
  - <Team>
        <TeamName>FC Barcelona</TeamName>
        <Country>Spain</Country>
        <Member Sex="Male" Age="24">Neymar</Member>
    </Team>
</Teams>
```

图 5-11　Teams. xml 文档在浏览器中的显示结果　　　图 5-12　Append. java 程序运行的结果

```
<?xml version="1.0" encoding="UTF-8"?>
- <Teams>
   - <Team>
        <TeamName>FC Barcelona</TeamName>
        <Country>Spain</Country>
        <Member Sex="Male" Age="24">Neymar</Member>
     </Team>
   - <Team>
        <TeamName>Real Madrid</TeamName>
        <Country>Spain</Country>
        <Member Sex="Male" Age="31">Cristiano Ronaldo</Member>
     </Team>
</Teams>
```

图 5-13　经过变换后的 XML 文档在浏览器中的显示结果

可以清楚地看到,添加结点的操作已经成功。

2. Insert. java

Insert. java 程序的目的是在现有的 Team 元素之前插入 Append. java 程序中添加的内容。程序代码如下。

【例 5.3】　插入结点程序

```
import javax.xml.parsers.DocumentBuilder;
import javax.xml.parsers.DocumentBuilderFactory;
import javax.xml.transform.Transformer;
import javax.xml.transform.TransformerFactory;
import javax.xml.transform.dom.DOMSource;
```

```java
import javax.xml.transform.stream.StreamResult;
import org.w3c.dom.Attr;
import org.w3c.dom.Document;
import org.w3c.dom.Element;
import org.w3c.dom.NamedNodeMap;
import org.w3c.dom.NodeList;
import org.w3c.dom.Text;

public class Insert {
    public static void main(String[] args) {
        try {
            DocumentBuilderFactory factory = DocumentBuilderFactory.newInstance();
            DocumentBuilder builder = factory.newDocumentBuilder();
            Document doc = builder.parse("Teams.xml");
            doc.normalize();
            // parsers the XML document
            Element root = doc.getDocumentElement();
            // get the root element
            Element team = doc.createElement("Team");
            Element teamname = doc.createElement("TeamName");
            // create element "teamname"
            Text team_text = doc.createTextNode("Real Madrid");
            // create text node, value = Real Madrid
            teamname.appendChild(team_text);
            // append text node to element node "teamname"
            Element country = doc.createElement("Country");
            // create element "country"
            Text coun_text = doc.createTextNode("Spain");
            // create text node, value = Spain
            country.appendChild(coun_text);
            // append text node to element node "country"
            Element member = doc.createElement("Member");
            // create element "member"
            Attr age = doc.createAttribute("Age");
            // create attribute "age"
            Attr sex = doc.createAttribute("Sex");
            // create attribute "sex"
            Text mem_text = doc.createTextNode("Cristiano Ronaldo");
            // create text node, value = Cristiano Ronaldo
            member.setAttribute(age.getNodeName(), "31");
            member.setAttribute(sex.getNodeName(), "Male");
            // set element "member" attribute age and sex
            member.appendChild(mem_text);
            // append text node to element node "member"
            team.appendChild(teamname);
            team.appendChild(country);
            team.appendChild(member);
            // append element node to element node "team"
            root.insertBefore(team, doc.getElementsByTagName("Team").item(0));
```

```java
                        // insert element node to root element node "teams"
                        if (doc != null) {
                            printNode(root);
                            // process document and print the node
                        }
                        TransformerFactory tFactory = TransformerFactory.newInstance();
                        Transformer transformer = tFactory.newTransformer();
                        DOMSource source = new DOMSource(doc);
                        StreamResult result = new StreamResult(new java.io.File("Teams.xml"));
                        transformer.transform(source, result);
                        // Transform the Java dom to xml
                } catch (Exception e) {
                    e.printStackTrace();
                    // Exception process
                }
            }

    private static void printNode(Element element) {
        int k;
        NamedNodeMap attr;
        // define NamedNodeMap variable
        NodeList children = element.getChildNodes();
        // get the element's child node NodeList
        attr = element.getAttributes();
        // get the element's attribute
        int r = children.getLength();
        // get the elements count
        if (attr != null) {
            System.out.print("<" + element.getNodeName());
            for (int j = 0; j < attr.getLength(); j++) {
                System.out.print(" " + attr.item(j).getNodeName() + " = "
                        + attr.item(j).getNodeValue());
            }
            System.out.println(">");
        } else if (attr == null) {
            System.out.print("<" + element.getNodeName() + ">");
        }
        if (element.hasChildNodes()) {
            for (k = 0; k < r; k++) {
                if (children.item(k).getNodeType() == org.w3c.dom.Node.ELEMENT_NODE) {
                    printNode((Element) children.item(k));
                } else if (children.item(k).getNodeType() == org.w3c.dom.Node.TEXT_NODE) {
                    System.out.println(children.item(k).getNodeValue());
                }
            }
            System.out.println("</" + element.getNodeName() + ">");
        }
    }
}
```

接下来分析这段代码。可以看到与 Append.java 相比较,在插入 Team 元素结点时, Insert.java 程序采用了如下的代码:

```
root.insertBefore(team, doc.getElementsByTagName("Team").item(0));
```

这段代码的作用就是将程序中创建的 Team 结点插入到根结点的子结点列表的最前面。

下面请看这段程序运行的结果,如图 5-14 所示。

可以看到,运行的结果同 Append.java 相比刚好相反。接下来看经过变换的 XML 文档在浏览器中的显示结果,如图 5-15 所示。

```
<Teams>

<Team>
<TeamName>
Real Madrid
</TeamName>
<Country>
Spain
</Country>
<Member Age=31 Sex=Male>
Cristiano Ronaldo
</Member>
</Team>
<Team>

<TeamName>
FC Barcelona
</TeamName>


<Country>
Spain
</Country>


<Member Age=24 Sex=Male>
Neymar
</Member>


</Team>

</Teams>
```

```
<?xml version="1.0" encoding="UTF-8"?>
- <Teams>
  - <Team>
      <TeamName>Real Madrid</TeamName>
      <Country>Spain</Country>
      <Member Sex="Male" Age="31">Cristiano Ronaldo</Member>
    </Team>
  - <Team>
      <TeamName>FC Barcelona</TeamName>
      <Country>Spain</Country>
      <Member Sex="Male" Age="24">Neymar</Member>
    </Team>
  </Teams>
```

图 5-14 Insert.java 程序
　　　　　运行的结果

图 5-15 经过变换后的 XML 文档在浏览器中的显示结果

5.4.4 删除结点

前面已经提到删除结点的方法为 removeChild(),下面介绍这种方法的使用。需要注意的是,在进行结点删除操作的时候一定要注意 DTD 的规定,如果 DTD 中对文档的内容、结点进行了详细的规定,那么就必须遵照 DTD 的规定进行删除操作,否则删除操作的结果变换给 XML 文档的时候会出现错误。

首先以前面经过了 Insert.java 程序处理的 XML 文档为例:

```
<?xml version = "1.0" encoding = "UTF - 8"?>
< Teams >
    < Team >
```

```
            <TeamName>Real Madrid</TeamName>
            <Country>Spain</Country>
            <Member Age = "31" Sex = "Male">Cristiano Ronaldo</Member>
        </Team>
        <Team>
            <TeamName>FC Barcelona</TeamName>
            <Country>Spain</Country>
            <Member Age = "24" Sex = "Male">Neymar</Member>
        </Team>
    </Teams>
```

1. RemoveText. java

首先是删除其中的第一个 Team 元素的 Member 子元素的文本子结点，请看程序。

【例 5.4】 删除结点文本程序

```java
import javax.xml.parsers.DocumentBuilder;
import javax.xml.parsers.DocumentBuilderFactory;
import javax.xml.transform.Transformer;
import javax.xml.transform.TransformerFactory;
import javax.xml.transform.dom.DOMSource;
import javax.xml.transform.stream.StreamResult;
import org.w3c.dom.Document;
import org.w3c.dom.Element;
import org.w3c.dom.NamedNodeMap;
import org.w3c.dom.Node;
import org.w3c.dom.NodeList;

public class RemoveText {
    public static void main(String[] args) {
        try {
            DocumentBuilderFactory factory = DocumentBuilderFactory.newInstance();
            DocumentBuilder builder = factory.newDocumentBuilder();
            Document doc = builder.parse("Teams.xml");
            doc.normalize();
            // parsers the XML document
            Element root = doc.getDocumentElement();
            // get the root element
            Element member = (Element) root.getElementsByTagName("Member").item(0);
            Node text = member.getFirstChild();
            member.removeChild(text);
            // get the first "Member" element node and it's child node, then remove them
            if (doc != null) {
                printNode(root);
                // process document and print the node
            }
            TransformerFactory tFactory = TransformerFactory.newInstance();
            Transformer transformer = tFactory.newTransformer();
            DOMSource source = new DOMSource(doc);
```

第 5 章

```
                    StreamResult result = new StreamResult(new java.io.File("Teams.xml"));
                    transformer.transform(source, result);
                    // Transform the Java dom to xml
                } catch (Exception e) {
                    e.printStackTrace();
                    // Exception process
                }
            }

        private static void printNode(Element element) {
            int k;
            NamedNodeMap attr;
            // define NamedNodeMap variable
            NodeList children = element.getChildNodes();
            // get the element's child node NodeList
            attr = element.getAttributes();
            // get the element's attribute
            int r = children.getLength();
            // get the elements count
            if (attr != null) {
                System.out.print("<" + element.getNodeName());
                for (int j = 0; j < attr.getLength(); j++) {
                    System.out.print(" " + attr.item(j).getNodeName() + " = "
                            + attr.item(j).getNodeValue());
                }
                System.out.println(">");
            } else if (attr == null) {
                System.out.print("<" + element.getNodeName() + ">");
            }
            if (element.hasChildNodes()) {
                for (k = 0; k < r; k++) {
                    if (children.item(k).getNodeType() == org.w3c.dom.Node.ELEMENT_NODE) {
                        printNode((Element) children.item(k));
                    } else if (children.item(k).getNodeType() == org.w3c.dom.Node.TEXT_NODE) {
                        System.out.println(children.item(k).getNodeValue());
                    }
                }
                System.out.println("</" + element.getNodeName() + ">");
            }
        }
    }
}
```

下面来分析程序,这个程序中核心的代码如下:

```
Element member = (Element) root.getElementsByTagName("Member").item(0);
Node text = member.getFirstChild();
member.removeChild(text);
```

这段代码的作用是首先获得标记名称为 Member 的 Element 结点以及这个结点的文本

子结点,然后在标记名称为 Member 的 Element 结点中删除文本子结点。

这个程序的运行结果如图 5-16 所示。

可以看到第一个 Member 元素的文本内容已经被删除,接下来在浏览器中浏览被处理过的文档,如图 5-17 所示。

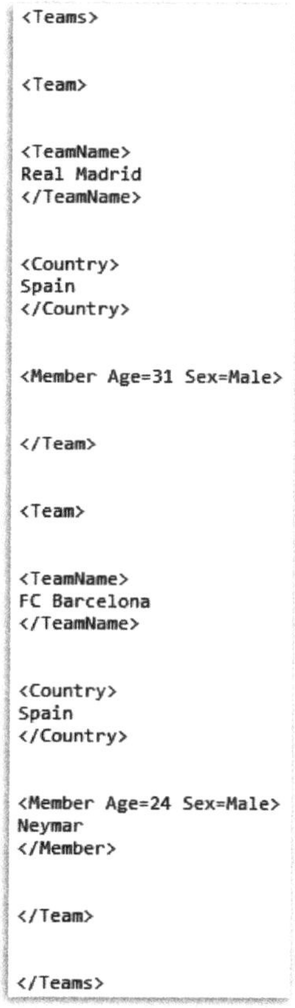

```
<Teams>

<Team>

<TeamName>
Real Madrid
</TeamName>

<Country>
Spain
</Country>

<Member Age=31 Sex=Male>

</Team>

<Team>

<TeamName>
FC Barcelona
</TeamName>

<Country>
Spain
</Country>

<Member Age=24 Sex=Male>
Neymar
</Member>

</Team>

</Teams>
```

```
<?xml version="1.0" encoding="UTF-8"?>
- <Teams>
    - <Team>
        <TeamName>Real Madrid</TeamName>
        <Country>Spain</Country>
        <Member Sex="Male" Age="31"/>
      </Team>
    - <Team>
        <TeamName>FC Barcelona</TeamName>
        <Country>Spain</Country>
        <Member Sex="Male" Age="24">Neymar</Member>
      </Team>
  </Teams>
```

图 5-16　RemoveText.java　　　　　图 5-17　经过变换后的 XML 文档在浏览器中的显示结果
　　　　　程序运行的结果

可以很清楚地看到第一个 Member 元素由于文本内容的删除,变成了一个空元素。

2. Remove. java

接下来查看另一个删除程序 Remove.java,这个程序是将第一个 Team 元素删除,按照 DOM 的规定,该元素结点下的所有子结点也被删除,首先查看程序代码。

【例 5.5】　删除结点程序

```
import javax.xml.parsers.DocumentBuilder;
import javax.xml.parsers.DocumentBuilderFactory;
import javax.xml.transform.Transformer;
import javax.xml.transform.TransformerFactory;
import javax.xml.transform.dom.DOMSource;
import javax.xml.transform.stream.StreamResult;
```

```
import org.w3c.dom.Document;
import org.w3c.dom.Element;
import org.w3c.dom.NamedNodeMap;
import org.w3c.dom.NodeList;

public class Remove {
    public static void main(String[] args) {
        try {
            DocumentBuilderFactory factory = DocumentBuilderFactory.newInstance();
            DocumentBuilder builder = factory.newDocumentBuilder();
            Document doc = builder.parse("Teams.xml");
            doc.normalize();
            // parsers the XML document
            Element root = doc.getDocumentElement();
            // get the root element
            root.removeChild(root.getElementsByTagName("Team").item(0));
            // remove the first team node of root
            if (doc != null) {
                printNode(root);
                // process document and print the node
            }
            TransformerFactory tFactory = TransformerFactory.newInstance();
            Transformer transformer = tFactory.newTransformer();
            DOMSource source = new DOMSource(doc);
            StreamResult result = new StreamResult(new java.io.File("Teams.xml"));
            transformer.transform(source, result);
            // Transform the Java dom to xml
        } catch (Exception e) {
            e.printStackTrace();
            // Exception process
        }
    }

    private static void printNode(Element element) {
        int k;
        NamedNodeMap attr;
        // define NamedNodeMap variable
        NodeList children = element.getChildNodes();
        // get the element's child node NodeList
        attr = element.getAttributes();
        // get the element's attribute
        int r = children.getLength();
        // get the elements count
        if (attr != null) {
            System.out.print("<" + element.getNodeName());
            for (int j = 0; j < attr.getLength(); j++) {
                System.out.print(" " + attr.item(j).getNodeName() + " = "
                        + attr.item(j).getNodeValue());
            }
```

```
                    System.out.println(">");
            } else if (attr == null) {
                System.out.print("<" + element.getNodeName() + ">");
            }

            if (element.hasChildNodes()) {
                for (k = 0; k < r; k++) {
                    if (children.item(k).getNodeType() == org.w3c.dom.Node.ELEMENT_NODE) {
                        printNode((Element) children.item(k));
                    } else if (children.item(k).getNodeType() == org.w3c.dom.Node.TEXT_
NODE) {
                        System.out.println(children.item(k).getNodeValue());
                    }
                }
                System.out.println("</" + element.getNodeName() + ">");
            }
        }
    }
}
```

下面来分析这段代码的核心部分：

```
root.removeChild(root.getElementsByTagName("Team").item(0));
```

这部分代码的作用就是删除根结点下面的第一个 Team 子结点，Remove.java 程序运行的结果如图 5-18 所示。

接下来在浏览器中查看被处理过的文档，如图 5-19 所示。

可以看到删除的操作达到了期望的效果。

```
<Teams>



<Team>


<TeamName>
FC Barcelona
</TeamName>


<Country>
Spain
</Country>


<Member Age=24 Sex=Male>
Neymar
</Member>


</Team>



</Teams>
```

```
<?xml version="1.0" encoding="UTF-8"?>
- <Teams>
  - <Team>
      <TeamName>FC Barcelona</TeamName>
      <Country>Spain</Country>
      <Member Sex="Male" Age="24">Neymar</Member>
    </Team>
  </Teams>
```

图 5-18　Remove.java 程序
　　　　运行的结果

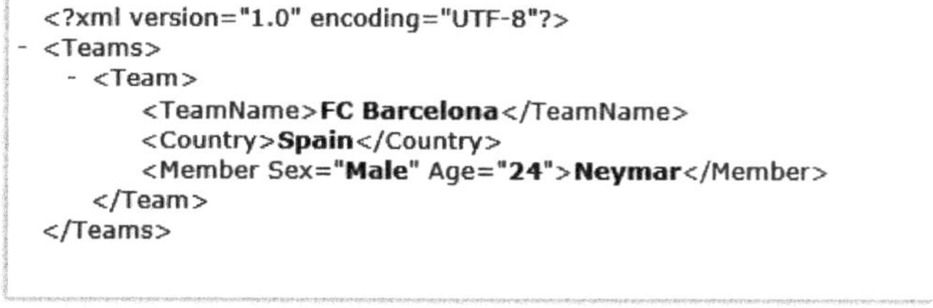

图 5-19　经过变换后的 XML 文档在浏览器中的显示结果

文档对象模型

5.4.5 替换结点

替换结点使用 replaceChild()方法。请看程序 Replace.java,该程序的目的是创建一个新的 Member 结点,替换原先的 Member 结点。

【例 5.6】 替换结点程序

```java
import javax.xml.parsers.DocumentBuilder;
import javax.xml.parsers.DocumentBuilderFactory;
import javax.xml.transform.Transformer;
import javax.xml.transform.TransformerFactory;
import javax.xml.transform.dom.DOMSource;
import javax.xml.transform.stream.StreamResult;
import org.w3c.dom.Attr;
import org.w3c.dom.Document;
import org.w3c.dom.Element;
import org.w3c.dom.NamedNodeMap;
import org.w3c.dom.NodeList;
import org.w3c.dom.Text;

public class Replace {
    public static void main(String[] args) {
        try {
            DocumentBuilderFactory factory = DocumentBuilderFactory.newInstance();
            DocumentBuilder builder = factory.newDocumentBuilder();
            Document doc = builder.parse("Teams.xml");
            doc.normalize();
            // parsers the XML document
            Element root = doc.getDocumentElement();
            // get the root element
            Element newmember = doc.createElement("Member");
            // create element "member"
            Attr age = doc.createAttribute("Age");
            // create attribute "age"
            Attr sex = doc.createAttribute("Sex");
            // create attribute "sex"
            Text mem_text = doc.createTextNode("Messi");
            // create text node, value = Messi
            newmember.setAttribute(age.getNodeName(), "29");
            newmember.setAttribute(sex.getNodeName(), "Male");
            // set element "member" attribute age and sex
            newmember.appendChild(mem_text);
            // append text node to element node "member"
            Element oldmember = (Element) doc.getElementsByTagName("Member").item(0);
            root.getElementsByTagName("Team").item(0).replaceChild(newmember, oldmember);
            // replace the node
            if (doc != null) {
                printNode(root);
                // process document and print the node
            }
```

```
                TransformerFactory tFactory = TransformerFactory.newInstance();
                Transformer transformer = tFactory.newTransformer();
                DOMSource source = new DOMSource(doc);
                StreamResult result = new StreamResult(new java.io.File("Teams.xml"));
                transformer.transform(source, result);
                // Transform the Java dom to xml
        } catch (Exception e) {
                e.printStackTrace();
                // Exception process
        }
    }

    private static void printNode(Element element) {
        int k;
        NamedNodeMap attr;
        // define NamedNodeMap variable
        NodeList children = element.getChildNodes();
        // get the element's child node NodeList
        attr = element.getAttributes();
        // get the element's attribute
        int r = children.getLength();
        // get the elements count
        if (attr != null) {
            System.out.print("<" + element.getNodeName());
            for (int j = 0; j < attr.getLength(); j++) {
                System.out.print(" " + attr.item(j).getNodeName() + " = "
                        + attr.item(j).getNodeValue());
            }
            System.out.println(">");
        } else if (attr == null) {
            System.out.print("<" + element.getNodeName() + ">");
        }
        if (element.hasChildNodes()) {
            for (k = 0; k < r; k++) {
                if (children.item(k).getNodeType() == org.w3c.dom.Node.ELEMENT_NODE) {
                    printNode((Element) children.item(k));
                } else if (children.item(k).getNodeType() == org.w3c.dom.Node.TEXT_NODE) {
                    System.out.println(children.item(k).getNodeValue());
                }
            }
            System.out.println("</" + element.getNodeName() + ">");
        }
    }
}
```

下面来分析核心部分代码：

```
Element newmember = doc.createElement("Member");
Attr age = doc.createAttribute("Age");
```

```
Attr sex = doc.createAttribute("Sex");
Text mem_text = doc.createTextNode("Messi");
newmember.setAttribute(age.getNodeName(), "29");
newmember.setAttribute(sex.getNodeName(), "Male");
newmember.appendChild(mem_text);
```

这段代码的作用是首先创建一个新的 Member 结点,然后给这个结点添加文本结点和属性。

```
Element oldmember = (Element) doc.getElementsByTagName("Member").item(0);
```

这段代码的作用是通过 getElementsByTagName()方法获取目标结点。

```
root.getElementsByTagName("Team").item(0).replaceChild(newmember, oldmember);
```

这段代码用新的 Member 结点来替换旧结点,该程序运行的结果如图 5-20 所示。
可以很清楚地看到,原有的 Member 结点已经被替换成新的 Member 结点了。
接下来查看 XML 文档在浏览器中的显示结果,如图 5-21 所示。

```
<Teams>


<Team>


<TeamName>
FC Barcelona
</TeamName>


<Country>
Spain
</Country>


<Member Age=29 Sex=Male>
Messi
</Member>


</Team>


</Teams>
```

```
<?xml version="1.0" encoding="UTF-8"?>
- <Teams>
  - <Team>
      <TeamName>FC Barcelona</TeamName>
      <Country>Spain</Country>
      <Member Sex="Male" Age="29">Messi</Member>
    </Team>
  </Teams>
```

图 5-20 Replace.java 程序   图 5-21   经过变换后的 XML 文档在浏览器中的显示结果
运行的结果

本 章 小 结

➢ DOM 是一组独立于语言和平台的应用程序编程接口,它能够描述如何访问和操纵
存储在结构化 XML 和 HTML 文档中的信息。

➢ DOM 文档可表示为树状结构。

➢ DOM 首先将 XML 文档一次性地装入内存,然后对文档进行解析,根据文档中定义
的元素、属性、注释、处理指令等不同的内容进行分解,以"结点树"的形式在内存中

创建 XML 文件的表示,然后根据对象提供的编程接口,在应用程序中来访问 XML
文档进而操作 XML 文档。

➢ W3C 为 DOM 提供了一系列 API,以供应用程序调用。

➢ DOM API 的核心接口包括 Node、NodeList、NamedNodeMap、CharacterData、
DOMParser、DOMException、Event、DOMImplementation、Element、Attr、Text、
CDATASection、 EntityReference、 Entity、 ProcessingInstruction、 Comment、
Document、DocumentType、DocumentFragment、Notation 等。

➢ 对结点的操作包括读取、添加、删除、替换和创建。要掌握用 Java 实现这些操作的
方法。

思 考 题

1. 什么是 DOM? 简述 DOM 的结构和工作方式。

2. Node 接口的 appendChild()和 insertChild()方法有什么不同?

3. 如何删除 XML 文档的结点?

4. 考虑下面的 XML 文件,文件名为 5.4.xml。

```
<?xml version = "1.0"?>
<!DOCTYPE Root[<!ENTITY First "<First>DOM</First>">]>
<Root>
 &First;
<Second>SAX</Second>
</Root>
```

建立一个使用 DOM API 的 Java 程序。该程序可以解析上面的 XML 文档,并且得到
如下所示的结果。

```
<?xml version = "1.0"?>
<Root>
<First>DOM</First>
<Second>SAX</Second>
</Root>
```

5. 用 DOM 接口生成如下内容并且把它们写到一个新的 XML 文档中。

```
<?xml version = "1.0" encoding = "UTF - 8"?>
<Team>
<TeamMember>
    <Empno value = "30772" />
    <Name value = "Manjeet Singh" />
    <Designation value = "Team Leader." />
</TeamMember>
</Team>
```

文档对象模型

第6章 | 可扩展的样式语言

XML 把主要精力放在数据的结构而不是其显示格式,所以每个 XML 文档的显示都必须借助额外的样式表。XSL 和 CSS 是 XML 最常用的样式表,接下来介绍专门为 XML 而设计的 XSL。

6.1 XSL 的概念

XSL 是 XML 首选的样式表语言。虽然 CSS 也可以用于显示 XML,然而 CSS 本身有许多局限性。例如,使用 CSS 很难做到只显示一部分 XML 文档,而将其余部分隐藏。当然使用 display:none 属性是一种方法,但是学习完本章后会发现,使用 XSL 来实现这些"小技巧"几乎不费吹灰之力。另外,CSS 仅作用于元素的内容,而无法作用于属性,因此不能对属性的样式进行控制。实际上如果对一个只有属性没有内容的空元素编写 CSS,那么它在浏览器中什么也不会显示。而 XSL 可以轻松控制属性的样式,它比 CSS 更加复杂。

XSL 包括 XSLT(XSL Transformations)、XPath(XML 路径语言)和 XSL-FO(XSL Formatting Objects)。XSLT 可以将一个 XML 文档转换成另一个 XML 文档(有时甚至是 HTML 文档),同时可以完全忽略格式化对象。XPath 是一门在 XML 文档中查找信息的语言,并且 XQuery 和 XPointer 都构建于 XPath 表达之上。XSL-FO 根据数据的值对 XML 数据进行格式化,可以精确设置屏幕显示格式或打印格式,而没有必要在 XML 文档上使用 XSL 转换。

6.2 XSLT 概述

XSLT 是一种将一个 XML 文档转换为其他文档的语言。本节将介绍 XSLT 的概念与一个简单的 XSLT 文档。

6.2.1 转换语言

转换语言将 XML 文档看作源文档,然后 XML 解析器同时检验 XML 和 XSL 文档,并产生文档的树状结构。接着 XML 处理器对该树状结构进行遍历,将符合 XSL 文档指定规则的结点按照样式表中的指令转换成其他的文档。较常见的转换有以下几种。

(1) 将 XML 文档转换为 HTML 文档。并不是所有的 Web 浏览器都支持 XML,因此可以将 XML 转换成 HTML 在浏览器上显示。

(2) 将 XML 文档转换为 XML 文档。XML 允许自定义标记,因此尽管有些 XML 文档描述同一种数据,但结构和元素名称却大相径庭。可以通过 XSLT 将一种 XML 文档转换为另一种 XML 文档,让不同的使用者可以方便地阅读。

(3) 将 XSL 文档转换为 XSL 文档。XSL 本身是一个格式良好的 XML 文档,因此将 XSL 转换为 XSL 实际上是 XML 转换为 XML 的特例。

XSLT 还可以对原有的 XML 数据进行排序、筛选和分类。

6.2.2　树状结构

前面已经介绍过,每个格式规范的 XML 文档都有一个树状结构。树状结构是一种数据结构,它由相互连接的结点组成。根结点与子结点相连接,而子结点又可以有它们自己的子结点。没有子结点的结点称为叶结点。树状结构最有用的性质是每个结点与它的子结点也能构成一个树状结构。这样,每个树状结构都可以看作是由一些小的树状结构按照层次结构组成的。

XSL 处理器的用途是把一棵 XML 树转换成另一棵 XML 树。它把 XML 文档中的属性、命名空间、处理指令和注释等作为结点处理。XSL 有一个单独的根结点,它并不是 XML 的根元素,而是其父结点。XSL 处理器所认定的结点类型包含根结点(Root)、元素(Element)、文本(Text)、属性(Attribute)、注释(Comment)、处理指令(Processing Instruction)、命名空间(Namespace)7 种。

XSLT 含有各种访问树状结构的操作符,这些操作符能够在树状结构中进行选择、排序和输出操作。

为了使树状结构更加明显,对例 2.7 稍作修改。把一部分属性作为子元素,并且为其添加一个样式表。

【例 6.1】　引用 XSL 文档

```
<?xml version = "1.0"?>
<?xml - stylesheet type = "text/xsl" href = "Matches.xsl"?>
< Matches >
    < Match >
        < Date > 2014 - 6 - 13 </Date >
        < City > Sao Paulo </City >
        < Type > Group </Type >
        < Team Type = "Host">
            < Name > Brazil </Name >
            < Score > 3 </Score >
        </Team >
        < Team Type = "Guest">
            < Name > Croatia </Name >
            < Score > 1 </Score >
        </Team >
    </Match >
</Matches >
```

可扩展的样式语言

图 6-1 显示了该文档的树状结构图。

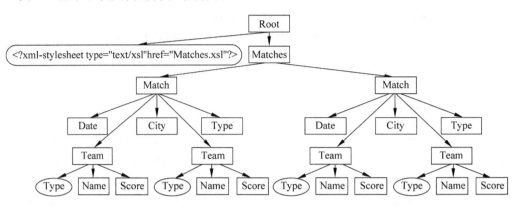

图 6-1　XML 文档的树状结构

6.2.3　XSLT 文档

XSLT 使用 XML 来描述转换的规则,其中重要的是模板规则(Template Rule)。一个模板规则有一个模式(Pattern),该模式指定了它能够作用的树状结构,当模式匹配时就会按照模板样式输出。XSL 处理器在扫描 XML 文档时,依次遍历每一个结点。当处理器找到与模板规则中的模式相匹配的结点时,就会将模板规则应用于该结点。这个模板可能包括任何内容,如标记、新的数据或者从源 XML 文档中复制的数据。

例 6.2 是例 6.1 的 XSL 文档示例。

【例 6.2】　简单 XSL 文档

```
<?xml version = "1.0"?>
<xsl:stylesheet version = "1.0" xmlns:xsl = "http://www.w3.org/1999/XSL/Transform">
    <xsl:template match = "Matches">
        <html>
            <head>
                <title>2014 Brazil World Cup</title>
            </head>
            <body>
                <xsl:apply - templates/>
            </body>
        </html>
    </xsl:template>
    <xsl:template match = "Match">
        <xsl:apply - templates select = "Team"/>
    </xsl:template>
</xsl:stylesheet>
```

XSLT 是一个格式良好的 XML 文档,因此必须包含声明。它的根元素可以是 xsl:stylesheet 或 xsl:transform,这两个元素具有相同的语法和属性。xsl:stylesheet 元素有 version 和 xmlns:xsl 两个必要的属性,它们的值不能为空,version 属性的值为 1.0,xmlns:xsl 属性的值为 http://www.w3.org/1999/XSL/Transform。

xsl:template 元素表示模板规则，xsl:template 元素的 match 属性表示模式。该文档中有两个 xsl:template 元素，即两个模板规则。第一个 xsl:template 元素的 match 属性的值为 Matches，即该模板规则的模式为匹配 XML 文档的根元素 Matches。值得注意的是，这里属性名 match 表示模板规则的模式，意思为"匹配"，而例 6.1 中的 Matches 和 Match 表示元素，意思为"比赛"。该规则中包含标准的 HTML 标记，当处理器找到与模式相匹配的结点时，就会用这些标记替换该元素的内容。xsl:apply-templates 元素会将 Matches 元素的内容输出到 body 标记内。

第二个模板规则匹配的元素是 Match。由于 Match 为 Matches 的子元素，因此其内容会显示在由第一个模板规则所定义的 body 标记内。与第一个规则不同的是，该规则的 xsl:apply-temples 元素包含一个 select 属性。它选择所匹配的元素的 Team 子元素作为输出。

将例 6.2 保存为 Matches.xsl，放在与例 6.1 同一目录下。为了让例 6.1 能够按定义的样式显示，需要在例 6.1 中引用例 6.2。还记得第 2 章在 XML 文档中引用 CSS 样式的语法吗？

```
<?xml - stylesheet type = "text/css" href = "salutation.css"?>
```

XSLT 样式表的引用与 CSS 类似，唯一的区别是 type 属性的值变为 text/xsl。只需要在例 6.1 中的 XML 声明之后加入如下代码。

```
<?xml - stylesheet type = "text/xsl" href = "Matches.xsl"?>
```

例 6.1 在浏览器中的显示结果如图 6-2 所示。

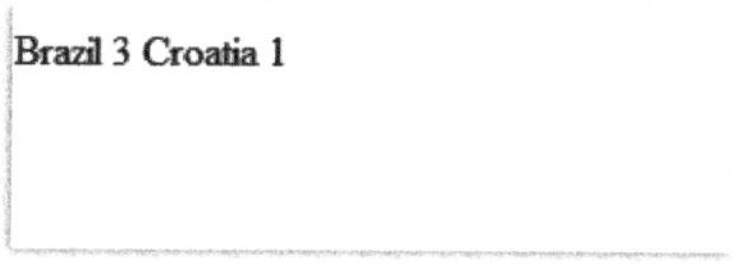

Brazil 3 Croatia 1

图 6-2　使用了 XSLT 的 XML 文档

6.3　XSLT 模板

由 xsl:template 元素定义的模板规则是 XSLT 最重要的一部分。本节将重点介绍与 XSL 模板相关的元素及其属性。

6.3.1　xsl:stylesheet 元素、xsl:template 元素和 match 属性

xsl:stylesheet 元素或 xsl:transform 元素都可以作为 XSLT 文档的根元素。在例 6.2 中，根元素也可以写为如下形式。

```
<xsl:transform version = "1.0" xmlns:xsl = "http://www.w3.org/1999/XSL/Transform">
</xsl:transform>
```

可扩展的样式语言

在根元素中，http://www.w3.org/1999/XSL/Transform 是命名空间，在这个命名空间下描述了所有的 XSL 元素。

在 XSLT 中，模板规则用 xsl:template 元素来指定。每一条规则都是一个 xsl:template 元素，元素的内容定义了将源文档中的结点转换到结果树所需要的一系列规则。

多数情况下，xsl:template 元素具有 match 属性，它是一种模式，标识出可以应用该规则的结点。match 属性通常是必需的，除非 xsl:template 元素具有 name 属性，这将在后面进行介绍。

【例 6.3】 xsl：template 元素和 match 属性

```
<?xml version = "1.0"?>
< xsl:stylesheet version = "1.0" xmlns:xsl = "http://www.w3.org/1999/XSL/Transform">
    < xsl:template match = "Match">
        <html >
            < head >
                < title > 2014 Brazil World Cup </title >
            </head >
            < body >
                < p >
                    < h1 >< xsl:apply - templates select = "Team"/></h1 >
                    < h2 >< xsl:apply - templates select = "Score"/></h2 >
                </p >
            </body >
        </html >
    </xsl:template >
</xsl:stylesheet >
```

本例中 match 的属性值为 Match，所有在 xsl：template 元素中的内容都将应用到 Match 元素中。如果例 6.1 使用该样式表，在浏览器中的显示结果如图 6-3 所示。

Brazil 3 Croatia 1

图 6-3　在 XSLT 中使用模式

6.3.2　xsl：apply-templates 元素、xsl：value-of 元素和 select 属性

在例 6.2 和例 6.3 中都使用了 xsl：apply-templates 元素，它采用递归的方式遍历指定结点的子结点。将 xsl：apply-templates 元素放在输出模板中，把与源元素匹配的每个子元素和样式表中的模板相比较，如果匹配正确，就按照模板格式输出。

如果要选择元素的一个特定子元素，可以使用 select 属性。如果没有出现 select 属性，所有的子元素都会被选择。实际上，xsl：apply-templates 元素是指明要应用模板规则的位置。

在例 6.3 中,设定了下列规则。

```
< xsl:apply - templates select = "Team"/>
```

根据这一规则,将把 Team 子元素的内容按照模板格式显示出来。

xsl:value-of 元素会将源文档的结点值复制到输出文档中。同样的,可以用 select 属性来确定复制哪个结点的值。

【例 6.4】 xsl:value-of 元素和 select 属性

```
<?xml version = "1.0"?>
< xsl:stylesheet version = "1.0" xmlns:xsl = "http://www.w3.org/1999/XSL/Transform">
    < xsl:template match = "/">
        < html >
            < xsl:apply - templates/>
        </html >
    </xsl:template >
    < xsl:template match = "Matches">
        < body >
            < xsl:apply - templates/>
        </body >
    </xsl:template >
    < xsl:template match = "Match">
        < xsl:value - of select = "Team"/>
    </xsl:template >
</xsl:stylesheet >
```

当该样式表应用于例 6.1 时,将进行以下处理。

(1) 将根结点与样式表中的所有模板规则进行比较,该结点匹配第一个模板规则 xsl:template match＝"/"。

(2) 输出< html >标记。

(3) xsl:apply-template 元素使得格式化引擎遍历文档中根结点的子结点。

① 将根结点的第一个子结点与模板规则进行比较,由于模板规则匹配 Matches 元素,而根结点的第一个子结点为处理指令(xml-stylesheet),因此不匹配,不产生任何输出。

② 将根结点的第二个子结点与模板规则进行比较,第二个子结点为 Matches 元素,与模板规则匹配。

③ 输出< body >标记。

④ xsl:apply-template 元素使得格式化引擎遍历 Matches 的所有子结点。

- 将 Matches 元素的第一个子元素 Match 与模板规则进行比较,该元素与第三个模板规则相匹配。

- xsl:value-of 元素将复制 Match 结点的 Team 子结点的值(Name 子元素的内容和 Score 子元素的内容)。如果与 xsl:value-of 所匹配的结点多于一个,则只显示第一个。

⑤ 输出</body >标记。

（4）输出</html>标记。

（5）处理完毕。

在浏览器中的显示结果如图 6-4 所示。

Brazil 3

图 6-4 使用 xsl:apply-templates 元素、xsl:value-of 元素和 select 属性

当结点的名称与 xsl:value-of 的 select 属性的值相匹配时，就输出该结点的值。结点的值是字符串，由于 XML 处理器把根结点、元素、文本、属性、注释、处理指令、命名空间等都作为结点处理，因此不同的结点类型的值是不同的。

元素结点的值为元素开始标记和结束标记之间除标记和注释以外的所有字符数据（包含空格）。也就是说，如果元素包含子元素，那么其子元素的内容也为该元素结点的值。在前例中，与模式相匹配的结点为 Match 元素，该元素结点的值为：

```
2014 - 6 - 13
Sao Paulo
Group
Brazil
3
Croatia
1
```

其他结点的值如表 6-1 所示。

表 6-1   结点的值

结 点 类 型	值
根结点	根元素的值
元素	开始标记和结束标记之间的字符数据（不含标记和注释）
文本	结点的文本，即结点本身
属性	属性的值
命名空间	命名空间的 URI
处理指令	处理指令中的数据
注释	注释的文本

6.3.3   xsl:for-each 元素

要想使 XSLT 依次处理多个元素，可以使用 xsl:for-each 元素，由其 select 属性的值来确定依次要处理的源文档中的元素。

【例6.5】 xsl：for-each 元素

```
<?xml version = "1.0"?>
< xsl:stylesheet version = "1.0" xmlns:xsl = "http://www.w3.org/1999/XSL/Transform">
    < xsl:template match = "/">
        < xsl:apply - templates/>
    </xsl:template >
    < xsl:template match = "Match">
            < body >
                < xsl:for - each select = "Team">
                    < xsl:value - of select = "."/>
                </xsl:for - each >
            </body >
    </xsl:template >
</xsl:stylesheet >
```

select＝"."告诉格式化程序把所匹配的结点（本例中为 Team 元素）的值都显示出来。在浏览器中的显示结果如图 6-5 所示。

图 6-5　使用 xsl：for-each 元素

6.4　XSLT 匹配结点的模式

在 6.3 节中，xsl：template 元素的 match 属性和 xsl：apply-template、xsl：value-of、xsl：for-each 元素的 select 属性都支持复杂的语法，可以根据需求选择要匹配的结点。本节将重点讨论匹配（match）和选择（select）结点的各种模式。

6.4.1　匹配根结点、子结点及其他后代结点

在例 6.4 中，xsl：template 元素的 match 属性的值为"/"，该值将在模板规则中匹配根结点。

```
<?xml version = "1.0"?>
< xsl:stylesheet version = "1.0" xmlns:xsl = "http://www.w3.org/1999/XSL/Transform">
    < xsl:template match = "/">
        < html >
            < xsl:apply - templates/>
        </html >
    </xsl:template >
</xsl:stylesheet >
```

当读取到根结点时,就输出< html >标记,然后处理根结点的子结点,最后输出</html >标记。在浏览器中的显示结果如图 6-6 所示。

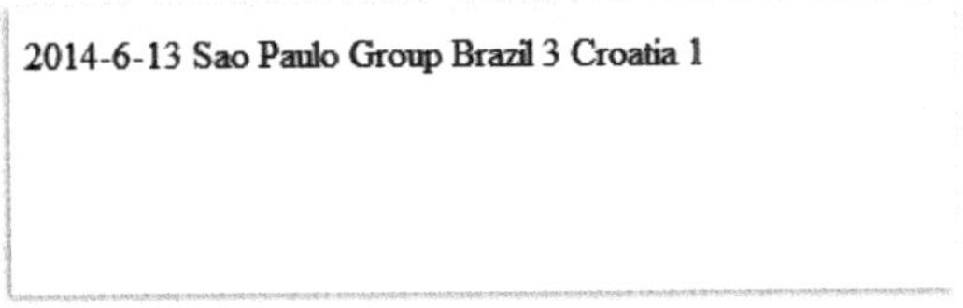

> 2014-6-13 Sao Paulo Group Brazil 3 Croatia 1

图 6-6 匹配根结点

"/"也可以用来匹配一个特定结点的子结点。例如,如果要匹配 Match 元素的 Date 子元素,可以使用如下代码。

```
<xsl:template match = "Matches/Match">
    <xsl:value - of select = "Date">
</xsl:template >
```

有时可能需要忽略中间结点,而选择一个特定类型的所有元素。这时,不必考虑该结点是否是中间子结点、孙结点或者级别更低的后代结点。在这种情况下,可以使用双斜杠"//"来匹配任何层次的后代结点。如果在模式的开头使用"//"符号,则会选择根结点的任意后代结点。

```
<xsl:template match = "Matches//Team">
    <xsl:value - of select = "Name"/>
</xsl:template >
```

上面的代码将输出 Matches 的子元素及 Team 元素的 Name 子元素的内容。

6.4.2 匹配元素名称

如果 match 属性的值为元素的名称,则会匹配具有该名称的元素。

```
<xsl:template match = "Matches">
```

将匹配 Matches 元素,并对其子元素进行进一步处理。同样的,select 属性的值如果为元素名称,则会匹配具有该元素名称的元素,并对其作进一步处理。

```
<xsl:apply - template select = "Team"/>
<xsl:value - of select = "Team"/>
<xsl:for - each select = "Team"/>
```

6.4.3 通配符

在 XSLT 中,符号" * "为通配符,它可以代替任何一个元素名。例如,match = " * "将匹配所有的元素,即源文档中的所有元素都将应用该模板规则。

如果为某些元素已经建立了模板规则,默认情况下会优先使用更具体的规则,而不是通过通配符匹配的规则。

在匹配子结点时也可以使用通配符,它代替层次结构中的任意元素名。例如,match＝"Match/＊/Name"是指匹配 Match 元素下的所有名称为 Name 的孙元素。

6.4.4　使用 ID 匹配单个元素

如果需要将某个样式应用于单个特定元素中,最简单的方式是将样式添加到元素的 ID 属性中。可以使用 id()选择符实现这种功能,并且 ID 值要用单引号括起来,如下所示。

```
<xsl:template match = "id('g1')">
    <h1><xsl:value-of select = "."></h1>
</xsl:template>
```

该条规则将使 ID 值为"g1"的元素以 h1 显示。

当然这种方法假设以该方式选择的元素具有在源文档的 DTD 中声明为 ID 类型的属性。但是,一般情况下并非如此。首先,不是所有的文档都有 DTD。其次,即使有 DTD,也无法保证任何元素都有 ID 类型的属性。

6.4.5　使用@匹配属性结点

前几节主要介绍如何匹配元素结点,下面介绍如何匹配其他类型的结点。

@符号根据属性名称选择结点,并匹配相应的样式。如果要根据属性选择结点,必须在该属性名称前面加上@符号作为前缀。

```
<xsl:template match = "@Type">
    <h1><xsl:value-of select = "."/></h1>
</xsl:template>
```

但是,上面的样式如果应用于例 6.1,将不会出现任何以 h1 显示的字符。在默认情况下,XSLT 处理器并不会遍历属性结点,必须使用 xsl:apply-template 和一个相应的 select 属性来显式处理属性结点。

【例 6.6】　使用@匹配属性结点

```
<xsl:stylesheet version = "1.0" xmlns:xsl = "http://www.w3.org/1999/XSL/Transform">
    <xsl:template match = "/Matches">
        <html>
            <body>
                <table border = "1">
                    <tr>
                        <th>Match Type</th>
                        <th>Team Type</th>
```

```
                           <th> Team Name </th>
                           <th> Score </th>
                           <th> Team Type </th>
                           <th> Team Name </th>
                           <th> Score </th>
                        </tr>
                        <xsl:apply-templates />
                </table>
            </body>
        </html>
    </xsl:template>
    <xsl:template match = "Match">
        <tr>
            <td><xsl:value-of select = "Type"/></td>
            <xsl:apply-templates select = "Team"/>
        </tr>
    </xsl:template>
    <xsl:template match = "Team">
        <td><xsl:apply-templates select = "@Type"/></td>
        <td><xsl:value-of select = "Name"/></td>
        <td><xsl:value-of select = "Score"/></td>
    </xsl:template>
    <xsl:template match = "@Type">
        <xsl:value-of select = "."/>
    </xsl:template>
</xsl:stylesheet>
```

也可以用< xsl:value-of select＝"@Type">来取代最后一个模板规则。将该样式表应用于例 6.1,其显示结果如图 6-7 所示。

Match Type	Team Type	Team Name	Score	Team Type	Team Name	Score
Group	Host	Brazil	3	Guest	Croatia	1

图 6-7　使用@匹配属性结点

6.4.6　使用 comments()匹配注释结点

如果没有明确指出,XSLT 会完全忽略 XML 文档中的注释部分。然而在一些特殊的情况下,如将一种标记语言转换为另一种标记语言时,注释必须完整地保留下来。这时,可以使用 comment()来选择注释。虽然 comment()带有括号,但并不包含任何参数。

下面的模板规则将把文档中的所有注释用斜体显示在浏览器上。

```
<xsl:template match = "comment()">
    <i><xsl:value-of select = "."/></i>
</xsl:template>
```

文档中可能存在多处注释,像上面的代码那样统一处理所有注释的样式显然是不合适的。为了区别不同的注释,可以用层次操作符选择特定元素内的注释。例如:

```
<xsl:template match = "Match/comment()">
    <i><xsl:value-of select = "."/></i>
</xsl:template>
```

在 xsl:comment 元素中的内容,XSL 将它作为注释信息,并不显示在浏览器中。下列规则匹配了所有的注释,并用 xsl:comment 元素将这些注释复制回文档中。

```
<xsl:template match = "comment()">
    <xsl:comment><xsl:value-of select = "."/></xsl:comment>
</xsl:template>
```

6.4.7 使用 processing-instruction() 匹配处理指令结点

与注释类似,处理指令同样会被 XSLT 所忽略,可以使用 processing-instruction() 函数。processing-instruction() 函数的参数是用引号括起来的字符串,这个字符串是所选择的处理指令名称。processing-instruction() 函数也可以不包含任何参数。在这种情况下,当前结点的第一个处理指令子结点将会被匹配。例如,下列代码会将 XML 文档中的第一个处理指令以斜体显示在浏览器上。

```
<xsl:template match = "processing-instruction()">
    <i><xsl:value-of select = "."/></i>
</xsl:template>
```

xsl:processing-instruction 元素可以添加一个处理指令到结果树中。例如:

```
<xsl:template match = "processing-instruction('xml-stylesheet')">
    <xsl:processing-instruction name = "xml-stylesheet">
        <xsl:value-of select = "."/>
    </xsl:processing-instruction>
</xsl:template>
```

实际上,XSLT 之所以区分根元素和根结点,主要就是为了读取和处理序言中的处理指令。

6.4.8 使用 text() 匹配文本结点

XSLT 处理器把文本也作为树状结构的一个结点类型。文本属于元素的内容,而且文

可扩展的样式语言

本结点的值也是元素结点的值的一部分。尽管如此，XSLT 还是允许通过 text()操作符来明确选择一个元素的文本子元素。该操作符和 comment()一样不包含任何参数。例如：

```
< xsl:template match = "text()">
    < xsl:value - of select = "."/>
</xsl:template >
```

实际上 XSLT 处理器为所有的 XSLT 文档都提供了以上默认规则，即输出文本结点的全部内容。如果没有对文本结点的处理作任何约定，处理器就会按照默认规则进行处理。

```
< xsl:template match = "text()">
    < i >< xsl:value - of select = "."/></i>
</xsl:template >
```

如果在 XSLT 文档中添加了上述代码，则修改了文本结点输出的默认规则，所有的文本结点的值都将以斜体的形式显示。

6.4.9 使用或操作符

有时需要对 XML 文档树状结构中的一些结点作同样的处理，即某一条模板规则可能要应用于多个结点。这需要模板规则匹配多种模式，可以用"|"或操作符来实现。

例如，想对 Date 元素、City 元素和 Team 元素的 Name 子元素使用同样的规则，可以使用如下的代码。

```
< xsl:template match = "Date | City | Team/Name">
    < b >< xsl:value - of select = "."/></b>
</xsl:template >
```

以上代码会把需要应用规则的 3 个元素结点的值都以粗体的形式显示。

6.4.10 使用[]进行测试

到目前为止，只是把结点的值显示在浏览器上。如果要想测试匹配相应模式的结点的更多细节，可以使用[]。如检验一个特定元素是否包含给定的子元素、属性或其他结点，检验属性的值是否为给定的字符串，检验元素的值是否匹配字符串，以及检验给定元素在层次结构中的位置。

【例 6.7】 使用[]进行测试

```
<?xml version = "1.0"?>
< xsl:stylesheet version = "1.0" xmlns:xsl = "http://www.w3.org/1999/XSL/Transform">
    < xsl:template match = "/">
        < html >
            < body >
```

```
                <table border = "1">
                    <tr>
                        <th> Host </th>
                        <th> Score </th>
                        <th> Guest </th>
                        <th> Score </th>
                    </tr>
                    <xsl:apply-templates />
                </table>
            </body>
        </html>
    </xsl:template>
    <xsl:template match = "Match">
        <tr>
            <xsl:apply-templates select = "Team"/>
        </tr>
    </xsl:template>
    <xsl:template match = "Team[Name]">
        <xsl:apply-templates select = "@Type"/>
    </xsl:template>
    <xsl:template match = "Team[@Type = 'Host']">
        <td><xsl:value-of select = "Name"/></td>
        <td><xsl:value-of select = "Score"/></td>
    </xsl:template>
    <xsl:template match = "Team[@Type = 'Guest']">
        <td><xsl:value-of select = "Name"/></td>
        <td><xsl:value-of select = "Score"/></td>
    </xsl:template>
</xsl:stylesheet>
```

例 6.7 在浏览器中的显示结果如图 6-8 所示。

Host	Score	Guest	Score
Brazil	3	Croatia	1

图 6-8　使用[]进行测试

可以在[]中使用或操作符,如< xsl:template match＝"Team[Name]">可以写成< xsl:template match＝"Team[Name ｜ Score]">。对于元素和属性,还可以使用相等符号(＝)来检验它们的值与给定字符串是否相等。如上例中的< xsl:template match＝"Team[@Type＝'Host']">,如果 Team 元素的 Type 属性的值为 Host,则匹配了该模板规则,会输出相应的内容。

"｜"和"＝"都属于 XPath 表达式,在测试中还可以包含更加复杂的 XPath 表达式。

可扩展的样式语言

6.5　XSLT 输出

到目前为止,讨论的重点都集中在 XSLT 的元素、函数等内容上,它们是 XSLT 模板的主要组成部分,但并没有在输出控制中起到主要的作用。下面将要介绍在文档输出控制中起主要作用的元素。

6.5.1　属性值模板

在 6.2.2 节中,为了更加清晰地显示 XML 文档的树状结构,把例 2.7 改为例 6.1 的形式。由于属性等和元素一样被 XSLT 视为结点,因此例 2.7 和例 6.1 实际上拥有同样的层次结构。

由于子元素和属性这两种设计在没有子结构的情况下没有本质区别,因此有时可能需要对这两种形式进行转换,如把例 6.1 的文档转换为例 2.7 的形式。属性值模板允许提取文档中元素的内容,并将这些内容放在输出文档的属性值中。例如:

```
< xsl:template match = "Match">
    < Match Date = "{Date}" City = "{City}" Type = "{Type}">
        < xsl:apply - templates select = "Team"/>
    </Match>
</xsl:template>
< xsl:template match = "Team">
    < Team Name = "{Name}" Type = "{@Type}" Score = "{Score}"/>
</xsl:template>
```

{}中的数据为元素的名称,在输出时,将以相应元素的值取代{}和元素名称。在属性值模板中可以使用任何 XPath 表达式。

6.5.2　xsl:element 元素

如果需要提取输入文档中元素属性的值,并将其转换为输出文档中相应元素的子元素,那么可以借助 xsl:element 元素。xsl:element 元素可以将一个元素插入到输出文档。输出元素的名称由 xsl:element 的 name 属性的属性值模板给出。例如,假设要将例 2.7 中的 Team 元素的 Type 属性的值来代替 Team 元素,即转换为 Host 和 Guest,可以使用下面的代码将 Type 属性值转换为元素名。

```
< xsl:template match = "Team">
    < xsl:element name = "{@Type}">
        < Name >< xsl:value - of select = "@Name"></Name >
    </xsl:element >
</xsl:template >
```

通常情况下元素的标记可以在模板中直接添加,如前面几节的例子所示。只有在对元素的名称有特殊要求时(如用源文档的属性值作为输出文档的元素)才会使用 xsl:element 元素。

6.5.3　xsl:attribute 元素和 xsl:attribute-set 元素

　　xsl:attribute 可以在元素内部创建属性,属性的名称由 xsl:attrubute 的 name 属性值提供,属性的值放在标记< xsl:attribute >和</xsl:attribute >之间。例如:

```
< xsl:template match = "Match">
    < xsl:element name = "Match">
        < xsl:attribute name = "Date">
            < xsl:value - of select = "Date"/>
        </xsl:attribute >
    </xsl:element >
</xsl:template >
```

　　对于例 2.7,上述代码将产生下列输出。

```
< Match Date = "2014 - 6 - 13">
</Match >
```

如代码中所示,若要对输出元素或 xsl:element 设置属性,xsl:attribute 元素需紧跟在输出元素或 xsl:element 元素的开始标记之后。下面的代码将对 Team 元素添加 Date 属性,而不是像上面那样为 Match 元素添加 Date 属性。

```
< xsl:template match = "Match">
    < xsl:element name = "Match">
        < xsl:element name = "Team">
            < xsl:attribute name = "Date">
                < xsl:value - of select = "Date"/>
            </xsl:attribute >
        </xsl:element >
    </xsl:element >
</xsl:template >
```

　　如果需要将同样一组属性应用于多个不同的元素,可以使用 xsl:attribute-set 元素来定义属性集合,然后使用 xsl:user-attribute-sets 属性将属性集包含在元素中。

```
< xsl:attribute - set name = "TableAttribute">
    < xsl:attribute name = "width">100 % </xsl:attribute >
    < xsl:attribute name = "border">1</xsl:attribute >
</xsl:attribute - set >
```

在样式表的顶层输入上面的代码,就可以在模板规则中使用该属性集。例如:

```
< xsl:template match = "Match">
    < html >
        < table xsl:use - attribute - sets = "TableAttribute">
```

167

第6章

可扩展的样式语言

```
        <tbody>
            <tr>
                <th>Host</th>
                <th>Score</th>
                <th>Guest</th>
                <th>Score</th>
            </tr>
            <tr>
                <xsl:apply-templates select="Team"/>
            </tr>
        </tbody>
    </table>
    </html>
</xsl:template>
<xsl:template match="Team[@Type='Host']">
    <td><xsl:value-of select="Name"/></td>
    <td><xsl:value-of select="Score"/></td>
</xsl:template>
<xsl:template match="Team[@Type='Guest']">
    <td><xsl:value-of select="Name"/></td>
    <td><xsl:value-of select="Score"/></td>
</xsl:template>
```

其对应的输出的结果如下。

```
<html>
    <table width="100%" border="1">
        <tbody>
            <tr>
                <th>Host</th>
                <th>Score</th>
                <th>Guest</th>
                <th>Score</th>
            </tr>
            <tr>
                <td>Brazil</td>
                <td>3</td>
                <td>Croatia</td>
                <td>1</td>
            </tr>
        </tbody>
    </table>
</html>
```

6.5.4　xsl:processing-instruction 元素

如果要在输出文档中放置一个处理指令,可以通过 xsl:processing-instruction 元素来实现。其中 name 属性指明了处理指令的目标,xsl:processing-instruction 元素的内容将会变成处理指令的内容。下面的代码将会用 gcc 处理指令替代 XML 文档中的 title 元素。

```
<xsl:template select = "title">
    <xsl:processing - instruction name = "gcc"> - 02
    </xsl:processing - instruction>
</xsl:template>
```

输入文档中的 title 元素将由下面的处理指令代替。

```
<?gcc - 02?>
```

6.5.5 xsl:comment 元素

要在输出文档中插入注释可以使用 xsl:comment 元素,例如下列模板。

```
<xsl:template select = "Match">
    <xsl:comment>There was a Match element here.</xsl:comment>
</xsl:template>
```

这条规则将会用以下的输出代替所有的 Match 结点。

```
<! - There was a Match element here. ->
```

6.5.6 xsl:text 元素

要在输出文档中插入文本可以使用 xsl:text 元素。将需要输出的文本包含在< xsl:text >和</xsl:text>标记之间。

xsl:text 元素不太常用,大多数时候直接输入文本比将文本放置在< xsl:text >和</xsl:text>标记之间更简便。然而,这个元素有助于对空格的管理,因为它精确地保留了空格,即使结点只包含空格而没有其他内容。在默认情况下,XSLT 处理器会删除样式表中只包含空格的所有文本结点。在输出诗歌、代码或者空格有重要含义的文档时,使用 xsl:text 元素对空格进行管理就非常有价值。

此外,xsl:text 还可以将"<"和"&"直接输出显示,而不必使用实体引用"<"和"&"。这有点类似 CDATA 节的功能。

下列模板规则在输出文档中将例 5.1 中的 Match 元素替换为字符串"Match data lacked.":

```
<xsl:template select = "Match">
    <xsl:text>Match data lacked.</xsl:text>
</xsl:template>
```

可扩展的样式语言

6.5.7 xsl：copy 元素

xsl：copy 元素可以将上下文结点复制到输出文档中。下面的模板会将 Team 元素的所有属性和子元素复制到输出文档中，并用粗体显示。

```
<xsl:template match = "Team">
    <xsl:copy>
        <b><xsl:value - of select = "."/></b>
    </xsl:copy>
</xsl:template>
```

使用 xsl：copy 元素还可以实现文档的恒等转换，即将文档转换为它本身。恒等转换的代码如下所示。

```
<xsl:template match = " * |@ * |comment()|processing - instruction()|text()">
    <xsl:copy>
        <xsl:apply - templates select = " * |@ * |comment()|processing - instruction()|text
()"/>
    </xsl:copy>
</xsl:template>
```

以上代码的含义为：复制所有的元素、属性、注释、处理指令及文本。

6.5.8 xsl：number 元素

xsl：number 元素可以在输出文档中插入一个格式化的整数。该整数由 value 属性的值指定。value 属性可以包含任何数据，XPath 会将其隐式转换为整数。

【例 6.8】 xsl：number 元素

```
<?xml version = "1.0"?>
<xsl:stylesheet version = "1.0" xmlns:xsl = "http://www.w3.org/1999/XSL/Transform">
    <xsl:template match = "/">
        <html>
            <body>
                <table border = "1">
                    <tr>
                        <th>Match Number</th>
                        <th>Host</th>
                        <th>Score</th>
                        <th>Guest</th>
                        <th>Score</th>
                    </tr>
                    <xsl:apply - templates />
                </table>
            </body>
        </html>
```

```
        </xsl:template>
        <xsl:template match = "Match">
            <tr>
                <td><xsl:number value = "position()"/></td>
                <xsl:apply – templates select = "Team"/>
            </tr>
        </xsl:template>
        <xsl:template match = "Team[@Type = 'Host']">
            <td><xsl:value – of select = "Name"/></td>
            <td><xsl:number value = "Score"/></td>
        </xsl:template>
        <xsl:template match = "Team[@Type = 'Guest']">
            <td><xsl:value – of select = "Name"/></td>
            <td><xsl:number value = "Score"/></td>
        </xsl:template>
    </xsl:stylesheet>
```

将该样式表应用于例 2.7 的 XML 文档中,在浏览器中的显示结果如图 6-9 所示。

Match Number	Host	Score	Guest	Score
2	Brazil	3	Croatia	1

图 6-9　使用 xsl:number 元素对结点进行数字处理

如图 6-9 所示,<xsl:number value＝"position()"/>输出的是上下文 Match 结点在所有上下文结点列表中的位置序数。<xsl:number value＝"Score"/>将 Team 元素的 Score 属性的值作为数字展现出来。如果由于输入错误或其他原因导致该 XML 文档的 Score 值不为数字,则 xsl:number 元素会将其显示为 NaN(Not a Number)。

<xsl:number/>可以输出匹配模式的元素在兄弟结点中的位置,而 position()函数返回在上下文结点列表中的相对位置。例如:

```
    <xsl:template match = "Team">
        <xsl:number/>
    </xsl:template>
```

由于 Match 元素有且仅有两个 Team 子元素,因此会顺次输出 1 和 2。如果有多个 Match 元素,这时也有多个 Team 元素,但由于它们不隶属于同一个 Match 父元素,因此它们不算是兄弟结点,使用<xsl:number/>会循环输出 1 和 2。

除 value 属性外,xsl:number 还包含其他一些属性。如 level、count、from、format 等。

将 xsl:number 元素的 level 属性设置为 any,可以对文档中和上下文结点属于同类的所有元素进行计数。如把<xsl:number level＝"any"/>插入上面的代码中,如果存在多个 Match 元素,将对所有的 Team 元素进行计数,无论它们是否隶属于同一个 Match 父元素。

第 6 章

可扩展的样式语言

如果设置了 count 属性的值,可以指定对哪些元素进行计数。例如:

```
<xsl:template match = "Match">
    <xsl:number count = "Team"/>
</xsl:template>
```

将对 Match 元素中的 Team 元素进行计数。count 属性的值为 XPath 表达式。

from 属性的值也为 XPath 表达式,它指定从输入树状结构的哪一个元素开始计数,只有在使用 level="any"时,from 属性才会生效。

使用 format 属性可以调整 xsl:number 的默认计数样式。format 属性值可能的取值如下。

(1) I:生成大写的罗马数字,如Ⅰ、Ⅱ、Ⅲ、Ⅳ、Ⅴ……

(2) i:生成小写的罗马数字,如ⅰ、ⅱ、ⅲ、ⅳ、ⅴ……

(3) A:生成大写字母,如 A、B、C、D、E……

(4) a:生成小写字母,如 a、b、c、d、e……

(5) 1:生成数字,如 1、2、3、4、5……

(6) 01:生成以 0 开头的十位数编号,如 01、02、03、04、05……

6.5.9 xsl:sort 元素

对于循环输出的多个元素,并非只能按默认顺序显示。可以在 xsl:apply-templates 或 xsl:for-each 中嵌套使用 xsl:sort 元素来对输出元素进行排序。

xsl:sort 的 select 属性指定了排序的依据。如果在 xsl:apply-templates 或 xsl:for-each 中出现多个 xsl:sort,按照 xsl:sort 中 select 属性所指定的元素出现的先后顺序进行排序。

xsl:sort 还包含 order 属性,其值可为 ascending 或 descending,分别指明按照 select 属性所指定的元素的升序或降序排列。其中 ascending 为默认值。

xsl:sort 的 data-type 属性的值可为 number 或 text,分别说明按照数字方式或文本方式进行排序,其中 text 为默认值。

【例 6.9】 xsl:sort 元素

```
<?xml version = "1.0"?>
<xsl:stylesheet version = "1.0" xmlns:xsl = "http://www.w3.org/1999/XSL/Transform">
    <xsl:template match = "Matches">
        <html>
            <body>
                <table border = "1">
                    <tr>
                        <th>Match No.</th>
                        <th>Date</th>
                        <th>City</th>
                    </tr>
                    <xsl:apply-templates>
                        <xsl:sort select = "City" order = "descending"/>
```

```
                                </xsl:apply-templates>
                        </table>
                    </body>
                </html>
            </xsl:template>
            <xsl:template match="Match">
                <tr>
                    <td><xsl:number value="position()"/></td>
                    <td><xsl:apply-templates select="City"/></td>
                    <td><xsl:apply-templates select="Date"/></td>
                </tr>
            </xsl:template>
        </xsl:stylesheet>
```

6.5.10 xsl:variable 元素

几乎所有的编程语言都允许定义常量,XML 虽然是一门标记语言而非专业的编程语言,但它具备高度的可扩展性和操作性。它允许使用 xsl:variable 元素定义常量,例如:

```
<xsl:variable name="MyVariable">
    This is my variable!
</xsl:variable>
```

然后可以在 xsl:value-of 元素的 select 属性中引用该变量,引用方式是在变量之前添加 $ 符号作为前缀,例如:

```
<xsl:value-of select="$MyVariable"/>
```

虽然 variable 字面意思是变量,但在这里定义的其实只是常量。一旦使用 xsl:variable 定义了一个常量,就无法再改变。为了避免混淆,在本书中使用常量一词。

和 Java、C 等编程语言一样,XSLT 里的常量也有声明范围。声明在模板规则中的常量是局部常量,只能在该模板规则中使用。声明在 xsl:stylesheet 中的常量为全局常量,可以在该文档的任意模板规则中使用。

单个常量不能直接或间接递归引用它本身,多个常量之间也不能相互引用。

6.5.11 xsl:if 元素和 xsl:choose 元素

和编程语言类似,XSL 也提供了条件判断元素:xsl:if 和 xsl:choose。

xsl:if 根据 test 属性所定义的布尔表达式的真假来决定是否执行其中的内容。如果表达式的值为 true,则输出 xsl:if 元素的内容;如果为 false,其内容就会被忽略。这有点类似于 Java、C 等编程语言中的 if 语句。例如,只输出 Team 名称,并且每个名称之间以分号隔开,可以使用下面的代码。

```
< xsl:template match = "Match">
    < xsl:for - each select = "Team">
      < xsl:value - of select = "Name"/>
        < xsl:if test = "not(position() = last())">;</xsl:if >
    </xsl:for - each >
</xsl:template >
```

这样如果上下文结点为结点列表中最后一个结点,则其后面不会再输出分号,即为"Brazil;Croatia"的形式,而不是"Brazil;Croatia;"的形式。

xsl:choose 元素从多个可能的条件中选择一个进行输出,每个条件及其所对应的模板写在子元素 xsl:when 中。xsl:when 元素的 test 属性定义了布尔表达式,如果其值为 true,则执行该 xsl:when 元素中的内容;如果为 false,则忽略。如果多个 xsl:when 所定义的条件都为 true,只输出第一个为 true 的 xsl:when 的元素内容;如果所有的 xsl:when 的条件都为 false,则输出 xsl:otherwise 元素的内容。这类似于 Java、C 等编程语言中的 switch 语句。

如果希望对例 2.7 的 XML 文档根据不同的 Team 名称进行判断,显示不同的颜色,可以使用 xsl:choose 元素。

【例 6.10】 xsl:choose 元素

```
<?xml version = "1.0"?>
< xsl:stylesheet version = "1.0" xmlns:xsl = "http://www.w3.org/1999/XSL/Transform">
    < xsl:template match = "Match">
        < html >
            < body >
                < table border = "1">
                    < tr >
                        < th > Team </th>
                        < th > Score </th>
                    </tr>
                    < xsl:apply - templates select = "Team"/>
                </table>
            </body >
        </html >
    </xsl:template >
< xsl:template match = "Team">
    < xsl:choose >
        < xsl:when test = "Name = 'Brazil'">
            < tr bgcolor = "lightgreen">
                < td >< xsl:value - of select = "Name"/></td>
                < td >< xsl:value - of select = "Score"/></td>
            </tr >
        </xsl:when >
        < xsl:when test = "Name = 'Croatia'">
            < tr bgcolor = "yellow">
                < td >< xsl:value - of select = "Name"/></td>
```

```
                    <td><xsl:value-of select="Score"/></td>
               </tr>
          </xsl:when>
          <xsl:otherwise>
               <tr bgcolor = "white">
                    <td><xsl:value-of select="Name"/></td>
                    <td><xsl:value-of select="Score"/></td>
               </tr>
          </xsl:otherwise>
     </xsl:choose>
   </xsl:template>
</xsl:stylesheet>
```

例 6.10 在浏览器中输出的结果如图 6-10 所示。

图 6-10　使用 xsl:choose 元素进行选择

6.5.12　xsl:call-template 元素

在例 6.10 中存在大量重复的代码,几个 xsl:when 元素中的内容绝大部分都相同,如果要修改某一个 xsl:when 的内容,其余的可能都要进行修改,这不太方便。为了更好地进行代码复用,XSLT 里提供了模板调用的方式,即通过 name 属性对模板命名,在需要使用的地方通过 xsl:call-template 元素进行调用。

将例 6.10 稍加改动,变为如下的形式。

【例 6.11】　xsl:call-template 元素

```
<?xml version = "1.0"?>
<xsl:stylesheet version = "1.0" xmlns:xsl = "http://www.w3.org/1999/XSL/Transform">
    <xsl:template match = "Match">
        <html>
            <body>
                <table border = "1">
                    <tr>
                        <th>Team</th>
                        <th>Score</th>
                    </tr>
                    <xsl:apply-templates select = "Team"/>
                </table>
            </body>
        </html>
```

```
            </xsl:template>
            <xsl:template match = "Team">
                <xsl:choose>
                    <xsl:when test = "Name = 'Brazil'">
                        <tr bgcolor = "lightgreen">
                            <xsl:call - template name = "TeamTemplate"/>
                        </tr>
                    </xsl:when>
                    <xsl:when test = "Name = 'Croatia'">
                        <tr bgcolor = "yellow">
                            <xsl:call - template name = "TeamTemplate"/>
                        </tr>
                    </xsl:when>
                    <xsl:otherwise>
                        <tr bgcolor = "white">
                            <xsl:call - template name = "TeamTemplate"/>
                        </tr>
                    </xsl:otherwise>
                </xsl:choose>
            </xsl:template>
            <xsl:template name = "TeamTemplate">
                <td><xsl:value - of select = "Name"/></td>
                <td><xsl:value - of select = "Score"/></td>
            </xsl:template>
        </xsl:stylesheet>
```

如果要对 Name 和 Score 进行输出方式上的修改,只需改动名称为 TeamTemplate 的模板的内容即可。如果不使用命名的模板,将无法避免修改每一个 xsl:when 元素。

与函数类似,还可以对模板指定参数,这就增加了模板的灵活性。在模板中参数用 xsl:param 子元素表示,在 xsl:call-template 和 xsl:apply-template 元素中,使用 xsl:with-param 向模板传递参数。例如,如果想对 Team 的 Name 添加链接,单击之后显示该队的队员等详细介绍,可以对名称为 TeamTemplate 的元素设置参数 NameFile,在调用时把 Name 属性的值传递给该模板。

```
    <xsl:template name = "TeamTemplate">
        <xsl:param name = "NameFile">Name. html</xsl:param>
        <td><xsl:value - of select = " $ NameFile"/></td>
        <td><xsl:value - of select = "Score"/></td>
    </xsl:template>
    <xsl:call - template name = "TeamTemplate">
        <xsl:with - param name = "NameFile">
            <xsl:value - of select = "Name"/>. html
        </xsl:with - param>
    </xsl:call - template>
```

xsl:param 元素的内容 Name. html 为参数的默认值。在模板中使用参数时与使用常量类似,需要在名称前面加"$"符号作为前缀。

6.5.13 xsl:output 元素

本章中列举的大多数示例都把 XML 文档转换为 HTML 文档。在默认情况下，XSLT 处理器将把 XML 文档转换为 XML 文档，只有在处理器识别到 HTML 的根元素 html(不区分大小写)时才使用 HTML 输出方式。实际上除了 XML、HTML 外，处理器还支持文本输出方式。

可以使用顶级元素 xsl:output 改变输出方式。该元素的 method 属性指定了要使用的输出方式。其值可为 xml、html 或 text。例如：

```
<xsl:output method = "html"/>
```

xsl:output 元素还包含一些其他的属性，用于对文档进行全局控制。

（1）当输出方式是 XML 文档时，version 属性用来指定 XML 声明的版本。

（2）当输出方式是 XML 文档时，encoding 属性用来指定编码名称。

（3）当输出方式是 XML 文档时，omit-xml-declaration 属性的值为 yes 或 no。当为 yes 时，XML 声明不包含在输出文档中；如果为 no，则包含在输出文档中。

（4）当输出方式是 XML 文档时，standalone 属性的值为 yes 或 no，它用来指定 XML 声明的 standalone 属性。

（5）doctype-system 属性用来插入 DTD 的 SYSTEM 标识符。

（6）doctype-public 属性用来插入 DTD 的 PUBLIC 标识符。

（7）indent 属性的值为 yes 或 no(默认)，用来指定文档的缩进。

（8）cdata-section-elements 属性的值为文档中的元素名称，它可以将该元素的内容封装在 CDATA 节中。

（9）media-type 属性用来指定输出文档的 MIME 媒体类型。

6.6　XSLT 合并样式表

截至目前所列举的示例中，都是将规则设置在一个单一的样式表文档中。然而，有时在设置 XSLT 规则时，有必要引入多个样式表。合并样式表可以使用 xsl:import 和 xsl:include 元素。这两个元素都是顶级元素。

xsl:import 元素必须出现在 xsl:stylesheet 根元素下的其他任何顶层元素之前，其 href 属性提供了要引入的样式表 URI 地址。假设要在 Matches.xsl 中引入 ImportStyle1.xsl 和 ImportStyle2.xsl 这两个样式表，可以使用下面的代码。

```
<?xml version = "1.0"?>
<xsl:stylesheet version = "1.0" xmlns:xsl = "http://www.w3.org/XSL/Transform/1.0">
    <xsl:import href = "ImportStyle1.xsl"/>
    <xsl:import href = "ImportStyle2.xsl"/>
</xsl:stylesheet>
```

可扩展的样式语言

如果被引入的样式表(如 ImportStyle1)中的规则与原有样式表(命名为 Matches 的样式表)冲突,那么将以被引入样式表(即 ImportStyle1)为准。此外,如果被引入样式表(即 ImportStyle1 和 ImportStyle2)相互冲突,则以最后引入的样式表(即 ImportStyle2)为准。

xsl:include 元素可以将一个样式表内容复制到当前样式表中 xsl:include 元素出现的位置。其 href 属性提供了要包含的样式表的 URI 地址;xsl:include 元素可以出现在最后一个 xsl:import 元素后的任意顶级位置。实际上 XSLT 处理器并不能区分包含的规则和原文档中的规则,因此它们具有同等的优先级。

与在 HTML 中嵌入 CSS 类似,也可以在 XML 中嵌入 XSLT。但这种形式不能很好地区分源树状结构、转换和输出树状结构的层次关系,而且也不利于对样式表进行重用,因此并不常用。

6.7   XPath 简介

XPath 是一种在 XSL 和 XLink 中都采用的,用来定位 XML 文档部分内容的语言,XPath 在 XML 文档中通过元素和属性进行导航。与 XSLT 类似,XPath 也把 XML 文档视为一个树状结构,包含 7 种类型的结点,分别为元素、属性、文本、命名空间、处理指令、注释及文档结点(或称为根结点)。

在前面所介绍的 xsl:apply-templates、xsl:value-of、xsl:for-each 等元素中,都包含 select 属性,用来精确指出所要操作的结点,该属性的值是用 XPath 语言编写的路径表达式。除了路径表达式,XPath 还包含超过 100 个内建的函数。这些函数用于字符串值、数值、逻辑值、日期和时间比较、结点处理、序列处理等。

6.7.1   XPath 表达式

XPath 使用类似 URI 的 XML 文档层次(树状)结构进行导航,以获得路径名称。例如,要定位 Match 元素的 City 子元素,可以使用下面的 XPath 表达式。

```
/child::Match/child::City
```

大多数情况下使用 XPath 的简易语法,上面的代码可以简化为如下形式。

```
/Match/City
```

这就与前面所使用的 select 属性的值(匹配模式)一样了。

虽然所有的匹配模式都是 XPath 表达式,但并不意味着所有的表达式都是匹配模式。有很多不能在匹配模式中使用的 XPath 表达式,但所有的 XPath 表达式都可以作为匹配表达式出现在 select 属性的值中。

XPath 可以通过引用祖先结点、兄弟结点和后代结点来选择结点。此外,还可以产生其他数据类型的值。XPath 表达式的输出为结点集、字符串、布尔值或数字。

与 URI 类似,XPath 表达式也包含绝对路径和相对路径。以文档根结点开始定位的路径为绝对路径,以"/"开头。直接以结点名称开始的表达式为相对路径。以"//"开头的路径代表整个文档中满足条件的所有元素。

在 XPath 中,作为起点的特殊结点称为上下文(context)。

6.7.2　XPath 结点轴

与上下文结点相关联的结点集合称为结点轴(axis)。XPath 提供了一系列结点轴,使用这些轴可以选取树中相对于当前结点定位的其他结点。例如,显示当前元素的父元素、子元素或者其他后代元素。表 6-2 总结了这些轴及其含义。

表 6-2　结点轴

轴	选 择 位 置
ancestor	上下文结点的父结点,上下文结点的父结点的父结点,以此类推直至根结点
ancestor-or-self	上下文结点的祖先结点及上下文结点本身
attribute	上下文结点的属性
child	上下文结点的直接子结点
descendant	上下文结点的子结点,上下文结点的子结点的子结点,以此类推
descendant-or-self	上下文结点的后代结点及上下文结点本身
following	上下文结点之后的所有结点
following-sibling	上下文结点之后,并与上下文结点有相同父结点的所有结点
namespace	上下文结点的命名空间
parent	上下文结点的父结点
preceding	上下文结点开始之前结束的所有结点
preceding-sibling	上下文结点开始之前结束的所有结点,并与上下文结点有相同的父结点
self	上下文结点本身

可以通过结点轴对表达式作一定的限制,从而缩小结点集合的范围。轴后面一般都跟一个“∷”(两个冒号)符号,表示对结点集合进行进一步分解。例如:

```
< xsl:template match = "Match">
    <p><xsl:value - of select = "child::Date"></p>
    <p><xsl:value - of select = "child::City"></p>
    <p><xsl:value - of select = "child::Type"></p>
</xsl:template >
```

该模板规则匹配 Match 元素。当匹配了 Match 元素时,该元素就是上下文元素。从上下文元素中选择子元素 Date、City 和 Type,并进行输出。在前面使用的< xsl:value-of select＝"Date">省略了“child∷”,为 child 轴的缩写形式。

正如前面所说,不是所有的表达式都可以作为匹配模式,parent 轴就是其中之一。在匹配模式中不允许引用父元素,因此也不能使用 parent 轴。但所有的 XPath 表达式都是匹配表达式,可以在匹配表达式中引用 parent 轴。例如:

```
< xsl:template match = "Name">
    <p><xsl:value - of select = "parent::Team"></p>
</xsl:template >
```

该模板规则匹配 Name 元素，输出其父元素 Team 元素的值。parent 轴的缩写形式为"．."。事实上，为了避免在编写复杂的表达式时过于冗长，XPath 为常用的轴定义了缩写形式。表 6-3 列出了完整形式和缩写形式的对应关系。

表 6-3 XPath 表达式的完整形式和缩写形式

完 整 形 式	缩 写 形 式
．	self：：node()
f．．	parent：：node()
fname	child：：name
f@ name	attribute：：name
f//	/descendant-or-self：：node()

轴除了使用结点名称以外，还可以使用下列 5 个结点类型函数。

（1）＊：用来选择元素结点的通配符。

（2）comment()：用来选择一个注释结点。

（3）text()：用来选择文本结点。

（4）processing-instruction()：用来选择处理指令结点，包含一个指定处理指令名称的可选参数。

（5）node()：用来选择任何类型的结点。

6.7.3 XPath 表达式类型

在 XSLT 中使用到的 XPath 有 5 种类型的表达式：结点集、布尔型、数字型、字符串和结果树片段。

1. 结点集

结点集(node set)顾名思义是一组结点的集合。所有的结点轴返回的都是匹配了 XPath 表达式的结点集，例如，在例 6.1 中应用下列模板规则：

```
<xsl:template match = "Match">
    <xsl:value - of select = "child::Team">
</xsl:template>
```

当匹配模式 match＝"Match"匹配了 Match 元素后，Match 即为上下文结点。其匹配表达式 select＝"child：：Team"将返回两个 Team 元素，这两个 Team 元素也就是表达式所返回的结点集。

还有一个与结点集相关的术语——上下文结点列表，它是同时与一个规则相匹配的一组元素，如 xsl：apply-templates 规则返回的结点集。例如，如果输入 XML 文档有两个 Match 元素，则< xsl：apply-templates select＝"Match">模板将会被调用两次，分别对应两场比赛。因此，当它第一次被调用时，上下文结点为第一个 Match 元素；第二次被调用时，上下文结点为第二个 Match 元素。在这两次被调用的过程中，上下文结点列表则是包含这两场比赛 Match 元素的集合。

XPath 有许多用于操作结点集的函数，常用的函数如表 6-4 所示。

表 6-4　用于操作结点集的函数

函　　数	返回值 类型	返　回　值
count(nodeset)	数字型	结点集中的结点数
id(string)	结点集	同一文档中 ID 是 string 的结点集；如果没有元素匹配,返回空集
last()	数字型	上下文结点列表中最后一个结点的位置,即列表中的结点数量
local-name(nodeset)	字符串	结点集中第一个结点的合法名称(不带有命名空间前缀);可以不使用任何参数获得上下文结点的合法名称
name(nodeset)	字符串	结点集中第一个结点的合法名称;可以不使用任何参数获得上下文结点的合法名称
namespace-uri(nodeset)	字符串	结点集中第一个结点的命名空间 URI;可以不使用任何参数获得上下文结点的命名空间 URI
position()	数字型	上下文结点在上下文结点列表中的位置,列表中的第一个结点的位置为 1

2. 布尔型

布尔型的对象只能有两个值：真(true)或假(false)。布尔操作符通常用来进行条件判断。例如,对上下文结点使用 position()＝1 时,如果上下文结点在上下文结点列表中的位置是第一个,则返回 true,否则返回 false。例如：

```
<xsl:template match = "Match[position() = 1]">
    <xsl:value-of select = "."/>
</xsl:template>
```

当期望为布尔型数据的位置出现了其他类型的数据,通常会对其使用 boolean()函数进行隐式转换。该函数可将任何类型的参数转换为布尔型,转换规则如下。

(1) 数字型为真当且仅当它不为零或 NaN(Not a Number)。

(2) 结点集为真当且仅当它不为空。

(3) 字符串为真当且仅当它的长度不为零。

(4) 其他类型的对象依照所属类型的转换方式转换成布尔型。

除了"＝"外,还可以使用其他一些运算符来生成布尔类型,如!＝(不等于)、<(小于)、>(大于)、<＝(小于等于)、>＝(大于等于)。由于"<"在属性值中是非法的,因此必须用实体引用"<"来代替。例如：

```
<xsl:template match = "Match/Team[position()>1]">
    <xsl:value-of select = "."/>
</xsl:template>
```

还可以使用关键字 and 和 or 将多个布尔表达式合并。and 进行的是逻辑与运算,or 进行的是逻辑或运算。and 表达式的求值是对每个操作数进行求值,并将其转换为布尔型(隐式调用 boolean()函数)。如果其中所有的操作数的值均为 true,则其值为 true,否则为 false。如果左边的操作数求值为 false,则其值即为 false,右边的操作数将不再参加求值。

181

第 6 章

可扩展的样式语言

or 表达式的求值也是对每个操作数进行求值，并将结果转换为布尔型（隐式调用 boolean() 函数）。如果其中所有的操作数的值均为 false，则其值为 false，否则为 true。如果左边的操作数求值为 true，则其值即为 true，右边的操作数将不再参加求值。例如：

```
<xsl:template match = "Match/Type[position() = 1 and position() = last()]">
    <xsl:value - of select = "."/>
</xsl:template>
```

如果 Type 元素为其父元素 Match 的第一个子元素，也是最后一个子元素，即唯一子元素，则执行该模板规则。由于 position() = 1 返回 false，该表达式的值即为 false，position() = last() 将不被求值。

可以使用 not() 函数对操作结果取反。例如：

```
<xsl:template match = "Match[not(position() = 1)]">
    <xsl:value - of select = "."/>
</xsl:template>
```

上面的代码将对除第一个 Match 元素以外的其他 Match 元素应用该模板规则。

对于布尔类型的操作符的优先级（按分号分隔由低到高）：or；and；=、! =；<=、<、>=、>。

3. 数字型

数字代表的是浮点数。数字可以有任何 64 位双精度格式的 IEEE 754 值。这些包括特殊的 NaN 值、正负无穷大和零。非数字类型如果需要转换为数字，可以通过 number() 函数进行转换。

XPath 提供了 4 个标准的算术运算符：+（相加）、-（相减）、*（相乘）、div（相除）。由于"/"符号在 XPath 中具有其他的用途，如匹配父元素的子元素，因此相除必须使用 div 操作符。

例如，下面的代码将输出进球数在 3 个以上的比赛。

```
<xsl:template match = "Match[Team[@Type = 'Host']/Score + Team[@Type = 'Guest']/Score > 3]">
    <xsl:value - of select = "."/>
</xsl:template>
```

由于 XML 的命名规范允许在元素名称中出现"-"，因此在使用"-"作为减号时需要显式地在"-"前后插入空格，否则将认为该表达式为一个带连字符的元素名称。

XPath 还提供求模运算符 mod，返回两数相除的余数，如 5 mod 2 的结果为 1。

此外，XPath 还支持 5 种可以操作数字的函数如下。

（1）abs()：返回数字的绝对值。

（2）ceiling()：返回比所给数字大的最小整数。

（3）floor()：返回比所给数字小的最大整数。

（4）round()：取舍到与所给数字最接近的整数。

（5）sum()：返回所有参数的总和。

4. 字符串

字符串是一串 Unicode 字符，可以使用 string()函数将其他的数据类型转化为字符串型。转化规则如下。

（1）结点集合返回在结点集合中下一个结点的值。如果结点为空则返回空字符串。

（2）NaN 转换成字符串"NaN"。

（3）正无穷大转换成字符串"Infinity"。

（4）负无穷大转换成字符串"-Infinity"。

（5）如果数字为负数，则在前面加一个负号。

（6）布尔类型的假值转换为字符串"false"，布尔类型的真值转换为字符串"true"。

（7）不是以上基本类型的对象依照所属类型的方式转换为字符串。

除此之外，XPath 还提供了一系列用来对字符串进行操作的函数，如表 6-5 所示。

表 6-5　对字符串进行操作的函数

函　数	返回值类型	返　回　值
compare(string，string)	数字	如果第一个字符串小于第二个字符串，则返回 -1。如果第一个字符串等于第二个字符串，则返回 0。如果第一个字符串大于第二个字符串，则返回 1
concat(string，string，…)	字符串	将所有作为参数的字符串连接在一起，返回连接后的字符串，连接后的字符串排列顺序与参数排列顺序相同
contains(string，string)	布尔型	如果第一个字符串参数包含第二个字符串参数，返回 true，否则，返回 false
end-with(string，string)	布尔型	如果第一个字符串参数以第二个字符串参数结尾，返回 true；否则，返回 false
lower-case(string)	字符串	返回字符串参数的全小写形式
normalize-space(string)	字符串	清除开头及结尾的空白字符串以及用一个空格替换连续的空格
start-with(string，string)	布尔型	如果第一个字符串参数以第二个字符串参数开头，返回 true；否则，返回 false
string-length(string)	数字	返回字符串中字符的个数
substring(string，number，number)	字符串	返回第一个字符串参数从第二个参数所指定的位置开始，以第三个参数为长度的子字符串
substring-after(string，string)	字符串	返回第一个字符串参数在第二个参数首次出现之后的子字符串，如果第一个字符串参数不包含第二个字符串参数则返回空字符串
substring-before(string，string)	字符串	返回第一个字符串参数在第二个参数首次出现之前的子字符串，如果第一个字符串参数不包含第二个字符串参数则返回空字符串
translate(string，string，string)	字符串	返回第一个参数的字符串，其中在第二个参数中出现的字符都被在第三个参数中相对应位置的字符所替换
upper-case(string)	字符串	返回字符串参数的全大写形式

可扩展的样式语言

5. 结果树片段

一个结果树片段就是 XML 文档的一部分，它不是一个完整的结点或结点集。由于结果树片段不是一个格式规范的 XML 文档，因此对这种类型并没有太多的操作。唯一可能用到的操作就是使用 boolean() 和 string() 函数将它们转换为布尔值或者字符串。

6.7.4 XPath 路径定位举例

由于 XPath 的语法比较烦琐，在本节以列表的方式为读者列举大量的实例，读者可以参考前面的介绍，对这些 XPath 进行消化理解，如表 6-6 所示。

表 6-6 路径定位举例

完 整 形 式	缩 写 形 式	描 述
child::para	para	选择上下文结点的 para 子元素
child::*	*	选择上下文结点的所有子元素
child::text()	text()	选择上下文结点的所有文本结点
child::node()		选择上下文结点的所有子结点，无论是什么样的结点类型
attribute::name	@name	选择上下文结点的 name 属性
attribute::*	@*	选择上下文结点的所有属性
descentant::para	.//para	选择上下文结点的 para 子孙元素
ancestor::div		选择上下文结点的 div 祖先
ancestor-or-self::div		选择上下文结点的 div 祖先，并且如果上下文结点为 div 元素，该结点也会被选择
descentant-or-self::para	//para	选择上下文结点中所有的 para 子孙元素，并且如果上下文结点为 para 元素，该结点也会被选择
self::para	./para	如果上下文结点是 para 元素，则选择该上下文结点，否则不选择任何东西
child::chapter/descentant::para	chapter//para	选择上下文结点的 chapter 子元素的所有的 para 孙元素
child::*/child::para	*/para	选择上下文结点的所有 para 孙结点
/		选择文档的根结点
/descentant::para		选择在同一文档中所有的 para 元素作为上下文结点
/descentant::olist/child::item	//olist/item	选择在同一文档中所有的以 olist 为父的 item 元素作为上下文结点
child::para[position()=1]	para[1]	选择上下文结点的第一个 para 子元素
child::para[position()=last()]	para[last()]	选择上下文结点的最后一个 para 子元素
child::para[position()=last()-1]	para[last()-1]	选择上下文结点的倒数第二个 para 子元素
child::para[position()>1]		选择上下文结点中除第一个以外所有的 para 子元素
following-sibling::chapter[position()=1]		选择上下文结点的下一个 chapter 兄弟元素

完整形式	缩写形式	描述
preceding-sibling∷chapter[position()=1]		选择上下文结点的前一个 chapter 兄弟元素
/descendant∷figure[position()=42]		选择文档中第 42 个 figure 元素
/child∷doc/child∷chapter[position()=5]/child∷section[position()=2]	/doc/chapter[5]/section[2]	选择文档元素 doc 的第 5 个 chapter 子元素的第 2 个 section 子元素
child∷para[attribute∷type='warning"]		选择的上下文结点中的 para 子元素,该子元素有值为 warning 的属性 type
child∷para[attribute∷type='warning'][position()=5]	para[@type="waring"][5]	选择的上下文结点中所有的属性 type 且值为 warning 的第 5 个 para 子元素
child∷para[position()=5][attribute∷type="warning"]	para[5][@type="warning"]	选择的上下文结点中第 5 个 para 子元素,如果该子元素有 type 属性且值为 warning 则匹配,否则不匹配
child∷chapter[child∷title='Introduction']	chiapter[title="Introduction"]	选择的上下文结点的 chapter 子元素,这些子元素至少有一个值为 Introduction 的 title 子元素
child∷chapter[child∷title]	chapter[title]	选择的上下文结点中至少有一个 title 子元素的 chapter 子元素
child∷*[self∷chapter or self∷appendix]		选择上下文结点的 chapter 和 appendix 子元素
child∷*[self∷chapter or self∷appendix][position()=last()]		选择上下文结点的最后一个 chapter 或 appendix 子元素

6.8 XSL-FO 简介

XSL-FO 是用于格式化 XML 数据的语言。XSL-FO 基于 XML 标记语言,用于描述向屏幕、纸或者其他媒介输出 XML 数据的格式化信息。

6.8.1 XSL-FO 区域

XSL-FO 定义了一系列矩形框(区域)来显示输出,所有的输出都会被格式化到这些区域中,然后被显示或打印到一定的目标媒介。区域主要包含 5 种类型:Page(页面)、Region(区)、Block Area(块区域)、Line Area(行区域)、Inline Area(行内区域)。

(1) Page:XSL-FO 的输出信息会被格式化到 Page 中。如果是打印输出,通常会分为许多分割的页面;如果是浏览器输出,通常会成为一个长页面。Page 包含 Region。

(2) Region:每个 XSL-FO 页面均包含一系列的 Region:region-body(页面主体)、region-before(页面页眉)、region-after(页面页脚)、region-start(左侧栏)、region-end(右侧

栏)。Region 包含 Block Area。

（3）Block Area：用于定义小的块元素（通常由一个新行开始），如段落、表格及列表等。Block Area 可以包含其他的 Block Area，不过大多数情况下它们包含的是 Line Area。

（4）Line Area：定义了块区域内部的文本行。Line Area 包含 Inline Area。

（5）Inline Area：定义了行内部的文本，如着重号、单字符及图像等。

6.8.2 XSL-FO 主要元素

本节通过一个 XSL-FO 文档来描述 XSL-FO 的主要元素。XSL-FO 文档是带有输出信息的 XML 文件，包含着有关输出布局及输出内容的信息。XSL-FO 文档可以存储在以 .fo 或 .fob 为后缀的文件中，当然以 .xml 为后缀的存储方式也很常见，这样可以使 XSL-FO 文档容易被 XML 编辑器存取。

例 6.12 是 XSL-FO 文档的一个示例。

【例 6.12】 简单 XSL-FO 文档

```
<?xml version = "1.0"?>
<fo:root xmlns:fo = "http://www.w3.org/1999/XSL/Format">
    <fo:layout - master - set>
            <fo:simple - page - master master - name = "A4" page - width = "297mm" page -
height = "210mm" margin - top = "1cm" margin - bottom = "1cm" margin - left = "1cm" margin -
right = "1cm">
            <fo:region - body margin = "3cm"/>
            <fo:region - before extent = "2cm"/>
            <fo:region - after extent = "2cm"/>
            <fo:region - start extent = "2cm"/>
            <fo:region - end extent = "2cm"/>
        </fo:simple - page - master>
    </fo:layout - master - set>
    <fo:page - sequence master - reference = "A4">
        <fo:flow flow - name = "xsl - region - body">
            <fo:block font - size = "14pt" font - family = "verdana" color = "red" space -
after = "5mm">
                2014 Brazil World Cup
            </fo:block>
            <fo:block border - style = "solid" border - width = "1px" padding = "2px" space -
after = "5mm">
                Group
            </fo:block>

            <fo:list - block>
                <fo:list - item>
                    <fo:list - item - label>
                        <fo:block> * </fo:block>
                    </fo:list - item - label>
                    <fo:list - item - body>
                        <fo:block margin - left = "10px">2014 - 6 - 13 Sao Paulo</fo:block>
                    </fo:list - item - body>
```

```
                    </fo:list-item>
                </fo:list-block>

                <fo:table>
                    <fo:table-column column-width="50mm"/>
                    <fo:table-column column-width="50mm"/>
                    <fo:table-header>
                        <fo:table-row>
                            <fo:table-cell>
                                <fo:block font-weight="bold">Team</fo:block>
                            </fo:table-cell>
                            <fo:table-cell>
                                    <fo:block font-weight="bold">Score</fo:block>
                            </fo:table-cell>
                        </fo:table-row>
                    </fo:table-header>
                    <fo:table-footer>
                        <fo:table-row>
                            <fo:table-cell>
                                    <fo:block font-style="italic">Brazil was the victor!
</fo:block>
                            </fo:table-cell>
                        </fo:table-row>
                    </fo:table-footer>
                    <fo:table-body>
                        <fo:table-row>
                            <fo:table-cell>
                                <fo:block>Brazil</fo:block>
                            </fo:table-cell>
                            <fo:table-cell>
                                <fo:block>3</fo:block>
                            </fo:table-cell>
                        </fo:table-row>
                        <fo:table-row>
                            <fo:table-cell>
                                <fo:block>Croatia</fo:block>
                            </fo:table-cell>
                            <fo:table-cell>
                                <fo:block>1</fo:block>
                            </fo:table-cell>
                        </fo:table-row>
                    </fo:table-body>
                </fo:table>
            </fo:flow>
        </fo:page-sequence>
    </fo:root>
```

    XSL-FO 文档是一个格式良好的 XML 文档，因此必须包含声明。fo：root 是 XSL-FO 文档的根元素，根元素也声明了命名空间为 xmlns：fo＝"http：//www.w3.org/1999/XSL/

可扩展的样式语言

Format"（本书中 XSL-FO 相关元素的名称前都用 fo:前缀作为标识,用户也可以使用其他前缀）。

　　fo:layout-master-set 元素表示页面模板集合,可以包含一个或多个页面模板。

　　fo:simple-page-master 元素表示一个单一的页面模板,该页面模板的名称为"A4",每个页面模板必须有一个唯一的名称。值得注意的是,这里的"A4"仅仅是一个名称,并不是代表某个预定义的页面格式,有关该页面的具体格式需要进行定义。fo:layout-master-set 元素包含定义页面尺寸的相关属性:page-width(页面宽度)、page-height(页面高度)。fo:layout-master-set 元素还包含定义页面边距的属性:margin-top(上边距)、margin-bottom(下边距)、margin-left(左边距)、margin-right(右边距)、margin(所有边的边距)。

　　页面模板包含多个区,可以用 fo:region-body、fo:region-before、fo:region-after、fo:region-start、fo:region-end 元素来分别限定页面主体、页面页眉、页面页脚、左侧栏、右侧栏。

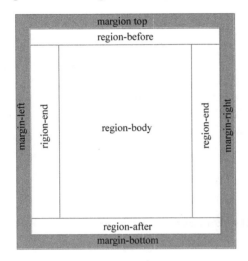

图 6-11　页面各部分的关系

有关页面各部分的关系如图 6-11 所示。

　　fo:page-sequence 元素表示页面的内容,即输出页面。其 master-reference 属性通过名称来指向一个页面模板的引用,每个输出页面都会引用一个定义布局的页面模板。

　　fo:page-sequence 元素会嵌套一个 fo:flow 元素,fo:flow 包含所有被打印到页面的元素。当页面被打印满后,相同的页面模板会被循环使用,直到所有的页面都被打印为止。fo:flow 元素有一个名为 flow-name 的属性,定义了 fo:flow 元素的内容的位置,合法的取值与页面的区对应,分别如下:

　　(1) xsl-region-body:进入 region-body。

　　(2) xsl-region-before:进入 region-before。

　　(3) xsl-region-after:进入 region-after。

　　(4) xsl-region-start:进入 region-start。

　　(5) xsl-region-end:进入 region-end。

　　fo:block 元素嵌套于 fo:flow 元素中,fo:block 的属性可以设置块区域的样式,fo:block 的内容代表将要输出的内容。在设置样式时可以针对 space before、space after、margin、border、padding 等方面分别定义其字体、样式、颜色、宽度、背景等特征。space before 和 space after 是块与块之间起分割作用的空白;margin 是块外侧的空白区域;border 是区域边框,其 4 个边可有不同的宽度,也可被填充为不同的颜色和背景图像;padding 是位于内容区域与边框之间的区域。块区域各部分之间的关系如图 6-12 所示。

　　除了 fo:block 元素,例 6.12 还使用了常见的列表块元素 fo:list-block 和表格元素 fo:table。fo:list-block 元素一般情况下需要结合 3 个元素一起使用,分别如下。

　　(1) fo:list-item:列表中的每个项目。

　　(2) fo:list-item-label:用于 list-item 的列表标记,通常是一个数字或者特殊字符。

　　(3) fo:list-item-body:list-item 的主体或内容,通常是一个或多个 fo:block 元素。

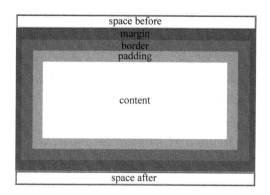

图 6-12　块区域各部分的关系

与 fo：table 元素经常结合使用的元素如下。

（1）fo：table-column：用于规定位于同一列的表格单元格特征属性。

（2）fo：table-header：fo：table 的表头。

（3）fo：table-footer：fo：table 的表脚。

（4）fo：table-body：fo：table 的主体内容。

（5）fo：table-row：fo：table 的一行表格。

（6）fo：table-cell：fo：table 的一个单元格，其中的内容常常是 fo：block 元素。

利用 Apache FOP 软件对 XSL-FO 文档进行解析并转换为 PDF 文档，例 6.12 的显示效果如图 6-13 所示。

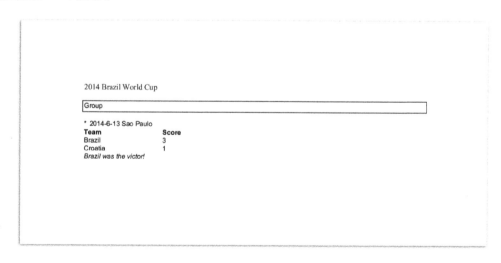

图 6-13　例 6.12 的 PDF 显示效果

本 章 小 结

➢ XSL 是 XML 首选的样式表语言，它比 CSS 更加复杂。

➢ XSL 包括 3 个部分内容：XSLT、XPath 和 XSL-FO。

➢ XSLT 将 XML 文档看作源文档，然后它同时检验 XML 和 XSL 文档，并且按照后者

第 6 章

可扩展的样式语言

指定的规则做出判断。XSL 处理器按照样式表中的指令输出一个新的 XML 文档。

➤ XSLT 会将一个 XML 树状结构转换为另一个 XML 树状结构。

➤ xsl:template 元素表示模板规则,它具有 match 属性。match 属性代表一种模式,标识出可以应用该规则的结点。如果模板没有 name 属性,则 match 属性是必需的。

➤ XSL 提供了一种匹配文档中根结点的方法。可以通过将 match 的属性值设置为"/"来指明 XML 文档中的根结点。

➤ 可以使用双斜杠"//"来匹配任何层次上的后代结点。

➤ @符号按照属性名称选择结点并匹配相应的样式。

➤ "或"(OR)操作符实际上是一个竖线(|),它允许一条模板规则匹配多种模式。

➤ 通过使用[]可以进行其他测试,如可以检验一个特定元素是否包含给定的子元素、属性或者其他结点。

➤ xsl:element 将一个元素插入到输出文档中。

➤ xsl:attribute 可以在元素内部建立属性,属性的名称由关键字 name 来提供,属性值放在标记< xsl:attribute >和</ xsl:attribute >之间。

➤ 在输出文档中放置一个处理指令是通过 xsl:processing-instruction 元素来实现的。

➤ 在输出文档中插入一段注释可以使用 xsl:comment 元素。

➤ xsl:text 是一个文本生成元素,它非常精确地保存了空格,增强了对空格的管理。

➤ 可以使用 xsl:copy 元素从 XML 源文档中将元素复制到输出文档的结果树中。

➤ xsl:number 元素会在输出文档中插入一个格式化的整数,其 value 属性可以包含任何数据,XPath 会将其隐式转换为整数;也可以使用 format 属性来设置 xsl:number 的默认计数类型。

➤ 要实现排序,必须将 xsl:sort 元素添加为 xsl:apply-templates 或者 xsl:for-each 元素的子元素。

➤ xsl:variable 结构非常简单,它保存一个值,这个值可以在文档的其他地方引用。

➤ 可以使用 xsl:if 和 xsl:choose 选择元素。xsl:if 和 xsl:choose 的子元素 xsl:when 都包含 test 属性,用来判断其表达式的布尔值。

➤ 可以为模板设置 name 属性来对模板命名,在需要使用的地方通过 xsl:call-template 元素进行调用。

➤ 可以使用顶级元素 xsl:output 改变输出方式。该元素的 method 属性指定了要使用的输出方式。

➤ 可以使用顶级元素 xsl:import 和 xsl:include 进行样式表的合并。

➤ 在 XPath 中有 5 种类型的表达式,它们是结点集、布尔型、数字型、字符串和结果树片段。

➤ XPath 提供了一系列结点轴,使用这些结点轴可以选取树中相对于当前结点定位的其他结点。例如,显示当前元素的父元素、子元素或者其他后代元素。

➤ XPath 提供了很多函数返回结点集,这些结点集包含符合匹配条件的所有结点。

➤ 布尔操作符通常用来检验当一个特定规则发生作用时某一种情况是否出现。

➤ 可以使用关键字 and 和 or 来将多个布尔表达式结合起来。

➤ 可以使用 not()函数进行取反操作,它颠倒了操作符的含义。

- XPath 可以识别 4 种标准数学操作符：＋、－、＊、div。
- XSL-FO 定义了一系列矩形框来显示输出，包含 5 种类型：Page（页面）、Region（区）、Block Area（块区域）、Line Area（行区域）、Inline Area（行内区域）。
- fo：layout-master-set 元素表示页面模板集合，fo：simple-page-master 元素表示一个单一的页面模板，页面模板包含页面主体、页面页眉、页面页脚、左侧栏、右侧栏 5 个区。
- fo：page-sequence 元素表示页面的内容，fo：page-sequence 元素会嵌套一个 fo：flow 元素，fo：flow 包含所有被打印到页面的元素。这些元素主要有 fo：block 元素、fo：list-block 元素、fo：table 元素。

思 考 题

1. 什么是 XSL？它包含哪几部分？

2. xsl：value-of 和 xsl：for-each 元素有什么异同？

3. 如何用 XPath 选择上下文结点中除第一个以外的所有 para 子元素？写出其完整形式。

4. fo：simple-page-master 页面模板包含哪几个区？

5. 下面是有关个人简历的 XML 文档，请写出可以将其转换为 HTML 的 XSLT 文档，以表格的方式显示数据。转换的结果如图 6-14 所示。

```
<?xml version = "1.0" encoding = "UTF - 8"?>
< Resume >
    < Objective >
        < Position > Software Development Engineer </Position >
        < Company > Kirin Co.</Company >
    </Objective >
    < PersonalInformation >
        < Name > Zhang San </Name >
        < Sex > male </Sex >
        < Age > 25 </Age >
        < Major > Software Engineering </Major >
        < School > BUAA </School >
        < Tel > 123456 </Tel >
        < Cell > 654321 </Cell >
        < Degree > Master Degree </Degree >
    </PersonalInformation >
    < EducationBackground >
        < Background >
            < Time > 2014 - 2016 </Time >
            < Major > Software Engineering </Major >
            < Department > School of Computer Science and Engineering </Department >
            < School > BUAA </School >
        </Background >
        < Background >
```

第 6 章

可扩展的样式语言

```
                <Time> 2010 - 2014 </Time>
                <Major> Management Information System </Major>
                <Department> School of Economics and Management </Department>
                <School> BUAA </School>
            </Background>
        </EducationBackground>
    </Resume>
```

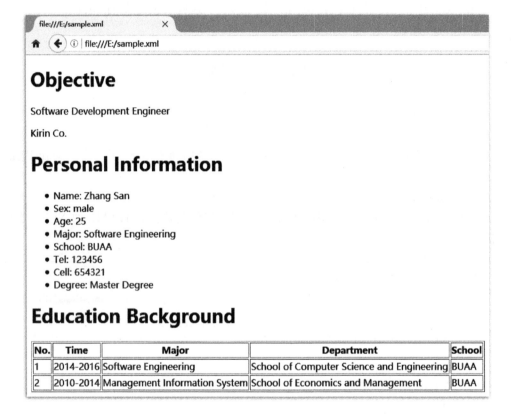

图 6-14　转换结果

6. 为例 2.8 编写一个 XSLT 样式表，尽量使用本章所介绍的内容。

第 7 章　XQuery 查询语言

7.1　XQuery 概述

XQuery 即 XML Query,是 W3C 制定的一套标准,是用来从类 XML 文档中提取信息的查询语言。这里的类 XML 文档可以理解成一切符合 XML 数据模型和接口的实体,既可以是标准 XML 格式的文本文件,也可以是包含 XML 形态数据的数据库。XQuery 对于 XML 的作用类似于结构化查询语言(Structured Query Language,SQL)对于关系型数据库的作用。XQuery 本质是一门语言,因此需要使用合适的工具来执行查询语言。

目前,XQuery 已经成为了工业标准,不仅有一些专门的软件(如 XMLSpy)可以方便地处理 XQuery,而且 XQuery 也被绝大多数数据库引擎所支持,如 Oracle、SQL Server、DB2 等。

7.1.1　XQuery 与 XPath、XSLT 的关系

XQuery 与 XPath 和 XSLT 的关系十分密切。一方面,从 XPath 角度来看,XQuery 被构建在 XPath 表达式之上,XQuery 和 XPath 使用相同的数据模型,并支持相同的函数和运算符,它们的语法和语言描述也是同源的以保证统一性;另一方面,从 XSLT 角度来看,XQuery 和 XSLT 都是构建在 XPath 之上,都可以用于提取 XML 中的数据,因此两者在功能方面有许多重叠的地方。但是需要注意 XQuery 和 XSLT 的关键区别:XQuery 主要用于从类 XML 文档中提取数据,并可以将提取的数据放入任意的文档片段中,XQuery 采用全新的查询语法;而 XSLT 主要用于将 XML 转换为其他文档,具有内置的遍历引擎,默认情况下会处理整个文档,XSLT 仍然采用 XML 语法。

总之,XQuery 和 XSLT 共享相同的基础,即 XPath,XQuery 和 XSLT 也是 XPath 的两个不同的使用环境。

7.1.2　XQuery 示例

例 7.1 是 XQuery 的一个简单示例,该查询针对例 2.7 的文档,假设例 2.7 的文档保存为 match.xml。

【例 7.1】　简单 XQuery 示例

```
xquery version "1.0" encoding "utf - 8";
(: 注释 :)
for $ team in doc("match.xml")/Matches/Match/Team
return < TwoTeam >{ $ team}</TwoTeam >
```

上例中 version 用于表示 XQuery 的版本,目前已经有 3.1 版本,这里仍然以 1.0 版本举例。encoding 用于声明本查询的编码格式。在 XQuery 中,注释语句用"(:"和":)"包围。最后两行是查询语句的主体内容,使用了 for 子句进行遍历和 return 子句返回结果。doc()函数用于打开 match.xml 文件,紧接着使用路径表达式在 XML 文档中通过元素进行导航,用于选取 Matches 元素的 Match 子元素的所有的 Team 子元素。返回结果是 TwoTeam 的结点。

例 7.1 在 XMLSpy 中的运行结果如图 7-1 所示。

```
<TwoTeam><Team Name="Brazil" Type="Host" Score="3"/></TwoTeam><TwoTeam><
Team Name="Croatia" Type="Guest" Score="1"/></TwoTeam>
```

图 7-1　XQuery 简单示例运行结果

7.2　XQuery 常用表达式

本节介绍 XQuery 中一些常用表达式,基本能够涵盖 XQuery 的大部分功能。

7.2.1　基本表达式

XQuery 的查询部分主要是各种表达式的应用,由表达式的组合来完成目标功能。在 XQuery 中,最基本的就是基本表达式。基本表达式包括直接量、变量引用、圆括号、上下文项、函数调用等。

直接量就是在 XQuery 中直接给出的值,主要包括字符串和数值两种类型。字符串直接量对应 xs:string 类型。数值直接量分为整型和非整型,整形直接量对应 xs:integer 类型,非整型对应 xs:decimal 或者 xs:double 类型,其中 xs:decimal 比 xs:double 类型拥有更小的范围和更高的精度。

变量引用是指通过一个特定的标识符以引用变量,在 XQuery 中,变量引用的符号是 $ 。

圆括号用于在计算或判断的时候提高某一部分的优先级,用法与常见数学表达式中的括号用法一样,这里不再赘述。例如(1+2) * 3 的结果是 9,而不是 7。

上下文项主要指代当前文档结点,也可以结合序列等指代当前原子值。XQuery 使用小圆点(.)来表示当前的上下文项,这与 XPath 中表示当前结点的方式一样。

上文已经提到过,XQuery 和 XPath 共享相同的内置函数库,它们两者调用函数的方式也完全相同,调用函数由函数名和实参列表两部分构成。此外,XQuery 还预置了命名空间 http://www.w3.org/2005/xpath-functions,因此可以在 XQuery 中直接使用该命名空间下的函数,无须添加前缀。如果需要使用其他命名空间的函数,如自定义函数,则需要加上命名空间前缀。

7.2.2　算术表达式

算术表达式由算术运算符和数值连接而成,XQuery 支持的算术运算符有以下几类。

（1）＋：加、求正。

（2）－：减、求负,注意在使用该运算符时需要在前面添加空格,以与连字符区别。

（3）＊：乘。

（4）div：除。

（5）idiv：整除。

（6）mod：求余。

当 XQuery 进行算术运算时,会试图将操作数转换为数值型数据。如果算术表达式中的操作数是一个空序列,则返回的结果也是空序列。如果操作数是一项序列并且序列项可以转换为数值型,则算术表达式可以成功计算。如果操作数是长度大于 1 的序列,那么将引起类型转换错误。后面表达式的转换规则在类似情况下与算术表达式相同。

7.2.3 比较表达式

XQuery 提供 3 种比较方式:值比较、通用比较、结点比较,返回的结果都是 xs:boolean 型的 true 或者 false。

值比较运算符通常只对字符串型和数值型等原子值起作用,如“3 eq 5”返回 false。常用的运算符如下。

（1）eq：等于。

（2）ne：不等于。

（3）lt：小于。

（4）le：小于等于。

（5）gt：大于。

（6）ge：大于等于。

通用比较运算符的操作数可以是任何长度的序列,只要第一个序列中的某个序列项和第二个序列中的某个序列项满足通用比较运算符的要求就返回 true,否则返回 false。例如“(1,2)＝(2,3)”会返回 true,因为第一个序列中的第二项等于第二个序列中的第一项。通用比较运算符也可以用于数值型数据。几种通用比较运算符如下。

（1）＝：等于。

（2）!＝：不等于。

（3）＜：小于。

（4）＜＝：小于等于。

（5）＞：大于。

（6）＞＝：大于等于。

结点比较运算符针对结点,用来比较结点是否是同一结点或者结点出现的前后顺序。结点比较运算符如下。

（1）is：判断两个结点是否是同一结点。

（2）＜＜：判断左边结点是否在右边结点之前。

（3）＞＞：判断左边结点是否在右边结点之后。

结点比较运算符的语法示例如下。

【例 7.2】 结点比较运算符

```
xquery version "1.0" encoding "utf - 8";
doc("match.xml")/Matches/Match <<
        doc("match.xml")/Matches/Match/Team[1]
```

以上结果返回 true,因为在文档中 Match 是 Team 元素的父元素,父元素总是位于其所有子元素之前。

7.2.4 逻辑表达式

逻辑表达式用于进行逻辑运算,包括 and 和 or 两种运算方式,这两种运算方式都要求前后两个操作数是 xs:boolean 类型。对于 and 运算符而言,只有当前后两个操作数都为 true 时返回 true;对于 or 运算符而言,只要前后两个操作数中有一个为 true 则返回 true。

例如"1 eq 1 and 2 eq 2"返回 true;"1 eq 2 or 2 eq 2"返回 true。

7.2.5 序列表达式

序列表达式主要包括构造序列、过滤序列、组合结点序列等功能。

XQuery 提供两种简单的方式来构造序列:使用逗号(,)或者关键字 to。当使用逗号时,序列的每项值都需要列出,项与项靠逗号分隔,如(1,3,5,7,9)就构造了一个 5 项序列,每项依次为 1、3、5、7 和 9。to 关键字只需要给出序列的首项和末项,如(1 to 5)也构造了一个 5 项序列,每项依次为 1、2、3、4 和 5,如下例所示。

【例 7.3】 序列表达式

```
xquery version "1.0" encoding "utf - 8";
for $ item in (1 to 5)
return < h1 >{ $ item}</h1 >
```

执行以上的 XQuery 可以得到如下结果。

```
< h1 > 1 </h1 >< h1 > 2 </h1 >< h1 > 3 </h1 >< h1 > 4 </h1 >< h1 > 5 </h1 >
```

过滤序列就是使用限定语法,对序列中的项进行过滤。XQuery 中的限定语法与 XPath 一样,都是在序列后紧跟方括号,根据方括号中的限定谓语执行过滤,如下例所示。

【例 7.4】 限定谓语

```
xquery version "1.0" encoding "utf - 8";
for $ item in (1 to 5)[. mod 2 eq 0]
return < h1 >{ $ item}</h1 >
```

执行以上的 XQuery 可以得到如下结果。

```
< h1 > 2 </h1 >< h1 > 4 </h1 >
```

组合结点序列主要是指对多个结点序列执行求并、求交、排除等操作。求并操作使用关键字 union 或者|运算符,用于取得两个结点序列的并集。求交操作使用关键字 intersect,用于取得两个结点序列的交集。排除操作使用关键字 except,用于返回在第一个结点序列中出现的,但没有在第二个结点序列中出现的所有项。使用 union 的语法示例如下所示,其他关键字的使用语法类似。

【例 7.5】 组合结点序列

```
xquery version "1.0" encoding "utf - 8";
for $ item in doc("match.xml")/Matches/Match/Team[1]
    union doc("match.xml")/Matches/Match/Team[2]
return <li>{ $ item}</li>
```

执行以上的 XQuery 可以得到如下结果。

```
<li><Team Name = "Brazil" Type = "Host" Score = "3"/></li><li><Team Name = "Croatia" Type = "Guest" Score = "1"/></li>
```

7.2.6 条件表达式

条件表达式由 if-then-else 语句构成,其作用与许多编程语言类似,当 if 判断条件返回 true,则执行关键字 then 后的语句,否则执行关键字 else 后的语句。以下是一个使用示例。

【例 7.6】 条件表达式

```
xquery version "1.0" encoding "utf - 8";
for $ item in (1 to 5)
return
    if( $ item < 3) then
    <h1>{ $ item}</h1>
    else
        <h2>{ $ item}</h2>
```

执行以上的 XQuery 可以得到如下结果。

```
<h1>1</h1><h1>2</h1><h2>3</h2><h2>4</h2><h2>5</h2>
```

7.2.7 量词表达式

量词表达式包含存在量词 some 和全称量词 every。量词表达式以 some 或者 every 开始,后面跟若干个 in 子句,然后是关键字 satisfies 和测试表达式。每个 in 子句将一个变量与一个测试表达式关联,量词表达式的返回结果为 true 或者 false,存在量词 some 只要一个项满足测试表达式就返回 true,全称量词 every 要求每个项都满足测试表达式才返回 true。以下是一个使用示例。

【例 7.7】 量词表达式

```
xquery version "1.0" encoding "utf - 8";
some $ item in (1 to 5) satisfies $ item > 3
```

以上的 XQuery 返回结果为 true。

7.2.8 FLWOR 表达式

FLWOR 表达式是 XQuery 中最常用也是功能最强大的一种表达式,该表达式的名称来自 for、let、where、order by 和 return 等子句的首字母缩写。FLWOR 表达式的完整语法格式如下。

```
for 子句 | let 子句
where 子句
order by 子句
return 子句
```

其中 for 子句和 let 子句可以出现一次或多次,但必须至少出现一次,表示遍历或者定义。where 子句用于对结果进行过滤;order by 子句用于对结果进行排序;return 子句用于指定返回表达式。

1. for 子句

for 子句主要用于遍历序列中的每一项,常用使用语法如下例所示。

【例 7.8】 for 子句

```
xquery version "1.0" encoding "utf - 8";
for $ item as xs:integer at $ pos in (1 to 5)[.mod 2 eq 0]
return string - join((string($ pos),string($ item)),"#")
```

上例中 $item 表示序列中的每一项。as xs:integer 用于显式地声明序列项的数据类型,xs 是 XQuery 预声明的限定前缀,代表"http://www.w3.org/2001/XMLSchema"。$pos 表示每一项在序列中的位置索引,而 string-join 为内置字符串连接函数。该 XQuery 的运行结果如下。

```
1#2 2#4
```

for 子句不仅可以针对一个序列使用一个变量,还可以针对多个序列指定多个变量,如下例所示。

【例 7.9】 for 子句指定多个序列

```
xquery version "1.0" encoding "utf - 8";
for $ item1 as xs:integer at $ pos1 in (1 to 5)[.mod 2 eq 0],
    $ item2 at $ pos2 in ("A","B")
return string - join((string($ pos1),string($ item1),string($ pos2),$ item2),"#")
```

上例中使用 for 子句遍历两个序列时，实际上等价于循环嵌套。该 XQuery 的运行结果如下。

```
1#2#1#A 1#2#2#B 2#4#1#A 2#4#2#B
```

2. let 子句

let 子句不是用来遍历序列，而是整体处理序列本身。常用使用语法如下例所示。

【例 7.10】 let 子句

```
xquery version "1.0" encoding "utf - 8";
let $ items : = (1 to 5)[.mod 2 eq 0]
return < h1 >{ $ items}</h1 >
```

上例中：＝符号表示对变量赋值，即将整个序列赋值给变量。该 XQuery 的运行结果如下。

```
< h1 > 2 4 </h1 >
```

let 子句也可以使用多个变量，而且 let 子句还可以和 for 子句结合使用，如下例所示。

【例 7.11】 let 子句与 for 子句结合

```
xquery version "1.0" encoding "utf - 8";
for $ item as xs:integer at $ pos in (1 to 5)[.mod 2 eq 0]
let $ items : = ("A","B")
return < h1 >{string - join((string( $ pos),string( $ item)),"#")} { $ items}</h1 >
```

该 XQuery 的运行结果如下。

```
< h1 >1#2A B</h1 >< h1 >2#4A B</h1 >
```

3. where 子句

where 子句中包含过滤条件，该过滤条件对 for 子句或 let 子句的每一项进行过滤，返回一个布尔型的值。只有当过滤条件返回 true 时，对应项才会被保留，否则将被删除。常用使用语法如下例所示。

【例 7.12】 where 子句

```
xquery version "1.0" encoding "utf - 8";
for $ item as xs:integer at $ pos in (1 to 5)
where $ item gt 3
return < h1 >{string - join((string( $ pos),string( $ item)),"#")}</h1 >
```

上例中过滤条件是序列中大于 3 的项。该 XQuery 的运行结果如下。

```
<h1>4#4</h1><h1>5#5</h1>
```

4. order by 子句

order by 子句用于指定排序规则，order by 后面不仅包括排序表达式，还包括排序方式关键字。排序表达式的计算结果是进行排序决策的依据。排序方式关键字包括升序排列 ascending、降序 descending、空值最大 empty greatest、空值最小 empty least 等。还可以在 order by 之前加上 stable 关键字，用于强制指定稳定排序，也就是当排序结果中包含多个相同值时，排序会依据原有输入顺序。常用使用语法如下例所示。

【例 7.13】 order by 子句

```
xquery version "1.0" encoding "utf-8";
for $item as xs:integer at $pos in (1 to 5)[.mod 2 eq 0]
stable order by $pos descending empty least
return <h1>{string-join((string($pos),string($item)),"#")}</h1>
```

上例中依照序列项在序列中所处的位置降序排列。该 XQuery 的运行结果如下。

```
<h1>2#4</h1><h1>1#2</h1>
```

5. return 子句

return 子句用于指定返回值，通常结合一定的标签以产生格式化的数据，前面的示例都包含 return 字句，这里不再赘述。

7.3　XQuery 其他语法

下面介绍除了常用表达式以外的其他主要语法。

7.3.1　命名空间声明

XQuery 可以定义命名空间声明、变量声明、函数声明等。命名空间声明的作用是为 XQuery 定义一个命名空间，并为该命名空间指定相应前缀。常用使用语法如下例所示。

【例 7.14】 声明命名空间

```
xquery version "1.0" encoding "utf-8";
declare namespace abc = "http://www.abc.com";
<abc:Team>Brazil</abc:Team>
```

声明命名空间需要使用 declare namespace 语句，本例中声明了"http://www.abc.com"的命名空间，前缀为 abc，并且在定义 Team 元素时使用了声明的命名空间。执行该 XQuery 查询将得到如下结果。

```
<abc:Team xmlns:abc = "http://www.abc.com">Brazil</abc:Team>
```

XQuery 预声明了一些限定前缀,以方便使用,使用这些前缀时无须再声明,包括:xml＝"http://www.w3.org/XML/1998/namespace"; xs＝"http://www.w3.org/2001/XMLSchema"; xsi＝"http://www.w3.org/2001/XMLSchema-instance"; fn＝"http://www.w3.org/2005/xpath-functions"; local＝"http://www.w3.org/2005/xquery-local-functions"。

在 XQuery 中当然可以声明默认的命名空间,如下例所示。

【例 7.15】 声明默认命名空间

```
xquery version "1.0" encoding "utf - 8";
declare default element namespace "http://www.abc.com";
< Team > Brazil </Team >
```

其中 declare default element namespace 表示声明了默认的元素命名空间,还可以将 element 换成 function 表示声明默认的函数命名空间。执行该 XQuery 查询将得到如下结果。

```
< Team xmlns = "http://www.abc.com"> Brazil </Team >
```

7.3.2 变量声明

变量声明允许为 XQuery 定义一个变量。将变量声明规定在序言区中,则对 XQuery 查询体全局有效。常用使用语法如下例所示。

【例 7.16】 声明变量

```
xquery version "1.0" encoding "utf - 8";
declare variable $ team as xs:string : = "Brazil";
< Team >{ $ team}</Team >
```

上例中使用 declare variable 语句声明了一个名为 team 的字符串型变量,变量的值为"Brazil"。执行该 XQuery 查询将得到如下结果。

```
< Team > Brazil </Team >
```

7.3.3 函数声明

XQuery 支持自定义函数,使用自定义函数的方式与内置函数类似。常用使用语法如下例所示。

【例 7.17】 声明函数

```
xquery version "1.0" encoding "utf - 8";
declare namespace abc = "http://www.abc.com";
```

```
declare function abc:self - join( $ var){
    concat(concat( $ var, " - "), $ var)
};
abc:self - join("hello")
```

上例通过 declare funciton 语句声明并定义了一个属于 abc 前缀命名空间的函数,函数名称为 self-join,目的是实现字符串本身通过短画线自连接。执行该 XQuery 查询将得到如下结果。

```
hello - hello
```

7.4　XQuery 更新功能

XQuery 在建立之初主要考虑从类 XML 文档中提取有效信息,不包含对 XML 文档的更新,后来出于多方面的需要引入了 XQuery 更新功能(XQuery Update Facility),能够对类 XML 文档的结点执行插入(insert)、删除(delete)、替换(replace)、更名(rename)、转换(transform)等操作。XQuery 更新功能将 XQuery 中的表达式分为了更新表达式和非更新表达式,更新表达式可以修改一个结点的状态,而非更新表达式不能。

7.4.1　插入表达式

使用插入表达式可以将一个或多个结点副本插入到目标结点的指定位置,插入表达式使用 insert 关键字,使用语法如下。

```
insert (node | nodes) < expression1 > ((as (first | last))? into) | after | before < expression2 >
```

其中,既可插入 node 也可插入 nodes;expression1 是插入的结点表达式;as first into 或者 as last into 表示将插入的结点作为目标结点第一个孩子或者最后一个孩子;after 或者 before 表示将插入的结点作为目标结点的左兄弟或者右兄弟;expression2 是目标结点的表达式。下面是一个插入表达式的示例,表示在 Match 元素前插入一个 Title 元素。

【例 7.18】　插入表达式

```
xquery version "1.0" encoding "utf - 8";
insert node < Title > opening </Title > before doc("match.xml")/Matches/Match
```

执行该 XQuery 语句会把原始 match.xml 文档更新成如下结果。

```
<?xml version = "1.0"?>
< Matches >
        < Title > opening </Title >
        < Match Date = "2014 - 6 - 13" City = "Sao Paulo" Type = "Group">
```

```
                < Team Name = "Brazil" Type = "Host" Score = "3"/>
                < Team Name = "Croatia" Type = "Guest" Score = "1"/>
        </Match>
    </Matches >
```

7.4.2 删除表达式

使用删除表达式可以删除结点,删除表达式使用 delete 关键字,使用语法如下。

```
delete (node | nodes) < expression1 >
```

其中,既可删除 node 也可删除 nodes;expression1 是待删除的目标结点表达式。下面是一个删除表达式的示例,表示删除 Match 元素。

【例 7.19】 删除表达式

```
xquery version "1.0" encoding "utf - 8";
delete node doc("match.xml")/Matches/Match
```

执行该 XQuery 语句会把原始 match.xml 文档更新成如下结果。

```
<?xml version = "1.0"?>
< Matches >
</Matches >
```

7.4.3 替换表达式

使用替换表达式可以替换结点或者结点的值,替换表达式使用 replace 关键字,使用语法如下。

```
replace (value of)? node < expression1 > with < expression2 >
```

其中,当没有使用 value of 时表示替换结点,替换的时候要求替换结点和被替换结点是相同的类型。当使用了 value of 时表示替换结点的值。expression1 是被替换的结点或结点值表达式,expression2 是用于替换的结点或结点值表达式。下面是一个替换表达式的示例,表示用第二个 Team 元素替换第一个 Team 元素。

【例 7.20】 替换表达式

```
xquery version "1.0" encoding "utf - 8";
replace node doc("match.xml")/Matches/Match/Team[1]
    with doc("match.xml")/Matches/Match/Team[2]
```

执行该 XQuery 语句会把原始 match.xml 文档更新成如下结果。

```
<?xml version = "1.0"?>
<Matches>
    <Match Date = "2014 - 6 - 13" City = "Sao Paulo" Type = "Group">
        <Team Name = "Croatia" Type = "Guest" Score = "1"/>
        <Team Name = "Croatia" Type = "Guest" Score = "1"/>
    </Match>
</Matches>
```

7.4.4　更名表达式

使用更名表达式可以将一个结点的 name 属性改为一个新的名称,更名表达式使用 rename 关键字,使用语法如下。

```
rename node < expression1 > as < expression2 >
```

其中,expression1 是待更名的结点表达式;expression2 是新名称。下面是一个更名表达式的示例,表示将第一个 Team 元素的名称更名为"TheHost"。

【例 7.21】　更名表达式

```
xquery version "1.0" encoding "utf - 8";
rename node doc("match.xml")/Matches/Match/Team[1] as "TheHost"
```

执行该 XQuery 语句会把原始 match.xml 文档更新成如下结果。

```
<?xml version = "1.0"?>
<Matches>
    <Match Date = "2014 - 6 - 13" City = "Sao Paulo" Type = "Group">
        <TheHost Name = "Brazil" Type = "Host" Score = "3"/>
        <Team Name = "Croatia" Type = "Guest" Score = "1"/>
    </Match>
</Matches>
```

7.4.5　转换表达式

使用转换表达式可以创建一个结点的修改后的副本,表达式的结果可能既包含新创建的结点也包含已存在的结点。转换表达式不会修改已存在的结点的值,转换表达式使用 copy 和 modify 关键字,使用语法如下。

```
copy < $ varible1 > : = < expression1 > (, < $ varible2 > : = < expression2 >) *
modify < expression3 >
return < expression4 >
```

其中,copy 子句是为了给变量赋值,将变量 $ varible1 赋值为表达式 expression1,赋值操作还可以同时赋值多个变量;modify 子句表示要进行的修改,expression3 是修改表达式,可以结合使用先前介绍的 insert、delete、replace、rename 等表达式;expression4 是返回表达式。下面是一个转换表达式的示例,表示对第一个 Team 元素进行修改,并同时返回原始的 Team 元素和新修改的 Team 元素。

【例 7.22】 转换表达式

```
xquery version "1.0" encoding "utf - 8";
let $ oldNode : = doc("match.xml")/Matches/Match/Team[1]
return
    copy $ newNode : =  $ oldNode
    modify rename node $ newNode as "TheHost"
    return ( $ oldNode,  $ newNode)
```

执行该 XQuery 语句会返回如下结果。

```
< Team Name = "Brazil" Type = "Host" Score = "3"/>< TheHost Name = "Brazil" Type = "Host" Score = "3"/>
```

本 章 小 结

➤ XQuery 即 XML Query,是 W3C 制定的一套标准,是用来从类 XML 文档中提取信息的查询语言。

➤ XQuery 和 XSLT 共享相同的基础,即 XPath,XQuery 和 XSLT 也是 XPath 的两个不同的使用环境。

➤ XQuery 基本表达式包括直接量、变量引用、圆括号、上下文项、函数调用等。

➤ XQuery 算术表达式由算术运算符和数值连接而成,支持的算术运算符有加、减、乘、除、整除、求余。

➤ XQuery 提供 3 种比较方式:值比较、通用比较、结点比较,返回的结果都是 xs: boolean 型的 true 或者 false。

➤ XQuery 逻辑表达式用于进行逻辑运算,包括 and 和 or 两种运算方式。

➤ XQuery 序列表达式主要包括构造序列、过滤序列、组合结点序列等功能。

➤ XQuery 条件表达式由 if-then-else 语句构成,当 if 判断条件返回 true,则执行关键字 then 后的语句,否则执行关键字 else 后的语句。

➤ XQuery 量词表达式包含存在量词 some 和全称量词 every。

➤ FLWOR 表达式是 XQuery 中最常用也是功能最强大的一种表达式,该表达式的名称来自 for、let、where、order by 和 return 等子句的首字母缩写。

➤ 构造器用于在 XQuery 中构造 XML 结构,可以构造元素、属性、文档、文本、注释和处理指令 6 种类型的结点。

➤ XQuery 可以定义命名空间声明、变量声明、函数声明等。

➤ XQuery 更新功能能够对类 XML 文档的结点执行插入(insert)、删除(delete)、替换(replace)、更名(rename)、转换(transform)等操作。

思 考 题

1. 什么是 XQuery？它与 XPath、XSLT 有什么关系？

2. 什么是 FLWOR 表达式？

3. XQuery 中预声明的命名空间限定前缀有哪些？

4. XQuery 更新功能能够对结点执行哪些操作？

5. 针对例 2.7 的 XML 文档，假设其保存为 match.xml，请写出以下代码的运行结果。

```
xquery version "1.0" encoding "utf - 8";
declare variable $ x as xs:string : = "Team";
for $ team at $ pos in doc("match.xml")/Matches/Match/Team
order by $ pos descending
return (string - join((string($ x),string($ pos)),"-"), $ team)
```

第8章

在 XML 中使用链接

与 HTML 一样,XML 中也包含链接,用来指向不同的资源。本章重点介绍如何在 XML 中使用链接。

8.1　XML 中的链接

Web 最大的成功之处在于 HTML 具有超级链接功能。只要单击网页上的文本或图片,就可以定位到文档的其他位置或从一个文档定位到另一个文档。超链接为 Web 用户提供了查找、组织和关联资源的方法,这种方法具有访问海量信息的能力。但是 HTML 链接仍然存在很多局限。

(1) 一次只能链接到一个文档。例如,如果要直接链接到文档中某一段落的某个句子,就需要在目标文件中添加一个命名的锚站标记(Anchor)。如果没有目标文档的"写"访问权限,就不能创建这种链接。

(2) 链接访问过以后,会转到目标文档,而访问痕迹将丢失。HTML 链接不能维护两个文档之间的访问历史记录或者关联记录。虽然浏览器可以追踪用户访问过的一系列文档,但这种追踪是不可靠的。仅仅依靠 HTML,无法知道用户是从哪个位置访问当前页面的。一个文档知道如何连接到另外一个文档,但被链接的文档却不知道是谁要链接自己。

作为 HTML 的替代品,XML 中自然也有链接。XML 中的链接分为两部分:链接语言(XML Linking Language,XLink)和指针语言(XML Pointer Language,XPointer)。XLink 定义了如何从一个文档链接到另一个文档,XPointer 定义了如何对一个文档中的不同部分进行寻址和定位。XLink 指向一个 URI(实际上是一个 URL),这个 URI 指定了一项特定资源,并且可以包含 XPointer,用于更准确地定位到目标资源或者文档的某一部分。

8.2　XLink 概述

8.2.1　XLink 的概念

XLink 在许多方面扩展了 HTML 链接的概念,它是专门为 XML 设计的链接语言。它比 HTML 提供的基本的超链接机制更加深入。它提供了可用标准方法来处理复杂链接的能力。

XLink 不仅实现了用 HTML 的超链接和锚站能够完成的一切操作,还允许用户创建多向链接。多向链接不只是像 HTML 那样将访问者向前带到某一特定位置,还意味着可以从链接的任一端开始链接跨越。在这种情况下,链接可以有一个以上的方向。文档中的任何元素都可以变成链接,而不仅是锚站标记。

XLink 允许用户定义位于与它们参照的资源不同位置的链接。通过允许链接从源文档中打开,用户就可以通过修改单个文档来维护链接。

这些特性使得 XLink 不仅适合新的用途,也适合那些在 HTML 中要花费相当大的工作量才能实现的情形,如交叉引用、注脚、尾注、相互链接的数据等。

8.2.2 XLink 的设计原则

W3C 定义的 XLink 的设计原则如下。

(1) XLink 应该能够直接应用于 Internet。由于对本地网络之外的资源无法控制,并且也不可能控制每个链接提供的结果,XLink 不应该因为站点的移动、文档的删除及信息的改变而不能使用。XLink 必须包容断掉的链接、不能被定位的资源、将用户带到错误方向的链接。XLink 也必须在软件应用程序中支持多向链接。互操作性和国际化也相当重要。

(2) XLink 应该能被多种链接应用的域和多种链接应用程序软件使用。当使用 XLink 时,不管链接指向何处或存储在哪种类型的文档中,不能偏爱一个域而忽视另一个域。另外,对浏览器、应用软件或用来创建、实现或处理链接的编辑系统也不应有所选择。浏览器不是在 Internet 上使用的唯一软件,对于所有类型的应用程序,链接应该有同样的用处。

(3) XLink 的描述语言应该是 XML,前提是任意链接结构必须遵从 XML 元素和属性语法。由于用户可以设计出自己的链接元素,因此应该使用用户创建元素的方法来提供链接的特性。

(4) XLink 设计应能很快准备好。XLink 是下一代 Web 框架的关键部分,并且规范必须能保证应用之间的互操作性。如果花费很长时间来准备规范,每个应用将会创建自己的链接机制,它们之间也没有兼容性。

(5) XLink 设计应该是正式的和简明的。链接语言应该能用不会使用户迷惑的方式解释。

(6) XLink 应该是易于阅读的。当传输或内部处理时,链接结构可以采用压缩、加密或二进制的形式,但在 XML 文档中的 XLink 链接必须是文本形式。

(7) XLink 可位于参与资源驻留的文档之外。为了提供可扩展性和从 HTML 链接的局限性中解脱出来,XLink 必须支持复杂的外键链接。它允许链接在文档中建立,而链接指向的资源存在于其他文档中。

(8) XLink 应该表现链接的抽象结构和重要性。关于基本的链接行为应有一些小的提示。XLink 规范的设计者们不想鼓励在程序中设立标记,它们将指示哪些基本的链接行为是可以接受的。

(9) XLink 必须易于实现。尽管由于复杂性,链接的一些特性可能比较麻烦,但链接应可能实现、容易实现。

在开始创建链接之前了解这些原则将有助于正确地设计链接。如果要阅读更多关于 XLink 设计的指导,可以参考 www.w3.org./TR/NOTE-xlink-principles.html 中的规范。

8.3 链接元素

在 HTML 中,链接是用< a >(锚站)标记来定义的,如下所示。

```
< a href = "http://www.abc.com"> ABC site </a>
```

在 XML 中,任何元素都可以是链接或为链接的一部分。包含链接的元素称为"链接元素"(Linking Element)。链接元素由 xlink:type 属性定义,其值可以取以下几类。

(1) simple:表示元素是简单链接。

(2) extended:表示元素是扩展链接。

(3) locator:表示远程资源。

(4) arc:表示链接资源的弧。

(5) resource:表示本地资源。

(6) title:表示是自然语言的链接描述。

前缀 xlink 必须绑定到 URI 形式的命名空间 http://www. w3. org/1999/xlink。xlink:type 属性的值为 simple 或 extended 的 XLink 元素称为链接元素。其中 simple 为简单链接,extended 为扩展链接。

8.3.1 简单链接

先来看一个简单链接的示例如下,该例展示了如何使用 XLink 来为每个国家队添加链接介绍。

【例 8.1】 简单 XLink 示例

```
< Name xmlns:xlink = "http://www.w3.org/1999/xlink"
    xlink:type = "simple"
    xlink:href = "Brazil.html"
    xlink:role = "Brazil.html"
    xlink:title = "Brazil national football team"
    xlink:show = "replace"
    xlink:actuate = "onRequest">
        Brazil
</Name >
```

在上面的代码中,xlink:type 属性的值为 simple,说明该链接为简单链接,简单链接类似于标准 HTML 链接。href 属性定义了链接的目标,Brazil. html 为相对路径,该文件与 XML 文档在同一服务器的同一个目录中。在最新的 XLink 标准中,可以省略 xlink:type 属性而只包含 xlink:href 属性,这时该链接会被当作简单链接对待。

xlink:role 和 xlink:title 属性描述远程资源,即链接所指向的文档或其他资源。role 包含一个 URI,指向更完整描述该元素的文档。title 包含描述资源的普通文本,可以描述页面的功能。

209

第 8 章

如果要在自己的元素中增加 XLink 属性并且使用 DTD 来定义,那么就需要在 <!ATTLIST>中定义链接元素的这些属性,否则,验证处理器将不能识别 xlink 前缀。下面 Name 元素的声明可以应用在例 8.1 中。

```
<!ELEMENT Name (#PCDATA)>
<!ATTLIST Name
    xmlns:xlink CDATA #FIXED "http://www.w3.org/1999/xlink"
    xlink:type CDATA #FIXED "simple"
    xlink:href CDATA #REQUIRED
    xlink:role CDATA #IMPLIED
    xlink:title CDATA #IMPLIED
    xlink:show (new | replace | embed) #IMPLIED
    xlink:actuate (onRequest | onLoad) #IMPLIED>
```

以上 DTD 中的 xlink:show 和 xlink:actuate 两个属性属于链接行为,将在下节详细介绍。

8.3.2 链接行为

xlink:show 和 xlink:actuate 属性为可选的,它们定义了激活链接时的操作。

xlink:show 属性定义了激活链接时如何显示内容,该属性包含下列 5 个值。

(1) replace:当激活链接时,目标资源将替换当前窗口中的文档,这是 HTML 链接的默认行为,如同把锚站标记的 target 属性设置为_self。

(2) new:当激活链接时,目标资源将在一个新的窗口中显示,链接所在的窗口没有被替换。这如同在 HTML 中把锚站标记的 target 属性设置为_blank。

(3) embed:当激活链接时,会在当前文档中插入目标资源,即选择链接后,目标资源将嵌入到指定链接的位置。如在当前文档中插入图片、Applet 等。

(4) other:当激活链接时,会查找文档中其他标记,以了解要进行什么操作。应用程序会寻找一些其他的属性或元素来决定相应的行为,这允许应用程序自定义新的行为。

(5) none:当激活链接时,将根据应用程序默认的行为进行处理,该文档并没有定义任何处理链接的操作。

xlink:actuate 属性定义了如何激活链接,该属性包含下列 4 个值。

(1) onRequest:指定了在 href 属性中的给定资源直到有操作来请求时才会执行。这些操作可以是用户单击或软件请求。这如同 HTML 中锚站标记所默认的行为,只有在用户单击链接后,才能访问目标资源。

(2) onLoad:指定了当文档加载时即执行该链接。当 xlink:show="embed"时,指定的目标资源在文档加载时会嵌入该页面中,无须单击链接才执行。

(3) other:指定了应用程序将查找没有由 XLink 定义的标记,以决定何时执行该链接。

(4) none:指定了由应用程序默认的行为决定何时执行该链接。

前一小节的 DTD 片段中没有定义 xlink:show 属性的 other 和 none 值,以及 xlink:actuate 属性的 other 和 none 值。并不是所有的链接元素都必须提供所有的 xlink:show 和 xlink:actuate 的所有可能值。

8.3.3 扩展链接

简单链接在某种程度上非常类似标准的 HTML 链接,它将一个元素与目标资源联系起来,即建立一个从源文档到目标资源的通道。但是这种链接是单向的,只能从源文档到目标资源,而不能从目标资源反向链接回源文档。

扩展链接在很大程度上超越了简单链接,它包含多向链接,这些链接在文档和行外链接之间进行关联。一个扩展链接由一系列资源以及这些资源之间的链接关系组成。这些资源可以是本地的(扩展链接元素的一部分),也可以是远程的(不是扩展链接元素的一部分,一般存在其他文档中,但也不是必需的)。每个资源可以是一个链接源或链接目标,也可以既是链接源又是链接目标。如果一个链接不包含任何本地资源,只包含远程资源,那么这个链接就称为行外链接(Out-of-line Link)。

如果元素的 xlink:type 属性为 extended,该链接即为扩展链接。扩展链接的链接源和链接目标都称为"资源"。资源是链接源还是链接目标取决于链接是指向其他资源的还是被其他资源所指向的。资源分为以下两类。

(1)本地资源。本地资源实际上包含在扩展链接元素内部。它是强制类型元素的内容,该元素有一个属性值为 resource 的 xlink:type 属性,即属性为 xlink:type＝"resource" 的元素指定了一项本地资源。

(2)远程资源。远程资源存在于扩展链接元素的外部,有可能在另外一个文档中。扩展链接包含指向远程资源的子元素。这些元素的名称是任意的,它们的共同点是包含一个值为 locator 的 xlink:type 属性,即属性为 xlink:type＝"locator"的元素指定了一项远程资源。

本地资源和远程资源都是扩展链接元素的子元素。

如果要在某个 Web 站点中指定一个地址提供软件下载服务,可以使用扩展链接。因为可能有一个地址提供了直接的软件下载,而另外的地址提供其他镜像下载站点。在 HTML 中,必须分别提供这些超链接,但在 XML 中,一个链接就足够了。

【例 8.2】 扩展链接

```
<Downloads xmlns:xlink = "http://www.w3.org/1999/xlink" xlink:type = "extended">
    <Name xlink:type = "resource">Local Download </Name >
    <Homesite xlink:type = "locator" xlink:href = "http://www.abc.com/download/"/>
    <Mirror xlink:type = "locator" xlink:href = "http://www.def.com/download/"/>
    <Mirror xlink:type = "locator" xlink:href = "http://www.ghi.net/down/"/>
</Downloads >
```

从上面的代码中可以看出,Downloads 元素描述了有 4 个资源的扩展链接,Downloads 元素本身包含一个资源,并通过 URL 指向其他 3 个资源。

(1)文本 Local Download,是本地资源。

(2)http://www.abc.com/download/所指向的文档,是远程资源。

(3)http://www.def.com/download/所指向的文档,是远程资源。

(4)http://www.ghi.net/down/所指向的文档,是远程资源。

扩展链接元素本身及其每个本地资源和远程资源都可以包含可选属性 xlink:role 和

xlink:title。扩展链接元素的 xlink:role 和 xlink:title 属性为每个本地资源和远程资源提供了默认 role 和 title,每个本地资源和远程资源也可以定义自己的 role 和 title,它们将覆盖扩展链接元素的定义。

如果文档有 DTD,扩展链接元素以及本地资源和远程资源也必须在 DTD 中声明。例 8.3 为上面代码中的 Downloads、Name、Homesite 和 Mirror 元素及其属性的 DTD,其中的属性也包含了 xlink:role 和 xlink:title。

【例 8.3】 扩展链接 DTD 定义

```
<!ELEMENT Downloads (Name, Homesite, Mirror * ) >
<!ATTLIST Downloads
    xmlns:xlink CDATA #FIXED "http://www.w3.org/1999/xlink"
    xlink:type (extended) #FIXED "extended"
    xlink:role CDATA #IMPLIED
    xlink:title CDATA #IMPLIED>
<!ELEMENT Name (#PCDATA)>
<!ATTLIST Name
    xlink:type (resource) #FIXED "resource"
    xlink:role CDATA #IMPLIED
    xlink:title CDATA #IMPLIED>
<!ELEMENT Homesite (#PCDATA)>
<!ATTLIST Homesite
    xlink:type (locator) #FIXED "locator"
    xlink:href CDATA #REQUIRED
    xlink:role CDATA #IMPLIED
    xlink:title CDATA #IMPLIED>
<!ELEMENT Mirror (#PCDATA)>
<!ATTLIST Mirror
    xlink:type (locator) #FIXED "locator"
    xlink:href CDATA #REQUIRED
    xlink:role CDATA #IMPLIED
    xlink:title CDATA #IMPLIED>
```

8.3.4 弧元素

简单链接中的 xlink:show 属性和 xlink:actuate 属性定义了链接如何激活及何时激活。扩展链接要相对复杂一些,它提供了多种不同的链接激活方式。例如,一个建立在 3 项不同资源 A、B 和 C 上的扩展链接可以有以下 9 种不同的激活方式。

- A→A
- B→B
- C→C
- A→B
- B→A
- A→C
- C→A

- B→C
- C→B

这些资源之间的每一个可能链接路径中,都可以有不同的规则来指定何时激活链接及如何激活链接。可能的链接路径称弧,在 XML 中,通过将元素的 xlink:type 属性的值设置为"arc"来表示弧。弧元素中的 xlink:actuate 属性和 xlink:show 属性指定了链接的激活方式。这两个属性的取值及含义与简单链接中的相同。应用程序可以使用弧元素来确定允许链接什么路径与何时链接、不允许链接什么路径等。

弧元素还具有 xlink:from 和 xlink:to 两个属性。

(1) xlink:from 属性:表明弧是从什么(一项或者多项)资源链接过来。

(2) xlink:to 属性:表明弧指向的是什么(一项或者多项)资源。

弧是通过将 xlink:label 属性的值与扩展链接中各种资源相匹配来实现的。例如,如果 xlink:from 属性值为 A,xlink:to 属性值为 B,那么弧就是从所有 xlink:label 属性值为 A 的资源到 xlink:label 属性值为 B 的资源之间的链接路径。如果不止一项资源的 xlink:label 属性值为 A,那么弧将从所有 label 为 A 的资源链接到 label 为 B 的资源。如果不止一项资源的 xlink:label 属性值为 B,那么弧将从所有标签为 A 的资源链接到所有标签为 B 的资源。每个弧都从一项确定的资源链接到另一项。然而,一个弧元素可能描述了多个弧。

【例 8.4】 弧元素

```
< Downloads xmlns:xlink = "http://www.w3.org/1999/xlink" xlink:type = "extended">
    < Name xlink:type = "resource" xlink:label = "local">Local Download </Name >
    < Homesite xlink:type = "locator" xlink:label = "abc" xlink:href = "http://www.abc.com/
download/"/>
    < Mirror xlink:type = "locator" xlink:title = "def site mirror"     xlink:label = "def"
        xlink:href = "http://www.def.com/download/"/>
     < Mirror xlink:type = "locator" xlink:title = "ghi site mirror"     xlink:label = "ghi"
        xlink:href = "http://www.ghi.net/down/"/>
    < Route xlink:type = "arc" xlink:from = "local" xlink:to = "abc" xlink:show = "replace"
        xlink:actuate = "onRequest"/>
    < Route xlink:type = "arc" xlink:from = "local" xlink:to = "def" xlink:show = "replace"
        xlink:actuate = "onRequest"/>
    < Route xlink:type = "arc" xlink:from = "local" xlink:to = "ghi" xlink:show = "replace"
        xlink:actuate = "onRequest"/>
</Downloads >
```

第一个 Route 元素定义了一个从 label 为 local 的资源到 label 为 abc 的资源的弧;第二个和第三个 Route 元素分别定义了从 label 为 local 到 label 为 def 和 ghi 的弧。

与例 8.2 不同的是,这里按弧元素所指定的操作为每个资源之间建立了连接。而例 8.2 中每个资源都是相互独立的。弧不仅可以链接到其他资源,也可以链接到自身。

如果 XML 文档有 DTD,那么也必须为弧做定义。

【例 8.5】 弧元素 DTD 定义

```
<!ELEMENT Downloads (Name, Homesite, Mirror * , Route * ) >
<!ATTLIST Downloads
```

在 XML 中使用链接

```
        xmlns:xlink CDATA #FIXED "http://www.w3.org/1999/xlink"
        xlink:type (extended) #FIXED "extended"
        xlink:role CDATA #IMPLIED
        xlink:title CDATA #IMPLIED >
<!ELEMENT Name (#PCDATA)>
<!ATTLIST Name
        xlink:type (resource) #FIXED "resource"
        xlink:label CDATA #IMPLIED
        xlink:role CDATA #IMPLIED
        xlink:title CDATA #IMPLIED >
<!ELEMENT Homesite (#PCDATA)>
<!ATTLIST Homesite
        xlink:type (locator) #FIXED "locator"
        xlink:href CDATA #REQUIRED
        xlink:label CDATA #IMPLIED
        xlink:role CDATA #IMPLIED
        xlink:title CDATA #IMPLIED >
<!ELEMENT Mirror (#PCDATA)>
<!ATTLIST Mirror
        xlink:type (locator) #FIXED "locator"
        xlink:href CDATA #REQUIRED
        xlink:label CDATA #IMPLIED
        xlink:role CDATA #IMPLIED
        xlink:title CDATA #IMPLIED >
<!ELEMENT Route (#PCDATA)>
<!ATTLIST Route
        xlink:type (arc) #FIXED "arc"
        xlink:from CDATA #IMPLIED
        xlink:to CDATA #IMPLIED
        xlink:show (replace) #IMPLIED
        xlink:actuate (onRequest | onLoad) #IMPLIED >
```

8.3.5 行外链接

在 HTML 中,锚站标记本身是链接的源,它从本身所处的文档链接到某个其他文档或相同文档的不同部分,这种链接属于行内链接。大多数简单链接都是行内链接。

扩展链接可以是行外链接。行外链接不包含它所联系的任何资源的任何部分。取而代之的是把链接保存在一个单独的文档中,这个文件称为链接库(Linkbase)。

例如,可以使用行外链接来维护相册程序。假设相册中的每张照片都放在一个单独的文档中,每个文档都有向前和向后翻页的链接。如果要改变照片的显示顺序,就没有必要修改每一个文档中的链接,而只需要修改链接库中的相应内容即可。

又如,可能需要某个文档添加或移除链接,而又不具备修改该文档的权限(其他站点中的文档),这时可以使用行外链接。

8.4 XPointer 概述

在超链接中,不管是源还是目标都可以抽象为资源。资源这个概念是具有普遍意义的,资源可以是任何信息或服务的可定位的单元,如文件、图像、文档、程序和查询结果。所以定位一个资源是非常重要的环节,一般用 XPointer 进行资源的定位。例如,如果整个资源是一个 XML 文档的话,这个资源有用的部分可能是文档内一个特定的元素,跟随一个链接可能会产生多个结果,如加亮该元素并滚动到该元素所在的文档位置。

从这个意义上讲,XLink 是描述在资源间进行链接的语言。链接反映了不同资源对象之间的关系,而对象的选择是用 XPointer 来描述的。

XPointer 定义了 XML 文档的每个单独部分的寻址模式。所定义的地址便于应用程序在识别或者定位到 XML 文档某一部分时使用。XML 编辑器可以使用 XPointer 来识别插入点的当前位置或者选择范围。将 XPointer 与 XLink 结合使用可以指向由链接指定的特殊位置。也许有人会想到,即使在 HTML 中,也可以通过 URL 和命名的锚站来定位。但是,用户必须先链接到目标文档,然后才能定位到某一位置,这样做通常比较困难。例如,可以在 HTML 文件中插入一个命名锚站。

```
<h2><a name = "FirstMatch">First Match</a></h2>
```

然后就可以通过在链接中添加"#"符号和锚站名称来实现定位。

```
<a href = "#FirstMatch">Go To First Match</a>
```

这种方式并不总是能够修改目标文档。目标文档可能位于其他服务器上,而源文档的作者无法控制该服务器。并且目标文档的作者可能在不通知源文档作者的情况下修改目标文档内容或者将目标文档移除。

使用 XPointer 可以在不改变链接目标文档的前提下,从源文档链接到目标文档的某一个或者某几个元素。XPointer 有助于定位到单个元素,它可以通过数字、名称、类型或者与文档中其他元素的关系来指定一个目标元素。这种方式的关键在于,要保证被检索的文档内容脱离了文档的其他部分仍然是有意义的。在 XML 中,这就明显地意味着链接的部分必须是格式规范的或有效的。使用 XPointer 可以引用文档中任何指定的元素,也可以指定一个引用范围。例如:

```
xpointer(id("Match1"))
```

按照上面的语法,将找到 ID 为"Match1"的元素。

文档不是在 XPointer 中指定的,而是在 XLink 中指定的。可以将 XPointer 添加到 XLink 中,方法是将 XPointer 插入到 URI 中,并用"#"隔开。

```
http://www.abc.com/2014WorldCup/result.jsp#xpointer(id("Match1"))
```

215

第 8 章

在 XML 中使用链接

URI 是 XLink 用于寻址的方式,URL 与 URI 的基本语法相同,但 URL 用于 Web 定位。URL 后面可以跟查询条件和标识符(命名的锚站)。

下面这段代码包含了两个有联系的家庭及其成员的信息。根元素是 FamilyTree(家谱)。一个 FamilyTree 元素可以包含 Person(家庭成员)和 Family(家庭)元素。每个 Person 和 Family 元素都包含一个必需的 ID 属性。Person 可以包含姓名、出生日期和逝世日期。FamilyTree 可以包含丈夫、妻子和子女(没有或有多个)。每个家庭成员的信息可以通过自己的 ID 从所在的家庭中引用。元素 Child 可以忽略。

【例 8.6】 家谱 XML 文档

```
<?xml version = "1.0"?>
<! DOCTYPE FamilyTree [
    <! ELEMENT FamilyTree (Person | Family) * >
    <! -- Person elements -->
    <! ELEMENT Person (Name * , Born * , Died * , Spouse * )>
    <! ATTLIST Person
        ID ID # REQUIRED
        Father CDATA # IMPLIED
        Mother CDATA # IMPLIED >
    <! ELEMENT Name ( # PCDATA)>
    <! ELEMENT Born ( # PCDATA)>
    <! ELEMENT Died ( # PCDATA)>
    <! ELEMENT Spouse EMPTY >
    <! ATTLIST Spouse IDREF IDREF # REQUIRED >
    <! -- Family -- >
    <! ELEMENT Family (Husband?, Wife?, Child * ) >
    <! ATTLIST Family ID ID # REQUIRED >
    <! ELEMENT Husband EMPTY >
    <! ATTLIST Husband IDREF IDREF # REQUIRED >
    <! ELEMENT Wife EMPTY >
    <! ATTLIST Wife IDREF IDREF # REQUIRED >
    <! ELEMENT Child EMPTY >
    <! ATTLIST Child IDREF IDREF # REQUIRED >
]>
< FamilyTree >
    < Person ID = "p1">
        < Name > Nina </Name >
        < Born > 10 Jan 1938 </Born >
        < Died > 12 Apr 1998 </Died >
        < Spouse IDREF = "p2"/>
    </Person >
    < Person ID = "p2">
        < Name > Ramesh </Name >
        < Spouse IDREF = "p1"/>
    </Person >
    < Person ID = "p3" Father = "p2" Mother = "p1">
        < Name > Rani </Name >
        < Born > 12 Jun 1962 </Born >
        < Spouse IDREF = "p4"/>
    </Person >
    < Person ID = "p4">
```

```
          < Name > Suresh </Name >
          < Spouse IDREF = "p3"/>
      </Person >
      < Person ID = "p5" Father = "p2" Mother = "p1">
          < Name > Naresh </Name >
      </Person >
      < Person ID = "p6" Father = "p2" Mother = "p1">
          < Name > Np </Name >
          < Spouse IDREF = "p7"/>
      </Person >
      < Person ID = "p7">
          < Name > Anil </Name >
          < Spouse IDREF = "p6"/>
      </Person >
      < Family ID = "f1">
          < Husband IDREF = "p2"/>
          < Wife IDREF = "p1"/>
          < Child IDREF = "p3"/>
          < Child IDREF = "p5"/>
          < Child IDREF = "p6"/>
      </Family >
      < Family ID = "f2">
          < Husband IDREF = "p7"/>
          < Wife IDREF = "p6"/>
      </Family >
  </FamilyTree >
```

8.5　使用 XPointer 访问信息

1. 定位点

定位就是在目标文档中指定一个点,通常是相对于其他一些上下文相关的结点,如文档的开始结点或者其他定位点。

```
axis::node-test[predicate]
child::Person[position() = 4]
```

上面的语句将指向第 4 个 Person 元素,这种引用方式称为"相对定位点",而对于绝对定位点来说,所指向结点的位置不依赖于上下文结点。定位轴将根据结点内容直接指向所需要的结点,以及该结点的前一个结点、该结点的子结点、属性相同的结点等。通过结点测试能够知道哪些结点可以作为定位轴使用。结点测试可以是元素名称、星号(＊)通配符(可以和任何元素匹配)或者一个或多个函数,它们用于选择元素、文本、数字、处理指令、定位点及范围。

```
xpointer(/child::FamilyTree/child::Person[position() = 4])
```

上面这行定位代码可以分成两个定位点。第一个定位点是绝对定位点,它选择了名称为 Family 的根结点下的所有子结点,即 child∷FamilyTree;第二个定位点应用了第一个定位点返回的元素 Family 进行相对定位。由于这个结点测试是元素 Person,因此返回了基于现有数据的 7 个结点。从这些结点中,再找到满足条件的第 4 个结点"Suresh",即 child∷Person[position()=4]。如果设置为:

```
xpointer(/child::FamilyTree/child::Person[position()<4])
```

那么 XPointer 将指向 3 个结点,而不是一个。

2. 根结点

根结点由初始符号"/"指示。文档中的根结点不同于根元素。它是指包括 XML 声明在内的整个文档的绝对结点。

```
/child::*/child::Person[position() = 1]/child::Name
```

根据上述定位路径可以找到根结点,该结点后面跟随了所有的子元素,然后找到第一个 Person 元素,这是根结点的直接子结点,进一步再找到 Person 下的 Name 子元素。

3. 定位轴

XPointer 可以使用 12 种类型的定位轴路径,这些定位轴如表 8-1 所示。

表 8-1　定位轴

定 位 轴	定 义
ancestor	上下文结点的父结点,上下文结点的父结点的父结点,以此类推直到根结点
ancestor-or-self	上下文结点的父结点及上下文结点本身的集合
attribute	上下文结点的属性结点
child	上下文结点的直接子结点
descendant	包含所有上下文结点的子结点、子结点的子结点等
descendant-or-self	上下文结点的代代结点及上下文结点本身的集合
following	跟在上下文结点后的所有结点,但不包括属性及命名空间结点
following-sibling	跟在上下文结点的后面的所有同属性结点
parent	上下文结点的直接父结点
preceding	上下文结点之前的所有结点,但不包括属性及命名空间结点
preceding-sibling	上下文结点之前的所有同属性结点
self	上下文结点自身

child 定位轴"xpointer(/child∷FamilyTree/child∷Person/child∷Name)"选择了 Person 元素的所有 Name 子结点,而 Person 必须是 FamilyTree 的子结点,FamilyTree 是根结点的子结点。descendant 定位轴检索上下文结点的所有子结点,而不仅仅是直接子结点。例如,"/descendant∷Born[position()=3]"在文档树中按照深度优先的遍历原则检索到第 3 个 Born 元素。descendant-or-self 定位轴从上下文结点自身开始检索上下文结点的所有子结点,直到找到请求的元素。例如,"id("p7")/descendant-or-self∷Person"指的是检索所有 Person 元素及其子结点,直到找到 ID 属性为 p7 的结点。parent 定位轴指的是上下文结点的所有直接父结点。例如,"/descendant∷Husband[position()=1]/parent∷*"指

的是文档中第一个 Husband 元素的父元素。

4. 谓词

每个定位点都有 0 个或多个谓词来进一步限制 XPointer 所指向的结点。谓词表达式在上下文结点列表中对每一个结点进行评估。XPointer 谓词中最常用的函数是 posisition()，该函数返回了结点在上下文结点列表中的索引。这样就可以按顺序检索到索引结点。还可以使用各种关系操作符来比较位置，这些操作符有"＜"、"＞"、"＝"、"！＝"、"＞＝"和"＜＝"等。示例如下：

```
xpointer(/child::FamilyTree/child:: * [position() = 1])
```

5. 范围

在某些应用程序中，指定文档中的一个范围比指定文档中的一个点更加重要。范围从一个点开始，一直延续到另外一个点终止，每个点都由定位路径来标识。如果开始路径指向的是一个结点集而不是一个结点，那么 XPointer 将把这个结点集中的第一个结点作为范围的开始点。如果结束定位路径指向的是一个结点集而不是一个结点，那么 XPointer 将把这个结点集中的最后一个结点作为范围的结束点。例如，如果要选择文档中第一个 Person 元素和最后一个 Person 元素之间的所有结点，那么可以使用下列代码：

```
xpointer(/child::Person[position() = 1]/range - to(/child::Person[position() = last()]))
```

本 章 小 结

> XLink 可以实现 HTML 链接的所有功能，并且比 HTML 链接的功能更加强大。
> 前缀 xlink 必须绑定到 URI 形式的命名空间 http://www.w3.org/1999/xlink。
> 简单链接的作用与 HTML 链接非常相似，但它没有被限制在单一的锚站标记中。
> 链接元素由 xlink:type 属性标识。
> 简单链接的 xlink:type 属性值为 simple，xlink:href 属性值指定了要链接到的 URI。
> 链接元素的 xlink:title 和 xlink:role 属性描述了要链接的资源，xlink:role 属性的值应当是一个 URI。
> 链接元素的 xlink:show 属性通知应用程序当链接被激活后如何显示，链接元素的 xlink:actuate 属性通知定义了如何激活链接。
> 扩展链接的 xlink:type 属性值为 extended，扩展链接可以包含多个定位符、资源和弧。
> 本地资源实际上包含在扩展链接元素中，该元素有一个属性值为 resource 的 xlink:type 属性。
> 远程资源定位元素的 xlink:type 属性值为 locator，弧元素的 xlink:type 属性值为 arc。
> 弧元素的 xlink:from 和 xlink:to 两个属性指定了该元素所链接的资源。
> 弧元素中的 xlink:actuate 和 xlink:show 属性指定了链接的激活方式。

- 行外链接不包含任何本地资源。
- 链接库是一个包含多个行外扩展链接的文档。
- XPointer 能够定位到 XML 文档的某一部分或者某一位置。
- XPointer 的语法格式是在关键字 xpointer 后面跟带括号的 XPath 表达式,结果是返回一个结点集。
- id()函数指向一个具有指定的 ID 属性值的结点。
- 可以将定位点连接起来形成复杂的定位路径。
- 每个定位点包括一个定位轴、一个结点测试和 0 个或多个谓词。
- 相对定位点根据文档中上下文结点之间的关系来选择结点。
- self 定位轴指向上下文结点自身,可以用一个句点(.)来简写。
- parent 定位轴指向上下文结点的直接父结点,可以用双句点(..)来简写。
- child 定位轴指向上下文结点的直接子结点,可以用结点测试来代替。
- descendant 定位轴包含所有上下文结点的子结点、子结点的子结点等,可以用双斜线(//)来代替。
- descendant-or-self 定位轴指向上下文结点的后代结点及上下文结点本身的集合。
- ancestor 定位轴指向上下文结点的父结点,上下文结点的父结点的父结点,以此类推直到根结点。
- 每个定位点都有 0 个或多个谓词来进一步限制 XPointer 所指向的结点。谓词表达式在上下文结点列表中对每一个结点进行评估。

思 考 题

1. XML 中的链接分为哪个两部分? 它们有什么区别?
2. 在设计 XLink 时应该注意哪些问题?
3. 使用简单链接修改下面的 XML 文档片段,使其 title 元素包含指向 link 元素内容的链接。

```
<Item>
    <Title>德国胜阿根廷夺第 4 冠 格策替补加时绝杀</Title>
    <Link>http://2014.sina.com.cn/news/ger/2014-07-14/035025350.shtml</Link>
    <Description>北京时间 7 月 14 日 3 时(巴西时间 12 日 16 时),第 20 届世界杯决赛在里约热内卢马拉卡纳球场打响,德国加时 1 比 0 绝杀阿根廷,24 年来首度夺冠,第 4 次夺冠追平意大利,成为首支在南美登顶的欧洲球队。上半时,伊瓜因单刀射偏,此后他打进一球,但越位在先。德国中卫赫韦德斯头球中柱。加时赛,德国替补格策上演绝杀。</Description>
    <Category>体育</Category>
    <PublishDate>2014-07-14</PublishDate>
    <Comments />
</Item>
```

4. 在上一题所给的 XML 文档片段的基础上进行修改,用包含本地资源和远程资源的扩展链接代替 title 元素和 link 元素(链接元素的名称可以自定)。
5. XPointer 提供了哪些定位轴?

第9章　XML Web Services

Web Services 是通过 Web 定义、发布和访问的完整模块式应用程序。本章将会概述 Web Services 的基本概念、Web Services 的特点，然后讨论面向服务的体系架构（Service Oriented Architecture，SOA），最后对 Web Services 的一些协议进行简单的描述。

9.1　Web Services 概述

随着人员、信息与流程之间的交互越加紧密，软件开发方式也发生了相应的转变。成功的 IT 系统更需要具备一种跨平台的互操作性。于是 XML 变得流行，因为 XML 可独立于编程语言、软件平台和硬件来表示和传输结构化数据。

基于对 XML 的广泛接受，Web Services 成为使用标准传输、编码和协议来交换信息的应用程序。Web Services 拥有来自不同供应商的广泛支持，以其端对端的安全性、可靠的消息传送、分布式事务及其他诸多优势，使得所有平台上的计算机系统皆可跨越公司的内联网（Intranet）、外联网（Extranet）和互联网（Internet）进行通信。

通用的 Web Services 基于一套描述软件通信语法和语义的核心标准。XML 提供表示数据的标准语法；简单对象访问协议（Simple Object Access Protocol，SOAP）提供数据交换的语义；Web Services 描述语言（Web Services Description Language，WSDL）提供描述 Web Services 功能的机制。通用描述、发现与集成（Universal Description，Discovery and Integration，UDDI）提供目录服务，可以使用它对 Web Services 进行注册和搜索。其他规范统称为 Web Services 体系结构，用于定义 Web Services 发现、事件、附件、安全性、可靠的消息传送、事务和管理等方面的功能。

XML Web Services 是分布式计算的重要标准，也是软件开发的重要趋势。通过 XML Web Services 标准，应用软件之间可以实现跨平台，跨编程语言的连接和互操作。基于 XML Web Services 标准的开发平台可以实现个人与个人之间、个人与企业之间，以及企业与企业之间的信息互联，以便于随时随地存取和使用信息。

9.1.1　Web Services 发展历程

早期的 Web 应用程序不具有交互能力，如果用户需要从 Web 上获取信息，必须打开所需的 Web。然后找到所需的信息并通过保存或剪贴之类的方式获取这些信息，并在另一个应用程序中使用。此外，一个应用程序不可以用作另一个应用程序的组件在网页上完成某种功能。出于安全考虑，如果要使用 Web 程序中的任何数据，必须将其插入到防火墙之后的一个数据库中，并在网页呈现时访问数据，因此 Web 应用充满了信息和功能的孤岛。

Internet 的出现，使得用户可通过 Web 实现互操作，即应用程序通过请求 Web 页面作为方法调用的替代方式。可以编写代码来请求网页，接受并分析结构以获得信息。但是，只要其他应用程序的 Web 结构发生变化，自身的应用程序就会中断，因此 Web 应用仍然是一个个孤立的应用。

新的 Web 应用需要一种严格地描述数据标准化且跨平台的技术，XML 很快就被接受为数据互操作的全球标准。当一个程序为另一个程序发送数据时，两个应用程序均必须清楚如何表述数据，XML 能够为程序间交互数据提供最佳选择。使用 XML 结构可以生成任何应用程序，而且这些应用程序可以与用几乎所有语言编写的在任何平台和设备上运行的其他有关应用程序交互。使用 XML 发送这些数据时，对方可以理解这些数据，并且表示信息不会混淆。

目前流行的 Web Services 可以发布在几乎任何平台的 Web 服务器上，它们采用 XML 发送请求并以 XML 方式接收请求。服务器接收到 XML 请求后，可以将请求传递给任何可以实现的技术，XML 协议将 Web 应用转换为一种全球应用程序基础结构。任何应用程序均可利用其他应用程序，以获得任何种类的数据和功能，从而解决了旧 Web 应用中的孤岛问题。

9.1.2 Web Services 的特点

Web Services 通过提供动态的服务接口来实现一个动态的数据交换和集成。从外部使用者的角度而言，Web Services 是一种部署在 Web 上的对象/组件，具备以下特征。

1. 完好的封装性

Web Services 既然是一种部署在 Web 上的对象，自然具备对象的良好封装性，对于使用者而言，能且仅能看到该对象提供的功能列表，而不能看到内部的具体实现细节。

2. 松散耦合

这一特征也是源于对象/组件技术，当一个 Web Services 的实现发生变更的时候，使用者是不会感到这一点的。对于使用者来说，只要 Web Services 的调用接口不变，Web Services 实现的任何变更对他们来说都是透明的，甚至当 Web Services 的实现平台从 JavaEE 迁移到 .NET 或者反向迁移时，用户都可以对此不用知情。对于松散耦合而言，尤其是在 Internet 环境下的 Web Services 而言，需要有一种适合 Internet 环境的消息交换协议。而 SOAP 正是目前最为适合的消息交换协议。

3. 使用协约的规范性

这一特征从对象而来，但相比一般对象，其界面规范更加规范化并易于被机器理解。首先，作为 Web Services，对象界面所提供的功能应当使用标准的描述语言来描述。其次，由标准描述语言描述的服务界面应当是能够被发现的，因此这一描述文档需要被存储在私有的或公共的注册库里。同时，使用标准描述语言描述的使用协约将不仅仅是服务界面，它将被延伸到 Web Services 的聚合、跨 Web Services 的事务、工作流等，而这些都需要服务质量（QoS）的保障。安全机制对于松散耦合的对象环境十分重要，因此需要对诸如授权认证、数据完整性、消息源认证及事务的不可否认性等运用规范的方法进行描述、传输和交换。最后，所有层次上的处理都应当是可管理的，因此需要对管理协约运用同样的机制。

4. 使用标准协议规范

作为 Web Services,其所有公共的协议完全使用开放的标准协议进行描述、传输和交换。这些标准协议具有完全自由的规范,以便由任一方进行实现。一般而言,绝大多数规范将最终由 W3C 或 OASIS 作为最终版本的发布方和维护方。

5. 高度可集成能力

由于 Web Services 采用简单的、易理解的标准 Web 协议作为组件界面描述和协同描述规范,完全屏蔽了不同软件平台的差异,因此无论是 CORBA、DCOM 还是 JavaEE,都可以通过这一标准的协议进行互操作,实现了当前环境下的最高的可集成性。因此,基于 Web Services,可以很好地实现分布式、跨平台的动态数据交换和应用集成。

9.1.3 Web Services 体系结构

1. Web Services 模型

Web Services 体系结构基于 3 种角色之间的交互,它们是服务提供者、服务注册中心和服务请求者。交互涉及发布、查找和绑定操作。这些角色和操作一起作用于 Web Services 构件——Web Services 软件模块及其描述。在典型情况下,服务提供者托管可通过网络访问的软件模块,即 Web Services 的一个实现。服务提供者定义 Web Services 的服务描述并把它发布到服务请求者或服务注册中心。服务请求者使用查找操作来从本地或服务注册中心检索服务描述,然后使用服务描述与服务提供者进行绑定并调用 Web Services 实现交互。服务提供者和服务请求者角色是逻辑结构,因而服务可以表现两种特性。图 9-1 展示了这些操作、提供这些操作的组件及它们之间的交互。

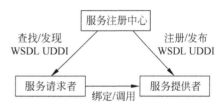

图 9-1　Web Services 角色、操作和构件

2. Web Services 体系结构中的角色

(1) 服务提供者。从企业的角度来看,这是服务的所有者。从体系结构的角度来看,这是托管访问服务的平台。

(2) 服务请求者。从企业的角度来看,这是要求满足特定功能的企业。从体系结构的角度来看,这是寻找并调用服务,或启动与服务的交互的应用程序。服务请求者角色可以由浏览器来担当,由人或无用户界面的程序(如另外一个 Web Services)来控制它。

(3) 服务注册中心。这是可搜索的服务描述注册中心,服务提供者在此发布他们的服务描述。在静态绑定开发或动态绑定执行期间,服务请求者查找服务并获得服务的绑定信息。对于静态绑定的服务请求者,服务注册中心是体系结构中的可选角色,因为服务提供者可以把描述直接发送给服务请求者。同样,服务请求者可以从服务注册中心以外的其他来源获得服务描述,如本地文件、FTP 站点、Web 站点、广告和服务发现(Advertisement and Discovery of Services,ADS)。

3. Web Services 体系结构中的操作

对于利用 Web Services 的应用程序,必须发生 3 个行为:发布服务描述、查询或查找服务描述,以及根据服务描述绑定或调用服务。这些行为可以单次或反复出现。这些操作具体如下。

（1）发布。为了使服务可访问,需要发布服务描述以便服务请求者可以查找它。发布服务描述的位置可以根据应用程序的要求而变化。

（2）查找。在查找操作中,服务请求者直接检索服务描述或在服务注册中心中查询所要求的服务类型。对于服务请求者,可能会在两个不同的生命周期阶段中牵涉查找操作：一方面在设计时为了程序开发而检索服务的接口描述,另一方面在运行时为了调用而检索服务的绑定和位置描述。

（3）绑定。在绑定操作中,服务请求者使用服务描述中的绑定细节来定位、联系和调用服务,从而在运行时调用或启动与服务的交互。

4. Web Services 的构件

（1）服务。Web Services 是一个由服务描述来描述的接口,服务描述的实现就是该服务。服务是一个软件模块,它部署在由服务提供者提供的可以通过网络访问的平台上。服务存在就是要被服务请求者调用或者与服务请求者交互。当服务的实现中利用到其他的Web Services 时,它也可以作为请求者。

（2）服务描述。服务描述包含服务的接口和实现的细节,其中包括服务的数据类型、操作、绑定信息和网络位置,还可能包括方便服务请求者发现和利用的分类信息及元数据。服务描述可以被发布给服务请求者或服务注册中心。

5. Web Services 开发生命周期

Web Services 开发生命周期包括了设计和部署以及在运行时对服务注册中心、服务提供者和服务请求者每一个角色的要求。开发生命周期对每个角色的每一元素都有特定要求,开发生命周期有以下 4 个阶段。

（1）构建。生命周期的构建阶段包括开发和测试服务实现、定义服务接口描述和定义服务实现描述。可以通过创建新的 Web Services、把现有的应用程序改造成 Web Services、由其他 Web Services 和应用程序组成新的 Web Services 等多种方式实现。

（2）部署。部署阶段包括向服务请求者或服务注册中心发布服务接口和服务实现的定义,以及把 Web Services 的可执行文件部署到执行环境(典型情形如 Web 应用程序服务器)中。

（3）运行。在运行阶段,可以调用 Web Services。此时 Web Services 完全部署、可操作并且服务提供者可以通过网络访问服务。现在服务请求者可以进行查找和绑定操作。

（4）管理。管理阶段包括持续的管理和运营 Web Services 应用程序。安全性、可用性、性能、更新方式、服务质量和业务流程问题都必须考虑。

6. 体系结构概览

Web Services 提供者的发布服务使用 UDDI,查找服务使用 UDDI 和 WSDL 的组合。绑定服务使用 WSDL 和 SOAP,其中包括服务的实际使用。正是由于服务提供者和服务请求者对 SOAP 规范的全力支持,才实现了无缝互操作性。

开发人员开发新的应用时,可通过 UDDI Operator 或 UDDI Search Engine 的 Web 界面在 UDDI Registry 上找到所需的 Web Services,然后在 UDDI Registry 中或通过其中的链接找到该 Web Services 的 WSDL 描述的调用规范。使用开发工具或通过手动方式调用该规范,然后在自己的应用中加上该调用规范定义的 Web Services 调用,这样开发的应用即可通过 SOAP 调用指定的 Web Services。

对具有自动集成各相关应用的服务和应用,应用通过 SOAP 协议访问 UDDI Operator 或 UDDI Registry 找到需要的 Web Services,UDDI Operator 和 UDDI Registry 会通过 SOAP 协议响应 Web Services 的调用规范和调用规范的链接。应用程序得到使用 WSDL 描述的服务调用规范的文本,通过解析该描述文本,自动生成本地调用接口绑定,并将所需的调用参数适当绑定并完成调用。

9.1.4　Web Services 协议

Web Services 主要由以下 3 种开发性的标准构成。

1. WSDL

WSDL 为一个约定,说明发送到 Web Services 的 SOAP 消息和预期返回的消息。它让 Web Services 应用程序以一种标准方式描述自己具有的功能,以便交互更容易进行。

2. SOAP

SOAP 是以 XML 格式编码,包含请求服务器的方法调用和返回到客户机的数据。通过 SOAP,使应用程序间能互相沟通,但不需要知道彼此的平台,或各自如何运作等细节信息。

3. UDDI

描述企业提供的服务,公布其希望以何种技术规格与其他企业交易。从其他企业资料搜寻其所需要的产品或服务,并通过线上 UDDI 登录数据库完成。

综上所述,Web Services 使用 XML 描述数据,使用 SOAP 消息调用访问服务,使用 WSDL 进行服务描述,并通过 UDDI 进行公共注册发布。

9.2　WSDL

WSDL 提供了定义服务抽象的能力,并将服务发布到服务注册中心,WSDL 主要以 XML 格式定义服务抽象。这种服务的描述是 WSDL 文档中作为一组对消息进行操作的终端。这些信息是面向文档或面向过程的。

随着几家大型企业合力建立了 SOAP 标准,通信协议和消息格式在 Web 技术领域中已经标准化。在通常的开发过程中,对于对象的接口一定具备相应的 SDK 描述文档,Web Services 也是一种对象,只不过被部署在 Web 上,所以也需要有对 Web Services 对象的接口 SDK 描述文档。然而这两者又不尽相同,一是目前在 Web 上的应用已经完全接受了 XML 这个基本的标准;二是 Web Services 的目标是即时装配、松散耦合及自动集成的,这意味着 SDK 描述文档应当是具备被机器识别的能力。

对于使用标准化的消息格式/通信协议的 Web Services,需要以某种结构化方式(即 XML)对 Web Services 的调用/通信加以描述,而且实现这一点也显得非常重要,这是 Web Services 即时装配的基本保证。

WSDL 是一种 XML 应用,它将 Web Services 描述定义为一组服务访问点,客户端可以通过这些服务访问点对包含面向文档信息或面向过程调用的服务进行访问,访问类似远程过程调用(RPC)。WSDL 首先对访问的操作和访问时使用的请求或者响应消息进行抽象描述,然后将其绑定到具体的传输协议和消息格式上以最终定义具体部署的服务访问点。

相关具体部署的服务访问点通过组合就成为抽象的 Web Services，WSDL 服务定义为分布式系统提供了可机器识别的 SDK 文档，同时该服务也可以用于描述自动执行应用程序通信中所涉及的细节。

WSDL 为服务抽象的描述定义了 XML 语法，作为一组通信终端。可以将这些通信终端看成是在通信信道任意终端的消息端口。从图 9-2 可以看到，箭头指向两个方向，说明消息是流进和流出 Web 服务器的。消息信道可以遍及整个 Internet，而不被或者不需要用户了解。

图 9-2　Web Services 和客户端之间的消息信道

9.2.1　WSDL 结构

WSDL 文档将服务定义成网络的端点或端口的集合。在 WSDL 中，端点和消息的抽象定义是与其具体的网络部署或数据格式绑定分开的。WSDL 同 SOAP 一样，也是 XML 格式文本。WSDL 由两部分组成：第一部分是抽象定义；第二部分是具体描述。

1. WSDL 的抽象定义

抽象定义包括端口类型（PortType）、消息（Message）和数据类型（Type）3 个元素。

通常 WSDL 的抽象定义中最冗长的部分是数据类型（Type）的定义。既然网络服务可以由任何语言实现，WSDL 就必须能够描述所有语言的所有数据类型。因为 WSDL 采用 XML 文本，所以 WSDL 完全可以沿用 XML 中定义的数据类型。这些数据类型有整型、浮点型及字符串型，也包括表示时间的一些数据类型。WSDL 还规定了数组（Array）及复杂数据类型（Complex Type）的表示方法，复杂数据类型是用来表述诸如 C 中的 Struct 和 C++ 及 Java 中的 Object 等复合数据。

2. WSDL 的具体表述

抽象是指网络服务对应的 API，而具体则指网络服务的安装和运行。同一套网络服务的实现程序可以安装到多台服务器上，在这种情况下，每一台服务器上均必须各有一个 WSDL。这些 WSDL 的抽象定义部分完全一样，但是具体表述部分各不相同。具体表述部分包含两项内容，即绑定（Binding）和服务（Service）。

使用绑定，用户既可以知道如何去调用网络服务。绑定（Binding）有两项任务，一是说明如何找到实现网络服务的 API；二是说明用户调用该网络服务时，可以使用的编码方式。从用户端到服务器，调用命令的传输实际上就是把 XML 文本转换为数码流（Byte Stream），然后逐个传输数码。当服务器收到 XML 数码流后，有多种解读 XML 数码流的方式。无论用何种方式，用户与服务器必须协调好。目前编码方式主要有两种，逐字逐句式（Literal）与整体解释式（Encoded）。为了更迅速地传输网络服务调用命令，将来会有更多的编码方式。

有了 WSDL，用户可以方便地编写调用网络服务的程序。通过 SOAP 把调用指令传给服务器,而服务器运行网络服务后,通过 SOAP 把结果传回给用户。

9.2.2　WSDL 主要元素

一个 WSDL 文档将服务定义为一个网络服务访问点或者端口的集合。在 WSDL 中,由于服务访问点和消息的抽象定义已从具体的服务部署或数据格式绑定中分离出来,所以可以重用这些抽象定义需要交换数据抽象描述的消息及操作抽象集合的端口类型。针对一个特定端口类型的具体协议和数据格式规范构成一个可重用的绑定,一个端口定义成 Web 访问地址和可重用的绑定的连接,端口的集合定义为服务。因此,一个 WSDL 文档在定义 Web Services 时使用如下元素。

1. 类型(Type)

Type 元素给出了组成消息的数据结构或者数据类型定义。Type 元素应该遵循描述构成数据类型结构的数据模式。这种数据类型定义模式可以是任何开放的标准。WSDL 规范采用了 XML 模式定义(XML Schema Definition,XSD)语言作为其正则类型系统。正则类型系统是由正则数据类型映射这个术语派生而来的。正则数据类型映射是一种特定的数据类型映射,定义 XSD 语法空间中元素与值空间中元素的一一对应关系。

2. 消息(Message)

消息是由逻辑部件组成的抽象定义,其中每个部件都同派生(或是输入)的类型系统中的 Types 相联系。Message 元素构成了用来在消息信道上交换信息的给定消息的抽象定义。

3. 端口类型(PortTypes)

PortTypes 是一组响应消息的抽象操作。可以将操作理解成方法,将消息理解成经过 Web 整理的参数和返回值。对于某个访问入口点类型所支持的操作的抽象集合,这些操作可以由一个或多个服务访问点来支持。

操作也称为传输原语。WSDL 规范中声明了如下 4 种访问点调用的模式。

(1) 单向(One-Way)。在单向操作中,Web Services 接收到消息,但是并不响应这种操作。在这些单向操作中,客户发送消息或者调用 Web Services 上的操作,但是并不希望得到调用的响应。

(2) 请求—响应(Request-Response)。在请求—响应操作中,客户通过从客户端向服务器端发送消息调用操作。服务端或 Web Services 处理请求并且向客户端返回响应。这种传输原语类似于 HTTP 协议的请求—响应模式,这种类型是 Web Services 中应用最普遍的传输原语。

(3) 征求—响应(Solicit-Response)。在征求—响应操作中,服务端发送消息到客户端并且期望得到来自客户端的响应。这种类型正好与请求—响应操作相反。

(4) 通知(Notification)。在通知操作中,服务端发送消息到客户端,但不接收来自客户端的响应。

4. 绑定(Binding)

针对一个特定的端口类型的具体的协议规范和数据格式规范。绑定的 3 个基础协议分别是:SOAP 绑定、HTTP GET/POST 绑定、多用途网际邮件扩充(Multipurpose Internet Mail Extension,MIME)绑定。

5. 端口(Port)

一个单一的服务访问点,定义为协议/数据格式绑定和具体 Web 访问地址组合的单个服务访问点。

6. 服务(Service)

相关的服务访问点的集合,WSDL 规范为服务中的端口提供了如下的关系描述。

(1) 端口之间不应该相互影响。不能将一个端口的输出作为另一个端口的输入。

(2) 服务可以为单独一个 portType 提供不同的绑定。这种对单独一个 portType 的多重绑定使服务的用户可以为交互作用选择适当的通信协议。

(3) 客户可以通过检验服务的端口来确定服务的 portType。这种检验使客户能够根据服务支持的 portTypes 确定是否执行服务。

9.2.3 WSDL 示例

下面的示例给出了服务的定义,这个服务根据一个给定的工具的 ID 号,提供了一个工具的详细的细节资料,如工具的名称、工具类型和工具的售价等信息。服务提供了一个名称为 GetToolDetial 的操作。

【例 9.1】 简单 WSDL 文档

```xml
<?xml version = "1.0" encoding = "utf - 8" ?>
<wsdl:definitions name = "ToolDetail"
      tagetNamespace = "http://www.xxx.com/" xmlns:tns = "http://www.xxx.com/"
      xmlns:xsd = "http://www.w3.org/2001/XMLSchema" xmlns = "http://www.xxx.com/"
      xmlns:wsdl = "http://schemas.xmlsoap.org/wsdl/"
      xmlns:soap = "http://schemas.xmlsoap.org/wsdl/soap/">
  <wsdl:types>
     <xsd:schema targeNamespace = "http://www.xxx.com/toolDetail.xsd">
        <xsd:element name = "ToolDetailRequest">
           <xsd:complexType>
              <xsd:all>
                 <xsd:element name = "ID" type = "int" />
              </xsd:all>
           </xsd:complexType>
        </xsd:element>
        <xsd:element name = "ToolDetail">
           <xsd:complexType>
              <xsd:all>
                 <xsd:complexType>
                    <xsd:all>
                       <xsd:element name = "ToolName" type = "string" />
                       <xsd:element name = "Type" type = "string" />
                       <xsd:element name = "price" type = "int" />
                    </xsd:all>
                 </xsd:complexType>
              </xsd:all>
           </xsd:complexType>
```

```
            </xsd:element>
        </xsd:schema>
    </wsdl:types>
    <wsdl:message name = "AddTools">
        <wsdl:part name = "body" element = "xsdl:ToolDetailRequest" />
    </wsdl:message>
    <wsdl:mesage name = "RemoveTools">
        <wsdl:part name = "body" element = "xsdl:ToolDetail" />
    </wsdl:mesage>
    <wsdl:portType name = "ToolDetailPortType">
        <wsdl:operation name = "GetToolDetail">
            <wsdl:input message = "tns:AddTools" />
            <wsdl:output message = "tns:RemoveToos" />
        </wsdl:operation>
    </wsdl:portType>
    <wsdl:binding name = "ToolDetailSoapBinding" type = "tns:BookDetailsPortType">
        < soap:binding style = "document" transport = "http://schemas. xmlsoap. org/soap/
http" />
        <wsdl:operation name = "GetToolDetail">
            <soap:operation soapAction = "http://www.xxx.com/GetToolDetail" />
            <wsdl:input>
                <soap:body use = "literal" />
            </wsdl:input>
            <wsdl:output>
                <soap:body use = "literal" />
            </wsdl:output>
        </wsdl:operation>
    </wsdl:binding>
    <wsdl:service name = "ToolDetailService">
        <wsdl:documentation>Tool Services</wsdl:documentation>
        <wsdl:port name = "ToolDetailPort" binding = "tns:ToolDetailSoapBinding">
            <soap:address location = "http://www.xxx.com/tooldetail" />
        </wsdl:port>
    </wsdl:service>
</wsdl:definitions>
```

9.2.4 WSDL 绑定类型

WSDL 的设计理念完全继承了以 XML 为基础的 Web 技术标准开发。WSDL 允许通过扩展使用其他类型的定义语言(不仅是 XML Schema),允许使用多种网络传输协议和消息格式。WSDL 的 binding 元素提供了 3 种不同的协议绑定,用于对消息的早期说明。

1. SOAP 绑定

WSDL 的 SOAP 绑定为服务端点提供了 SOAP 协议绑定。SOAP 绑定提供了必要的 SOAP 协议细节、SOAP 服务端点的地址、soapAction 标题相应的 URI,以及 SOAPEnvelope 发送内容中相关标题的定义。

2. HTTP GET/POST 绑定

WSDL 的 HTTP 绑定为服务端点提供了 HTTP 协议绑定。这一绑定包括 WSDL 文

第9章

档结构的 GET 和 POST 使用方法,指定了服务端点(Web 服务器)的通信方法。客户可以是任意与 Web Services 相交互的应用程序(不一定是 Web 浏览器)。如果客户为 WSDL 文档内的 HTTP 绑定提供适当的动词,Web Services 就能被成功调用。

根据 WSDL 规范,下列协议规范适用于 HTTP 绑定。

(1)绑定使用 HTTP GET/POST 的指示。

(2)端口的地址。

(3)每个操作的相对地址(相对于端口定义的基地址)。

3. MIME 绑定

WSDL 规范提供了一种规定抽象数据类型的绑定,符合 MIME 格式的方法。所提供的绑定规定了不同的 MIME 类型组合。下面是 MIME 的具体类型。

(1)Multipart/nelated。

(2)Text/xml。

(3)Application/x-www-form-urlencoded。

(4)其他。

9.3 SOAP

SOAP 是建立 Web Services 最重要的一个标准。SOAP 形成了 Web Services 通信基础结构的主干。通过运用 SOAP,可以使那些由不同程序语言和组件框架建立的完全不同的组件通过 HTTP 在分布式的分散环境中相互交流。

本节将要讨论建立 Web Services 基础结构所需要知道的 SOAP 概念,主要介绍 SOAP 1.1,W3C 正在发展 SOAP 1.2。同时,还会讨论 SOAP 的设计目标、会话和语义结构等内容。

9.3.1 SOAP 简介

SOAP 是当前 XML 通信的行业标准,是在分散或者分布式环境中交换信息的简单协议。SOAP 说明了机器间通信消息的传送格式,此外还包括了多个可选部分,用于描述方法调用和详细说明通过 HTTP 发送 SOAP 消息的方法。

SOAP 以 XML 形式提供了一个简单且轻量的用于在分散或分布环境中交换结构化类型信息的机制,其本身并没有定义任何应用程序语义,如编程模型或特定语义的实现。而是通过提供一个有标准组件的包模型和在模块中编码数据的机制定义了一个简单的表示应用程序语义的机制,使其能够用于从消息中传递到 RPC 的各种系统。

SOAP 主要有以下几个功能部件。

(1)SOAP 封装。

(2)SOAP 的编码规则。

(3)SOAP RPC。

SOAP 封装是一种封闭结构,包括零个或者多个 SOAP 标题和强制性的 SOAP 主体。SOAP 信封是 XML 文档的顶元素。它定义了指定消息细节的框架,如所控制的信息、地址等。

SOAP 编码规则定义了一种交换应用程序特有的数据类型的方式。这种交换在概念上与分布式编程模式类似。SOAP 为完全不同系统之间的数据交换定义了串行化机制,还为其数据类型定义了一种应用程序语义无关的模式。

SOAP RPC 代表了一种基于请求—应答模式的约定。约定可以调用 RPC 类型的请求,这种请求提供了到服务接口展示的远程过程访问。SOAP RPC 还提供了一种基于所执行的请求而获得响应的约定。

9.3.2 SOAP 设计目标

SOAP 的主要目标是作为一个简单轻便的可扩展框架,这就意味着传统的消息系统和分布对象系统的如下性质不是 SOAP 规范的一部分。

(1)分布式碎片收集:是一种当远程对象的本地或远程引用丢失时,将远程对象无用单元收集起来的功能。

(2)成批传送消息:在消息发送到消息调度程序之前将几个消息一同处理,有助于减少中断和协议处理的系统开销。

(3)对象引用:按引用的对象是一个特性,将对象参数作为引用而不是值对象。

(4)激活机制:激活是一个分布式服务提供的特性,当调用服务器时远程服务才被延迟地激活。

9.3.3 SOAP 示例

下面的示例提供了使用 SOAP 服务和 HTTP 上请求的一个快速浏览。通过这个示例,读者可以对 SOAP 请求消息有所了解。

1. 使用 POST 的 SOAP HTTP

【例 9.2】 使用 POST 的 SOAP HTTP

```
POST /StockQuote Http/1.1
Content - type:text/xml; charset = "utf - 8"
Content - Length: xxxx
SOAPAction:http://www.xxx.com/toolDetail

< soapenv:Envelope
    xmlns: soapenv = http://schemas. xmlsoap. org/soap/envelop/ soapenv: encodingStyle = "
http://schemas. xmlsoap. org/soap/encoding/">
    < soapenv:Header >
        <v:Password xmlns:v = "http://www.xxx.com/validation/"
            soapenv:mustUnderstand = "1"> abcdef </v:Password >
    </soapenv:Header >
    < soapenv:Body >
        <r:ID xmlns:r = "http://www.xxx.com/"> 123 </r:ID >
    </soapenv:Body >
</soapenv:Envelope >
```

2. 使用扩展框架的 SOAP HTTP

【例 9.3】 使用扩展框架的 SOAP HTTP

```
M-POST /StockQuote Http/1.1
Man: "http://schemas.xmlsoap.org/soap/envelope/"; ns = XXXX
Content-type:text/xml; charset = "utf-8"
Content-Length: xxxx
XXXX-SOAPAction:http://www.xxx.com/toolDetail

< soapenv:Envelope
      xmlns:soapenv = http://schemas.xmlsoap.org/soap/envelop/ soapenv:encodingStyle =
"http://schemas.xmlsoap.org/soap/encoding/">
      < soapenv:Header >
            < v:Password xmlns:v = "http://www.xxx.com/validation/"
                  soapenv:mustUnderstand = "1"> abcdef </v:Password >
      </soapenv:Header >
      < soapenv:Body >
            < r:ID xmlns:r = "http://www.xxx.com/">123 </r:ID >
      </soapenv:Body >
</soapenv:Envelope >
```

9.3.4 SOAP 消息交换模式

SOAP 消息从发送方到接收方是单向传送,这种消息的有效组合提供了更为复杂的交换模式,如请求—响应。SOAP 总是沿着消息路径发送,消息路径由一个或多个处理 SOAP 消息的中间结点构成,这些结点为通过消息路径发送的 SOAP 消息提供了消息滤波能力。这种 SOAP 处理结点也称为端点(endpoint)。

一个接收 SOAP 消息的 SOAP 应用程序必须按顺序执行以下的操作处理消息。

(1) 识别应用程序需要的 SOAP 消息的所有部分。

(2) 验证消息中的固定部分。如果不支持这些消息,就放弃,同时还可以忽略消息的可选部分而不影响处理的结果。

(3) 如果该 SOAP 应用程序不是消息的最终目的地,则在转发消息之前删除第(1)步中识别的所有部分。

端点在处理消息时具有如下责任。

(1) 端点需要理解使用的交换方式(单向、请求—应答、多路发送等)。

(2) 端点需要了解消息模式中接收方的任务。

(3) 端点需要了解使用的 RPC 机制,数据的表现方法或编码,以及其他必需的语义。

交互双方的 SOAP 消息并不一定要遵循同样的格式要求,而只需要以一种双方可理解的格式交换信息。

图 9-3 说明了 SOAP 消息交换模式中可行的不同消息模式。

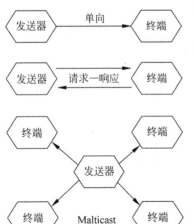

图 9-3 SOAP 消息交换模式中的消息模式

9.3.5 SOAP 消息

SOAP 消息是一个 XML 文档,包括一个必需的 SOAP 封装,零个或者多个 SOAP 头和一个必需的 SOAP 体。图 9-4 阐述了 SOAP 消息的主要部件。

1. 封装

SOAP 封装是表示消息的 SOAP XML 文档中的顶元素。

封装的语法规则如下。

(1) SOAP 封装的元素名称必须是 Envelope。

(2) 元素必须在 SOAP 消息之中。

(3) 元素可以包含额外的属性和命名空间声明。属性必须是命名空间所限制的。元素可以包括子元素,而且也可能是命名空间所限制的。

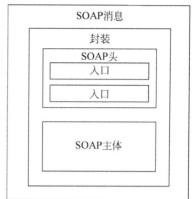

图 9-4　SOAP 消息的结构

2. SOAP 头

SOAP 的封装包括零个或多个头。SOAP 为相互通信的团体之间提供了一种很灵活的机制,即在无须预先协定的情况下,以分散但标准的方式扩展消息。SOAP 头的语法规则如下。

(1) SOAP 头的元素名是 Header。

(2) 如果有 SOAP 头,必须是 SOAP 封装元素的第一个直接子元素。SOAP 头可以包含多个条目,每个均为 SOAP 头元素的直接子元素。

(3) Header 元素可以包含头入口的子元素,头入口必须是命名空间限制的。

SOAP 头入口的编码规则如下。

(1) 头入口是由其完全限制的元素名称以及命名空间 URI 指定的。

(2) soapenv:encodingStyle 属性可以用于指定头入口的串行化规则。

(3) soapenv:mustUnderstand 和 soapenv:actor 属性可以用于标出谁将处理这些头入口及如何处理。

3. SOAP 主体

SOAP 还包括一个主体。主体包括消息的有效负载及寄送给消息接收器的必需的信息。Body 元素的一些用途包括配置 RPC 类型的消息调用及故障报告。

SOAP 主体的语法规则如下。

(1) SOAP 主体的元素名称必须是 Body。

(2) 元素必须位于 SOAP 消息内。如果 SOAP Header 元素已存在,Body 元素必须直接跟在 SOAP 元素后,如果 SOAP Header 元素不存在,则 Body 元素必须是 Envelope 元素的第一个直接子元素。

(3) 元素可以包含作为直接子元素的字元素,表示 SOAP 消息的一组主体入口。Body 元素的字元素应该是命名空间所限制的。SOAP 主体还定义了 SOAP fault 元素,表示在处理消息过程中的故障。

SOAP 主体入口的编码规则如下。

233

第 9 章

（1）Body 元素的主体入口是命名空间限制并且是由其完全限制的名称指定的，其名称包括命名空间 URI 和本地名称。

（2）soapenv:encodingStyle 属性可以用于指示编码主体入口的串行化规则。

9.3.6 SOAP 编码规则

SOAP 编码格式基于一个简单的类型系统，一个类型或一个简单（标量）的类型或由几个部分组合而成的复合类型，其中每个部分均有自己的类型。下面部分介绍了运用 SOAP 消息格式的串行化数据的编码规则。

1. 简单类型

根据编码规则，在 SOAP 主体中，简单类型始终表示为单元素。实际上，SOAP 编码采用了在 XML 模式规范的内嵌式数据类型中能够找到的所有类型。简单类型必须始终派生自 XML 模式类型。

2. 多态性存取器

有时仅仅使用简单类型还不足以为某些在定义时还是未知类型的任意值提供足够的数据容器。例如，某个产品实体的参数定义一个值，并且知道这样的价格实例在服务中是定义成任意值的，就必须为元素提供 xsi:type 属性。该元素就可以被视为多态性存取器，多态性存取器类似于虚拟的任意数据类型而被定义成占位符。

3. 复合类型

SOAP 定义了两种复合类型：结构（Struct）和数组（Array）。结构是一种复合类型，其中的每个成员都是通过其名称唯一确定的。数组也是一种复合类型，其中的每个成员都是通过其顺序位置唯一确定的。在数组中，成员没有名称。复合类型在表达简单元素不能表达的复杂元素时是很有用的。

9.3.7 HTTP 上的 SOAP

HTTP 和 SOAP 几乎是一种默认的绑定，这样在利用 SOAP 的形式化和灵活性的同时，可以使用 HTTP 特性。

1. SOAP HTTP 请求

根据 SOAP 规范，发送 SOAP 请求参数的 HTTP 请求是 POST 方法，与 HTTP 请求方式相结合。

2. SOAPAction 域

一个 HTTP 请求头中的 SAOPAction 域用来指出这是一个 SOAP HTTP 请求，其值是所要的 URI。在格式、URI 的特性和可解析性上没有任何限制。

HTTP 请求头中 SOAPAction 域使服务器（如防火墙）能正确地过滤 HTTP 中 SOAP 请求消息。如果该域的值是空字符串，表示 SOAP 消息的目标就是 HTTP 请求的 URI。

3. SOAP HTTP 响应

SOAP HTTP 遵循 HTTP 中表示通信状态信息的 HTTP 状态码语义，其中包含了 SOAP 组件的客户请求已经成功收到、理解和接受。如果发生错误，SOAP 服务器必须发出应答包含错误 SOAP Fault 元素。

9.3.8　在 RPC 中使用 SOAP

SOAP 上的 RPC 可以使开发者在 HTTP 等传输协议的 SOAP 消息中制作 RPC 类型的调用。简单性、可扩展性和模块化是 SOAP 带给这种分布式编程模式针对远程方法调用的有益功能。SOAP 的 soapenv:encodingStyle 属性可以用来表明方法调用和应答均使用本节所指定的表示方式，在使用 HTTP 作为绑定协议时，一个 RPC 调用自然地映射到一个 HTTP 请求，RPC 应答同样映射到 HTTP 应答。但是，在 RPC 中使用 SOAP 并不限于绑定 HTTP 协议。

下面信息是在 HTTP 上放置 RPC 的时候所需要的。

（1）目标服务的 URI。

（2）操作的名称。

（3）程序签名（可选）。

（4）参数列表。

（5）标题数据（可选）。

SOAP 实际上依赖于基础优先格式来指定一种携带 URI 的机制，为指定的有限绑定格式绑定 SOAP 的协议派生这种机制。对于 HTTP 上的 SOAP，请求的目标 URI 为提出 SOAP 请求的资源提供 URI。

9.4　UDDI

UDDI 技术是由 IBM、Ariba 和微软为促进商业性 Web Services 的互操作能力而推出的一项计划，是 Web Services 集成堆栈的核心。UDDI 是一种 Web Services 的注册库规范。UDDI 提供了分布式信息存储，可以使用 SOAP 等标准协议，通过 Internet 对其进行访问。UDDI 的信息存储库保留了到 Web Services 体系结构的可编程元素的引用。

UDDI 规范大体上描述了一种企业可以发布和发现能够提供服务抽象调用细节的 Web Services 接口的方法。UDDI 起到了分布式集中存储库的作用。

UDDI 本质上是为解决当前在开发基于组件化的 Web Services 中所使用的技术方法无法解决的一些问题，具有技术简单性，为 Web Services 在技术层次上提供了 3 个重要支持。

（1）标准化、透明的且专门描述 Web Services 的机制。

（2）调用 Web Services 的简单机制。

（3）可访问的 Web Services 注册中心。

图 9-5 提供了在不同服务角色使用的标准之间关系的高级视图。

UDDI 框架是以企业注册库、服务的目录、搜索和发现，以及绑定到服务的过程为基础的。企业注册时服务提供者发布包含其服务描述的 XML 文档的过程。注册可以出现在企业注册库如白页、黄页和绿页，指向目录中的任何位置。

UDDI 语义派生自 UDDI 规范，按照如下文档进行分类。

（1）UDDI 数据结构规范。

（2）UDDI XML 模式。

（3）UDDI 程序员的 API 规范。

235

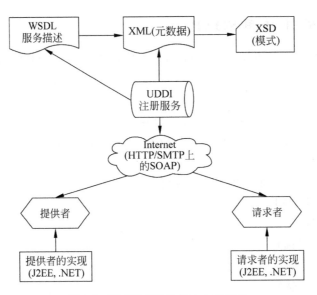

图 9-5 UDDI 在服务角色中的位置

（4）UDDI 复制规范。

（5）UDDI XML 复制规范。

（6）UDDI XML 监管规范。

（7）UDDI 操作员的规范。

（8）UDDI 的数据结构。

UDDI 技术层的企业注册库使用了基于 XML 的模式格式。XML 模式为定义包含在这些企业注册库内的服务提供了更多灵活性和可扩展性。

（1）关于企业的信息。

（2）关于服务的信息。

（3）关于绑定的信息。

（4）关于服务规范的信息。

不同数据结构之间的关系如图 9-6 所示。

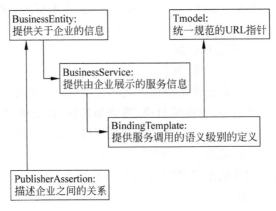

图 9-6 不同数据结构之间的关系

UDDI 针对的是依靠建立一个标准的注册中心来加速网络环境下的电子交易市场氛围下的企业级应用系统的集成。从某种意义上，UDDI 主要面向基础架构，而不是面向信息交互的标准。UDDI 模型的核心更关注中间件连接，同时使用 XML 来描述公司所使用的与其他公司进行交互的系统接口。UDDI 使用一个共享的目录来存储企业用于彼此集成的系统接口描述以及相应的服务功能，而所有的访问接口均通过 XML 描述。在 XML 的使用上，UDDI 主要关注服务接口的 XML 描述。

本 章 小 结

- Web Services 是通过 Web 定义、发布和访问的完整模块式应用程序。
- Web Services 是一种严格描述数据标准化且跨平台的技术，XML 符合这种需求，并且很快被接受为数据互操作的全球标准。
- Web Services 通过提供动态的服务接口来实现一个动态的数据交换和集成，具有完好的封装性、松散耦合、使用协约规范、使用标准规范、高可集成性等特点。
- Web Services 由服务提供者、服务注册中心和服务请求者组成，完成查找/发现，注册/发布，绑定/调用操作。
- Web Services 中主要包含 WSDL、SOAP、UDDI 3 个协议。
- WSDL 提供了定义服务抽象的能力，并将服务发布到服务代理商。
- SOAP 是建立 Web Services 最重要的一个标准，SOAP 形成了 Web Services 通信基础结构的主干。
- UDDI 是一种 Web Services 的注册库规范，UDDI 提供了分布式信息存储，可以使用 SOAP 等标准协议，通过 Internet 对其进行访问。

思 考 题

1. 什么是 Web Services? 它包括了哪些协议?
2. 简述 Web Service 的体系结构。
3. 什么是 WSDL?
4. 什么是 SOAP?
5. 什么是 UDDI?

附录 A XMLSpy 简介

A.1 XMLSpy 概述

Altova XMLSpy 2016 是一个用于 XML 工程开发的集成开发环境（Integrated Development Environment，IDE）。XMLSpy 可与其他工具配合，进行各种 XML 及文本文档的编辑和处理，进行 XML 文档（比如与数据库之间）的导入导出，进行某些类型的 XML 文档与其他文档类型间的相互转换，关联工程中不同类型的 XML 文档、利用内置的 XSLT 处理器和 XQuery 处理器进行文档处理，甚至能够根据 XML 文档生成代码。

A.2 安装 XMLSpy

第一步：下载文件，开始安装。

下载 XMLSpy 安装文件，双击进入安装界面，如图 A-1 所示。

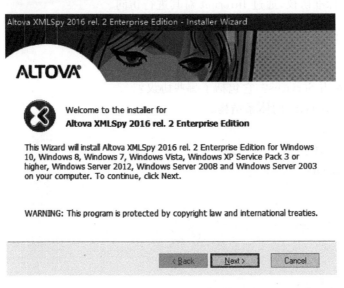

图 A-1 XMLSpy 安装界面

第二步：确认 XMLSpy 许可证协议。

安装 XMLSpy 需要确认 XMLSpy 的许可证协议，在确认协议后，可以继续安装，如图 A-2 所示。

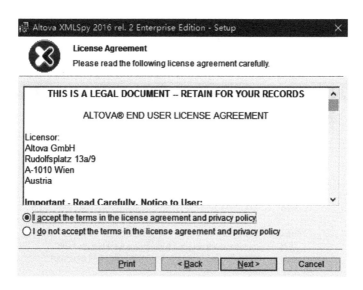

图 A-2　确认 XMLSpy 许可证协议

第三步：自定义 XMLSpy 支持的文件和文件类型。

自定义 XMLSpy 的支持文件类型，在出现的界面中需要选择 XMLSpy 的支持文件和可靠脚本执行，如图 A-3 所示。

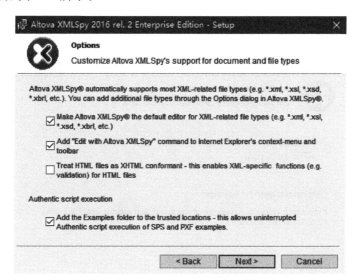

图 A-3　自定义文件类型

（1）选择自定义 XMLSpy 的支持文件类型，包括以下选项。

① 使 XMLSpy 成为 XML 关联文件类型（如 ＊.xml，＊.xsl，＊.xsd 等）的默认编辑器。

② 添加"使用 XMLSpy 编辑"命令到 Internet 浏览器的索引菜单和工具栏中。

③ 把 HTML 文件作为 XHTML 一样对待，这样 HTML 文件可以启用 XML 特定功能。

（2）选择可靠脚本执行：将实例文件夹添加到受信任位置，这将允许 SPS 和 PXF 实例的可靠脚本执行。

第四步：选择安装类型。

在出现的界面中选择"自定义"安装或者"完全"安装，如图 A-4 所示。

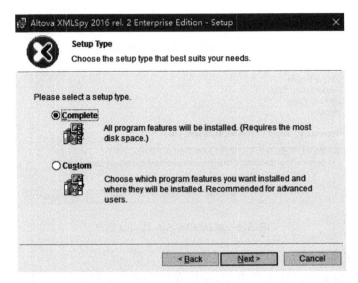

图 A-4　选择安装类型

第五步：安装。

在出现的界面中单击 Install 按钮开始安装，如图 A-5 所示。

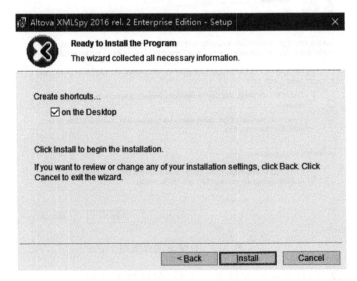

图 A-5　开始安装 XMLSpy 软件

安装完成界面如图 A-6 所示。

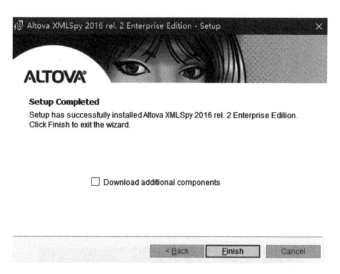

图 A-6　安装完成界面

A.3　使用 XMLSpy

1. XMLSpy 主界面

Altova XMLSpy 2016 用户界面被分为 3 个区域,可以根据个人喜好对各个区域的位置进行调整,如图 A-7 所示。在默认情况下,中间区域为 XML 文档提供多种视图。中间区域的两旁是一些提供信息、编辑帮助和文件管理功能的窗口。

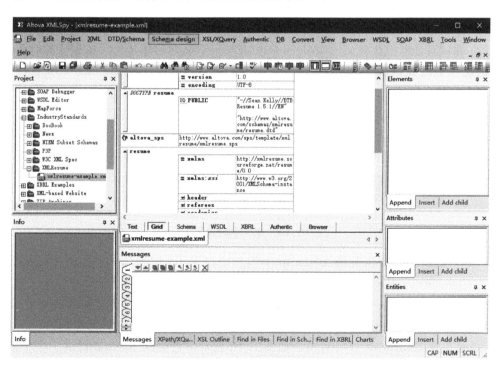

图 A-7　XMLSpy 主界面

（1）左侧区域包含 Project(工程)和 Info(信息)窗口。

（2）中间区域被称为主窗口(Main Window)，用于编辑和查看各种类型的文档。可以在不同的视图（View）间进行切换：Text 视图、Grid 视图、Schema/WSDL 设计视图、Authentic 视图和 Browser 视图。

（3）右侧区域包括 3 个输入助手窗口，用于协助输入与添加元素（Elements）、属性（Attributes）和实体（Entities）。输入助手窗口中所列出的条目，与主窗口中的当前光标选中区域或当前光标位置有关。

2. 新建一个 XML Schema 文件

可以通过以下步骤新建一个 XML Schema 文件。

（1）选择 File→New 菜单项，此时将出现 Create new document(创建新文档)对话框，如图 A-8 所示。

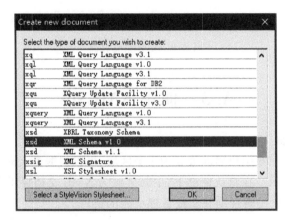

图 A-8　Create new document(创建新文档)对话框

（2）在该对话框中选择 xsd XML Schema v1.0 选项，然后单击 OK 按钮。此时主窗口中将出现一个以 Schema/WSDL 设计视图打开的空 Schema 文件(Schema/WSDL 设计视图本身有两种显示方式：Schema 概要视图(Schema Overview)，为整个 Schema 提供一个关于所有全局成分的概要；内容模型视图(Content Model View)，为各个全局成分提供内容模型视图)。在新建 XML Schema 文件时，Schema/WSDL 视图将以 Schema 概要视图打开。这时会提示输入根元素(Root Element)的名称，如图 A-9 所示。

图 A-9　根元素的名称

（3）单击加亮的字段，并输入"Company"，然后以 Enter 键确认。现在该 Schema 的根元素为 Company，它是一个全局元素(Global Element)(全局属性是 XML Schema 中的术语，指的是那些在 Schema 元素下声明的元素和属性。由于这些元素和属性可在 XML Schema 中的别处被引用，因此被称为全局元素/属性)。在主窗口中所看到的视图称为 Schema 概要视图(Schema Overview)，如图 A-10 所示。它为该 Schema 提供了一个概要：上方窗格(Pane)中列出了所有的全局成分；下方窗格中显示所选全局成分的属性

（Attributes）、声明（Assertions）及唯一性约束（Identity constraints）。只需要单击全局成分左侧的图标即可对该全局成分的内容模型进行查看和编辑。

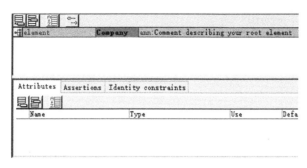

图 A-10　内容查看和编辑

（4）在 Company 元素的 Annotations 字段中输入对该元素的描述，如 Root Element。

（5）单击 File→Save 菜单项以保存该 XML Schema 文件，文件名可以自行选择，如 Company.xsd。

3. DTD 文件验证

（1）新建 DTD 文件。选择 File→New 菜单项，此时将出现 Create new document（创建新文档）对话框，新建一个 DTD 文件，如图 A-11 所示。

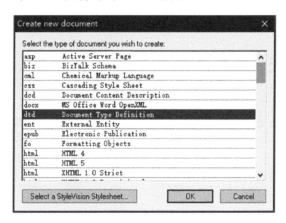

图 A-11　新建 DTD 文件

（2）编辑 DTD 文件。根据需要，编辑一个 DTD 文件，如图 A-12 所示。

（3）检查良构性。一个 XML 文档如果具有正确配对的首尾标签、正确的元素嵌套、并没有错位或遗漏的字符（如写一个实体时漏了后面的分号）等，那么它就是一个良构的（Well-formed）XML 文档。要对当前文档进行良构性检查，可以选择 XML→Check well-formedness 菜单项，或者单击 图标，也可以直接按 F7 键。主窗口底部将会出现检查结果。如果当前文档是良构的，那么将提示“文件格式良好”，如图 A-13 所示。

单击 OK 按钮将关闭检查结果的提示。值得注意的是，良构性检查并不对 XML 文档在结构上是否符合相应的 Schema 作校验，这是在有效性检查中进行的。

（4）有效性检查。如果一个 XML 文档在结构和内容上符合某个 Schema 的规定，那么该 XML 文档对于这个 Schema 来说就是有效的（Valid）。

```
1    <?xml version="1.0" encoding="UTF-8"?>
2    <!ELEMENT Teams (Team*)>
3    <!ELEMENT Team (TeamName, Country, Member+)>
4    <!ELEMENT TeamName (#PCDATA)>
5    <!ELEMENT Country (#PCDATA)>
6    <!ELEMENT Member (#PCDATA)>
7    <!ATTLIST Member
8        Age CDATA #REQUIRED
9        Sex (Male | Female) "Male">
10
```

图 A-12　编辑 DTD 文件

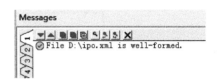

图 A-13　检查良构性

要对当前文档进行有效性检查，可以选择 XML→Validate XML 菜单项或者单击 图 图标，也可以直接按 F8 键。检查的结果将显示在主窗口底部。

① 无效的文件。如果文件中有错误，如某个元素缺失等，可以看到文档会自动提示"该文件不具有良好的格式"，如图 A-14 所示。

② 有效的文件。如果文档是正确的，可以看到文档会提示"该文件有效"，如图 A-15 所示。

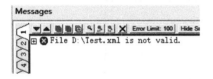

图 A-14　无效的文件

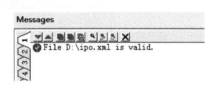

图 A-15　有效的文件

附录 B   XML 的 Java API

Java API for XML 可以使编程人员完全使用 Java 编程语言编写 Web 应用程序,主要分为五大类别。

(1) Java API for XML Processing(JAXP):使用各种解析器处理 XML 文档。

(2) Java API for XML Binding(JAXB):支持应用程序建立 Java 对象来表示 XML 文档。

(3) Java API for XML Messaging(JAXM):在 Internet 上以一种标准方式发送 SOAP 消息。

(4) Java API for XML Registry(JAXR):提供一种标准方式以访问业务注册表并共享信息。

(5) 基于 Java API for XML 的 RPC(JAX—RPC):在 Internet 上给远程通信方发送 SOAP 方法调用并接收返回的结果。

Java API for XML 最重要的特性是它们对工业标准的支持,这样可以确保具有互操作性。各种网络互操作性标准组织(如 W3C、OASIS 等)定义了一些操作标准,遵循这些标准的业务可以使它们的数据和应用程序能够相互通信。

Java API for XML 的另一个特性是它们允许各种各样的灵活性,用户可以灵活地使用 API。例如,JAXP 代码可以使用各种工具来处理一个 XML 文档,而且 JAXM 代码可以在 SOAP 之上使用各种通信协议。同样,开发代码的人员也具有灵活性。Java API for XML 定义了严格的兼容性标准,以确保所有的代码实现都能够使用标准的功能,但是它也为开发人员提供了足够的自由以实现特定用途。

B.1   JAXP

JAXP 是 XML 处理的 Java API,是用于从 Java 应用程序中生成、交换和处理 XML 文档的 API。JAXP 是一种同供应商无关,且提供对 XML 分析器访问的抽象层。在处理上,JAXP 并不直接面对 XML 文档,而是通过使用 XML 分析器的简单 API(Simple API for XML Parsing,SAX)和文档对象模型(Document Object Model,DOM)规范。JAXP 简化了用 SAX 和 DOM API 分析 XML 文档的任务。

其中,SAX 分析器用来在数据流连续地访问与 XML 相关的文档,而与 DOM 相关的分析器可以通过建立对象树来访问 XML 文档。也就是说,SAX 提供对 XML 文档中数据的串行访问,而 DOM 提供基于树的分层访问。可以根据需要在 Java 应用程序中用 JAXP,并且用某种具体的分析器(SAX 分析器或者 DOM 分析器)对 XML 文档进行分析。

1. SAX API 简介

XML 的简单 API，也就是 SAX，是一种以串行方式访问 XML 文档的 API 和语法分析器标准。SAX 编程模型是事件驱动模型，非常依赖于 XML 语法分析器中发生的运行时事件。而这些运行时事件为应用程序制定的代码提供回调机制。如果事件在分析时 XML 文档出现，语法分析器就用回调机制调用应用程序制定的代码。这些回调方法可以被开发者自定义实现来满足一些特殊的要求。图 B-1 描绘了 SAX 解析器各组件之间的关系。

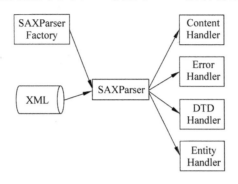

图 B-1　SAX 解析器各组件之间的关系

2. DOM API 简介

DOM 就是文档对象模型，是一种语法分析器，可以用来在网络服务框架中读取和操作 XML 文档的内容与结构，是一组用于创建对象表示的接口，该对象表示一个经过解析后的 XML 文档的树形结构。一旦创建了 DOM，就可以使用 DOM 方法来对其进行操作，就像操作任何其他的树形数据结构。

DOM 解析器与 SAX 解析器不同的是：DOM 解析器可以随机访问 XML 文档中的一段特定的数据。当使用 SAX 解析器时，只能读取某个 XML 文档，而使用 DOM 解析器时，可以创建文档的一个对象表示，并在内存中对它进行操作以加入新元素或删除某个现有元素。

图 B-2 描述了 DOM 解析器各组件之间的关系。

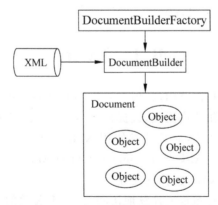

图 B-2　DOM 解析器各组件之间的关系

3. XSLT API 简介

XSLT 即 XML 样式表语言转换，描述了一种将 XML 文档转换为其他 XML 文档或其他格式的语言。为执行这种转换,通常需要提供一个样式表(Stylesheet),该样式表是使用 XML 样式表语言编写的,XSL 样式表指定了如何显示 XML 数据。XSLT 使用样式表中的转换命令执行转换。转换后的文档可以是其他的 XML 文档,也可以是其他格式(如 HTML 格式)的文档。

JAXP 通过 javax.xml.transform 程序包提供了对 XSLT 的支持,该程序包允许插入一个 XSLT 转换程序执行转换。在其子程序包中具有与 SAX、DOM 及其他特定流相关的 API,可以允许直接从 DOM 树或 SAX 事件进行转换。

B.2 JAXB

JAXB 是一个业界的标准,是一项可以根据 XML Schema 产生 Java 类的技术。该过程中,JAXB 也提供了将 XML 实例文档反向生成 Java 对象树的方法,并能将 Java 对象树的内容重新写到 XML 实例文档。从另一方面来讲,JAXB 提供了快速而简便的方法将 XML 模式绑定到 Java 表示,从而使得 Java 开发者在 Java 应用程序中能方便地结合 XML 数据和处理函数。

这意味着不需要处理甚至在不需要知道 XML 编程技巧的情况下,可以利用平台核心 XML 数据,提高 Java 应用程序中的灵活性。与此同时,还可以充分利用 XML 的优势而不用依赖于复杂的 XML 处理模型,如 SAX 或 DOM 等。JAXB 类仅描述原始模型中定义的关系。这样就可以结合高度可移植 Java 代码和高度可移植的 XML 数据。同时,还可以利用这些代码来创建灵活、轻便的应用程序和 Web Services。

1. 绑定模式

JAXB 需要一种名为绑定模式的 XML-Java 绑定模式(XML-Java schema,XJS)。这一模式定义了如何将 XML 文档转换成 Java 类,反之亦然。绑定模式将 XML 文档的元素映射到 Java 类。

JAXB 提供了一个模式编译器,用来解释绑定模式和 DTD,生成 Java 源文件,提供绑定模式的信息。模式编译器利用这些信息决定如何将源模式 DTD 绑定到一组派生类。模式编译器解释声明并且创建派生类。

2. 体系结构

JAXB 的体系结构和应用过程如图 B-3 所示,一般来说包含以下几个步骤。

(1)根据应用程序所要操作的 XML 数据格式,撰写相应的 XML Schema。

(2)使用 JAXB 所带的编译工具,将这个 XML Schema 文件作为输入,产生一系列相关的 Java 类和接口。

(3)在使用 JAXB 编译工具时,可以有选择性地提供一个配置文件,来控制 JAXB 编译工具的一些高级属性。

(4)通过应用程序的这些 Java 类和接口来操纵 XML 数据的主要接口和方法。

(5)通过 JAXB 对 XML 文档进行的操作主要包括:将符合 XML Schema 规定的 XML 文档解析生成一组相应的 Java 对象;对这些对象进行操作(修改、增加和删除对象的属性等);然后将这些对象的内容保存到这个 XML 文档中。

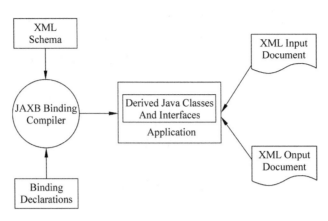

图 B-3　JAXB 的体系结构和应用过程

B. 3　JAXM

JAXM 是 XML 通信的 Java API。企业可以通过 JAXM 进行消息事务处理。JAXM 是一种标准,为两个端点之间的消息通信提供定义。端点既可以是与在 Web 容器中运行的 Servlet 进行通信的 JAXM 客户,也可以是与通信提供商交互的 JAXM 客户。提供商是 JAXM 协议的一种实现,JAXM 协议为发送方展示了标准的 JAXM API,总而言之,利用 JAXM 可以实现指定端点之间的交互。

JAXM 的通信类型包括以下 5 种。

(1) 同步请求—响应:客户发送请求后实际上处于等待状态,直到收到来自消息接收方的响应。

(2) 同步请求—回执:客户发送消息有效负载并且希望立即得到接收方的回执,但客户不需要等待对所发送请求的适当响应。

(3) 异步请求—响应:客户在发送请求后不等待即刻的回复。

(4) 异步请求—回执:客户在发送请求后不等待即刻的回执。

(5) 单向无回复:客户发送一个消息但并不期待来自接收方的回复或回执。

JAXM 消息由两部分组成:一个必需的 SOAP 部分和一个可选的附件部分。SOAP 部分由一个包含 SOAP Header 对象和 SOAP Body 对象的 SOAP Envelope 对象组成,其中 SOAP Body 对象可以包含 XML 片段并将其作为要发送消息的内容。如果希望发送非 XML 格式的内容或者一个完整的 XML 文档,则消息中除了 SOAP 部分之外,还需要包含一个附件部分。在附件部分中对内容没有限制,因此其中可以包含图像或任何其他的内容,包括 XML 片段和文档。

B. 4　JAXR

JAXR 是访问基于 XML 的企业注册库的 Java API。JAXR 是一种开放的互操作标准,提供了一种方便的方法通过 Internet 访问标准的业务注册表,业务注册表通常描述为一种电子黄页,包含了业务以及业务所提供的产品或服务列表。

业务可以通过一个注册表注册自己或者发现其他的业务。此外,还可以提交共享的材料并搜索其他已提交的材料。标准组织已经针对特定类型的 XML 文档开放了 DTD,而且两个业务之间可能会协商使用 DTD 以用于它们的标准订货单。由于 DTD 存储于一个标准的业务注册表中,因此双方都可以使用 JAXR 来访问。

注册表正在成为一个日益重要的部分,因为这种方式允许业务以一种松散耦合的方式进行相互间的动态合作,所以针对 JAXR 的需求也显得越来越旺盛。

图 B-4 给出了 JAXR 客户程序利用 JAXR API 访问不同注册库的描述。

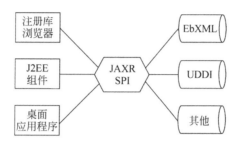

图 B-4　JAXR 访问注册库示意图

JAXR 协作过程中要涉及的不同运作角色如下。

(1) 提交组织(Submitting Organization,SO):是一种工商企业,提交企业具体的协作信息到共享的注册库。

(2) 内容提交者(Content Submitter):是被授权提交企业或企业具体协作信息的内容到注册库的人。

(3) 注册库经营者(Registry Operator):是控制和管理注册库的一个组织。注册库经营者负责管理注册库的运行处理。

(4) 注册库客户(Registry Guest):是非特惠的临时客户。客户仅仅是浏览注册库而不能改变内容,客户不能够在注册库中提交或删除任何内容。

B.5　JAX-RPC

JAX-RPC 提供了使用 SOAP 来进行远程过程调用的应用程序。JAX-RPC 实际上是基于在 SOAP 之前就存在的 XML-RPC 的通信框架。用于基于 XML 的远程过程调用的 Java API 是用来创建使用远程过程调用的网络服务和客户端的 API。RPC 机制允许客户端执行位于分布式环境中其他系统上的过程。在 JAX-RPC 中,一个远程过程调用由基于 XML 的协议来描述,如 SOAP。SOAP 规范定义了封装结构、编码规则,以及描述远程过程调用和响应的约定,这些调用和响应在 HTTP 上作为 SOAP 消息被传递。

JAX-RPC 采用了 HTTP、SOAP 及 W3C 制定的 WSDL 技术,该技术使客户端与运行在非 Java 平台上的网络服务之间的相互访问成为可能。

JAX-RPC 是同步的服务,也就是说,每当客户端调用一个 JAX-RPC 服务操作时,它总会接收到一个 SOAP 响应,即使实现操作的方法返回的是空值。

以下步骤讲述了利用 Java 接口及其实现创建 JAX-RPC 网络服务的过程。

XML 的 Java API

（1）定义一个代表服务远程接口的类，即服务的终端接口。该类包含了可能被客户端调用的服务方法的声明。

（2）编写服务实现类。服务实现类是一个普通的 Java 类，调用可在 Servlet 容器中进行。

（3）为了处理客户端和服务终端之间的通信，JAX-RPC 在客户端和服务器端需要创建多个类、接口和其他文件。

（4）组装并且部署服务到应用服务器。

（5）编写调用服务的客户端应用程序。

参 考 文 献

[1] 吴洁.XML 应用教程[M].2 版.北京：清华大学出版社,2007.

[2] 李淑娣.XML 基础教程[M].北京：人民邮电出版社,2013.

[3] 彭涛,孙连英.XML 技术与应用[M].北京：清华大学出版社,2012.

[4] 陈作聪,苏静,王龙.XML 实用教程[M].北京：机械工业出版社,2014.

[5] 李浩.XML 及其相关技术.北京：清华大学出版社,2012.

[6] 李刚.疯狂 XML 讲义[M].2 版.北京：电子工业出版社,2011.

[7] 孙鑫.XML、XML Schema、XSLT 2.0 和 XQuery 开发详解[M].北京：电子工业出版社,2009.

[8] Joe Fawcett, Liam R. E. Quin, Danny Ayers. XML 入门经典[M].刘云鹏,王超译.北京：清华大学出版社,2013.

[9] 孙更新,裴红义,杨金龙.XML 完全开发指南[M].北京：科学出版社,2008.

[10] 王占中.XML 技术教程[M].成都：西南财经大学出版社,2011.

[11] 祝红涛,陈军红.XML 应用入门与提高[M].北京：清华大学出版社,2015.

图 书 资 源 支 持

感谢您一直以来对清华版图书的支持和爱护。为了配合本书的使用，本书提供配套的素材，有需求的用户请到清华大学出版社主页（http://www.tup.com.cn）上查询和下载，也可以拨打电话或发送电子邮件咨询。

如果您在使用本书的过程中遇到了什么问题，或者有相关图书出版计划，也请您发邮件告诉我们，以便我们更好地为您服务。

我们的联系方式：

地　　址：北京海淀区双清路学研大厦 A 座 707

邮　　编：100084

电　　话：010 - 62770175 - 4604

资源下载：http://www.tup.com.cn

电子邮件：weijj@tup.tsinghua.edu.cn

QQ：883604（请写明您的单位和姓名）

扫一扫
资源下载、样书申请
新书推荐、技术交流

用微信扫一扫右边的二维码，即可关注清华大学出版社公众号"书圈"。